**5** Anleitungen für praktische Untersuchungen, zum Beispiel Experimente oder die Verwendung von Modellen, findest du auf den **Praktikumsseiten.** Lies den Versuch B auf Seite 96. Welcher Teil des Hühnereies wird mit Hilfe der Essigessenz entfernt?

? ? ? ? ? ? ? ? ? ?

**6** Knifflige und spannende Aufgaben findest du auf den **Aufgabenseiten.** Sie beziehen sich immer auf zusätzliches Material, das dazu abgebildet ist. Der Schädel welcher Schlage ist in Bild 3 auf Seite 83 dargestellt?

? ? ? ? ? ? ? ? ? ?

**7** Auf **Exkursseiten** werden Themen aus anderen Bereichen wie Gesundheit oder Geschichte angesprochen. Einige Seiten sollen euch **Zur Diskussion** anregen.
Suche Seite 103 heraus. An welchem See haben die Störche ihr Winterquartier?

? ? ? ? ? ? ? ? ? ?

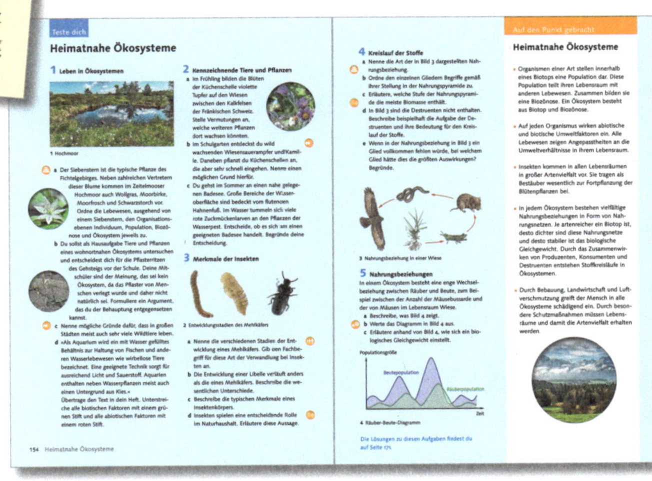


**8** Auf der Doppelseite am Kapitelende findest du unter **»Teste dich«** verschiedene Aufgaben, mit denen du dein Wissen überprüfen kannst. In der Spalte **»Auf den Punkt gebracht«** sind außerdem alle wichtigen Inhalte des Kapitels zusammengefasst.
Welche Pflanze ist auf Seite 54 in Bild 2 gezeigt?

? ? ? ? ? ? ? ?

**9** Am Ende des Buches findest du einen Anhang mit Seiten zum Nachschlagen. Hier kannst du zum Beispiel nachsehen, wenn du die **Lösungen** zu den »Teste dich«-Aufgaben wissen möchtest. Wenn du Informationen zu einem Fachwort suchst, kannst du ins **Register** schauen. Hier findest du alle Seiten, auf denen wichtige Informationen zu dem Begriff stehen.
Suche auf Seite 170 die Lösung zur Aufgabe 1b. Wie lautet eine andere Bezeichnung für einen Lurch?

? ? ? ? ? ? ? ?

Und, wie lautet das Lösungswort? Es ist der deutsche Begriff für »Biotop«: ? ? ? ? ? ? ? ? ? ?

# FACHWERK BIOLOGIE

Realschule Bayern 6

Dr. Udo Hampl
Andreas Miehling
Dr. Matthias Niedermeier
Dr. Peter Pondorf
Reinhold Rehbach
Matthias Ritter
Judith Vehlow
Josef Johannes Zitzmann

Cornelsen

**FACH**WERK
**BIOLOGIE**

*Autorinnen und Autoren:*
Dr. Udo Hampl, Andreas Miehling, Dr. Matthias Niedermeier, Dr. Peter Pondorf, Reinhold Rehbach, Matthias Ritter, Judith Vehlow, Josef Johannes Zitzmann

*Teile dieses Buches beruhen auf Arbeiten von:*
Andreas Marquarth, Katrin Oberschelp, Anke Pohlmann, Michaela Steinhilber, Ingmar Stelzig, Ulrike Tegtmeyer

*Berater:* Erich Bauer, Josef Johannes Zitzmann

*Redaktion:* Yvonne Schanzenbächer

*Bildrecherche:* Moritz Vennemann

*Illustration und Grafik:* biologiegrafik, diGraph, Christine Faltermayr, Esther Gollan, Liselotte Lüddecke, Jörg Mair, Karin Mall, Tom Menzel, Heike Möller, newVISION! GmbH, Bernhard A. Peter

*Designberatung:* Ellen Meister

*Typografisches Konzept und Layout:* Farnschläder & Mahlstedt, Hamburg

*Technische Umsetzung:* Studio SYBERG

*Umschlaggestaltung:* Zweimanns Grafik, Michaela Müller für agentur corngreen, Leipzig

**www.cornelsen.de**

Dieses Werk enthält Vorschläge und Anleitungen für Untersuchungen und Experimente.
Vor jedem Experiment sind mögliche Gefahrenquellen zu besprechen.
Beim Experimentieren sind die Richtlinien zur Sicherheit im Unterricht einzuhalten.

Dieses Werk berücksichtigt die Regeln der reformierten Rechtschreibung und Zeichensetzung. Ausnahmen bilden Originaltexte, bei denen lizenzrechtliche Gründe einer Änderung entgegenstehen.

1. Auflage, 1. Druck 2018

Alle Drucke dieser Auflage sind inhaltlich unverändert und können im Unterricht nebeneinander verwendet werden.



*Druck:* Mohn Media Mohndruck, Gütersloh

ISBN 978-3-06-014867-7 (Schülerbuch)
ISBN 978-3-06-010247-1 (E-Book)

PEFC
PEFC/04-31-1033

**PEFC zertifiziert**
Dieses Produkt stammt aus nachhaltig bewirtschafteten Wäldern und kontrollierten Quellen.

**www.pefc.de**

# Inhalt

## Heimatnahe Ökosysteme 110

# Fortpflanzung und Sexualität

# Lebewesen besitzen Merkmale

Malia ist mit ihrem Freund Jonathan am Waldrand unterwegs. Sie sucht für ihre Mama eine Pflanze, aus der sie einen Erkältungstee kochen möchte. Malia will gerade ein paar Pflanzen pflücken, da zieht sie Jonathan beiseite und meint entsetzt: »Sag mal, weißt du nicht, dass die brennen?« Malia grinst ihn an und entgegnet: »Kennst du denn nicht den Unterschied zwischen einer Brennnessel und einer Taubnessel?«

1 Pflanzen am Waldrand

**Was sind Merkmale?**
Jedes Lebewesen besitzt eindeutige *Merkmale*. Das sind beschreibbare Kennzeichen und Eigenschaften. Durch den Vergleich von Merkmalen kann man Lebewesen einer Gruppe zuordnen oder sie voneinander unterscheiden. Brennnessel und Taubnessel sehen sich auf den ersten Blick ähnlich. Die Blattformen der beiden Pflanzen sind kaum zu unterscheiden. Beim Vergleichen der Blüten fällt jedoch auf, dass die Blüten der Taubnessel viel größer und auffälliger sind. Außerdem besitzt sie keine Brennhaare. Neben diesen sichtbaren Merkmalen gibt es auch Merkmale, die man nicht sehen kann. Dazu gehört zum Beispiel die Flüssigkeit in den Brennhaaren. Beim Zerreiben der Laubblätter entstehen außerdem unterschiedliche Gerüche.

**Informationen über Merkmale sind gespeichert**
Jede Zelle besitzt einen Zellkern. Darin befindet sich die *Erbsubstanz*. Sie ist ein riesiger Informationsspeicher, vergleichbar mit der Festplatte eines Computers. Die Erbsubstanz enthält Informationen über die Merkmale eines Lebewesens. Man spricht daher von *Erbinformationen*. Dabei kann es sich beispielsweise um die Form oder Größe von Laubblättern handeln. Aber auch der Gesamtbauplan eines Lebewesens und dessen Funktion muss als Erbinformation gespeichert sein. Einzelne Abschnitte der Erbsubstanz enthalten verschiedene Erbinformationen. Diese Abschnitte werden als *Gene* bezeichnet.

Meist sind mehrere Gene an der Ausprägung eines Merkmals beteiligt. Der Mensch zum Beispiel besitzt ungefähr 30 000 Gene.

2 A Brennnessel und B Taubnessel im Vergleich

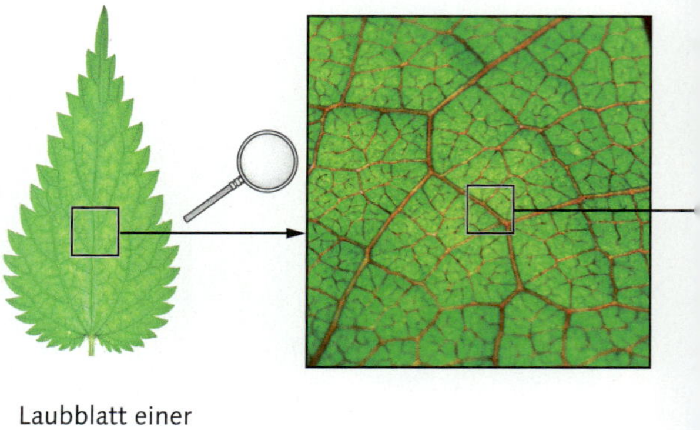


3 Informationen für Merkmale sind im Zellkern gespeichert.

**4** Menschen unterscheiden sich durch verschiedene Merkmale.

**Ähnlich – aber doch verschieden**

An eineiigen Zwillingen sieht man, dass gleiche Erbinformationen zu gleichen Merkmalen führen. Die Erbinformationen der meisten Menschen unterscheiden sich jedoch. Alle Menschen besitzen zwar die gleichen Gene, deren Erbinformationen können sich aber unterscheiden. Jeder Mensch besitzt beispielsweise Gene für das Merkmal Augenfarbe. Die Ausprägung der Augenfarbe kann jedoch sehr verschieden sein. Viele weitere Merkmale sind sofort erkennbar, zum Beispiel die Haarfarbe oder die Hautfarbe. Aber auch Menschen besitzen Merkmale, die man nicht sehen kann, wie die unterschiedlichen Blutgruppen. Persönlichkeitsmerkmale wie Ängstlichkeit oder Temperament sind ebenfalls zum Teil in der Erbsubstanz verankert.

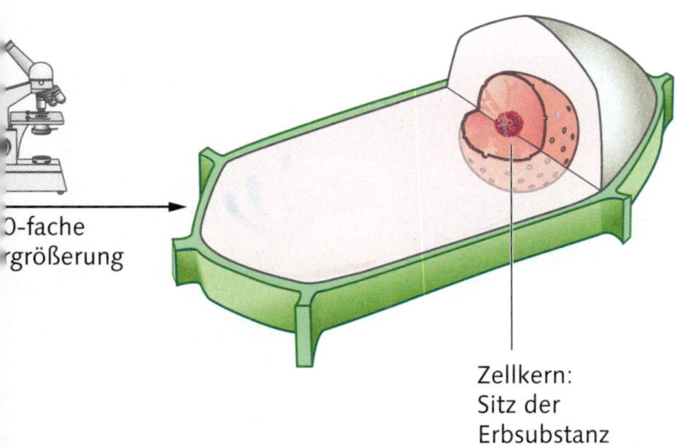


**In Kürze**

Die Erbsubstanz enthält die Erbinformationen für die Merkmale eines Lebewesens. Die Ausprägung eines Merkmals wird durch die individuellen Erbinformationen der Gene bestimmt.

**Aufgaben**

1. Beschreibe den Unterschied zwischen Erbsubstanz und Erbinformation.
2. Beschreibe, was man unter einem Gen versteht.
3. Nenne fünf Merkmale, die man zur Unterscheidung von Hund und Katze nutzen kann.
4. Nenne mit Hilfe von Bild 5 drei Merkmale, mit denen man Rucola und Löwenzahn voneinander unterscheiden kann.

**5** Blüten und Laubblätter von Rucola und Löwenzahn

# Informationen werden vererbt

1 Oma, Mutter und Tochter

Wie oft hat Judith diese Sätze schon gehört: »Das Gesicht! Ganz die Mama!« oder »Ihre Haarfarbe hat sie vom Papa!« Wir alle besitzen Merkmale, in denen wir unseren Eltern ähneln. Trotzdem sehen wir nie genauso aus wie sie. Manchmal ähneln Kinder in ihren Merkmalen auch den Großeltern.

**Lebewesen pflanzen sich fort**

Unter einer *Tier-* oder *Pflanzenart* versteht man eine Gruppe von Lebewesen, die ähnliche Merkmale besitzen. Sie können sich untereinander *fortpflanzen*, das heißt, sie zeugen Nachkommen. Erbinformationen werden innerhalb einer Art von Generation zu Generation weitergegeben. Pflanzen sich zum Beispiel Hunde fort, entstehen wiederum Hunde, die sich selbst wieder fortpflanzen können. So wird der Fortbestand einer Art sichergestellt.

**Spezielle Zellen zur Fortpflanzung**

Vielzellige Lebewesen besitzen Organe, die *Keimzellen* bilden. Das sind spezielle Zellen, die der Fortpflanzung dienen. Die *Eizellen* sind die weiblichen Keimzellen. Männliche Keimzellen werden *Spermien* genannt. Wenn ein Spermium und eine Eizelle und dann deren Zellkerne miteinander verschmelzen, kann ein neues Lebewesen entstehen. Dieser Vorgang wird als *Befruchtung* bezeichnet.

**Erbinformationen werden neu kombiniert**

Bei der Befruchtung werden die Erbsubstanzen von Vater und Mutter neu kombiniert. Die Nachkommen besitzen daher Erbinformationen beider Eltern. Dadurch kann es zur Ausprägung von neuen Merkmalen kommen. Deshalb ähneln sich Geschwister, sehen aber nie vollkommen gleich aus. Sind zum Beispiel die Erbinformationen für die Hautfarbe von Mutter und Vater unterschiedlich, ähneln die Nachkommen in diesem Merkmal beiden Elternteilen. Die Weitergabe der Erbinformationen an die Nachkommen ist zufällig. Es können neue Merkmalsausprägungen entstehen, die es in der Elterngeneration noch nicht gab.

**Einflüsse der Umwelt auf Merkmale**

Die Erbinformationen bleiben ein Leben lang in jeder Zelle eines Organismus meist unverändert gespeichert. Dennoch kann es zu Merkmalsänderungen durch Einflüsse aus der Umwelt kommen. Ein Löwenzahn, der im Flachland wächst, besitzt trotz gleicher Erbinforma-

2 Arten haben unterschiedliche Merkmale.

3 Merkmale werden neu kombiniert.

**4** Löwenzahn A im Gebirge und B im Flachland

tionen ein anderes Erscheinungsbild als ein Löwenzahn im Gebirge. Wasser, Mineralstoffe und Licht beeinflussen die Entwicklung von Pflanzen. Auch beim Menschen können sich Merkmale ändern. Ein längerer Aufenthalt in der Sonne führt zum Beispiel zur vermehrten Bildung von Farbstoffen in der Haut, dadurch wird diese dunkler. Aufgrund dieser Merkmalsänderungen sind Lebewesen in der Lage, auf Umwelteinflüsse zu reagieren. Solche Merkmalsänderungen werden jedoch nicht an die Nachkommen weitergegeben.

### Die Erbinformation kann sich verändern

Auch in der Erbsubstanz kann es zu Veränderungen kommen, die sich auf die Erbinformationen auswirken. Damit beeinflussen sie die Ausprägung von Merkmalen. Finden die Veränderungen bereits in den Keimzellen statt, wirken sie sich auf die Nachkommen aus. Ändert sich beispielsweise die Erbinformation für die Farbstoffbildung in der Haut, kann die Farbstoffbildung ganz ausbleiben.

### Basiskonzept **Variabilität**

Das Merkmal Blütenfarbe kann bei der chinesischen Primel ganz unterschiedlich sein. Blüht die Pflanze bei einer Temperatur von 25 °C, ist die Blütenfarbe rot. Bei einer Temperatur von 35 °C ist sie dagegen weiß. Diese unterschiedliche Merkmalsausprägung bezeichnet man als *Variabilität.* Sie kann nicht nur durch Umwelteinflüsse hervorgerufen werden. Auch Veränderungen in den Erbinformationen können zu unterschiedlichen Merkmalsausprägungen führen.

### In Kürze

Bei der Fortpflanzung werden Erbinformationen an die Nachkommen weitergegeben. Veränderungen der Erbinformation, aber auch Umwelteinflüsse können zu veränderten Merkmalen führen.

### Aufgaben

1 Erläutere, was man unter der Befruchtung versteht.
2 Nenne Beispiele, wie sich Umwelteinflüsse auf die sichtbaren Merkmale eines Lebewesens auswirken können.

**5** Merkmalsausprägungen können beeinflusst werden.

**6** Die Erbinformation für die Farbstoffbildung ist verändert.

# Die Fortpflanzungsorgane der Pflanzen

1 Ein Schmetterling sammelt Nahrung an einer Aster.

Im Herbst sind in den Morgen- und Abendstunden häufig dichte Nebelfelder zu sehen. Trotz der zum Teil tristen Stimmung hat der Herbst auch farbenfrohe Bilder zu bieten, die nicht nur auf den Menschen anziehend wirken. Die letzten blühenden Pflanzen werden noch von einigen Insekten besucht.

**Organe einer Blüte**

Die meisten Blüten bestehen aus vier Organen. Von außen nach innen sind dies Kelchblätter, Kronblätter, Staubblätter und Fruchtblätter. Sie bilden zusammen das Organsystem Blüte. Während die *Kronblätter* meist auffällig gefärbt sind, haben die *Kelchblätter* gewöhnlich eine grüne Farbe. Sie umschließen die Blütenknospe. Die Staub- und Fruchtblätter sind die Fortpflanzungsorgane der Pflanzen. Staubblätter bestehen aus *Staubfaden* und *Staubbeutel*. Fruchtblätter haben am unteren Ende einen *Fruchtknoten*, darüber befindet sich der *Griffel*, der mit einer klebrigen *Narbe* endet.

**Männliche und weibliche Keimzellen**

*Pollenkörner* enthalten die männlichen Keimzellen. Sie werden in den Staubbeuteln des Staubblatts gebildet. Die weiblichen Keimzellen, die Eizellen, entwickeln sich in den *Samenanlagen* des Fruchtknotens.

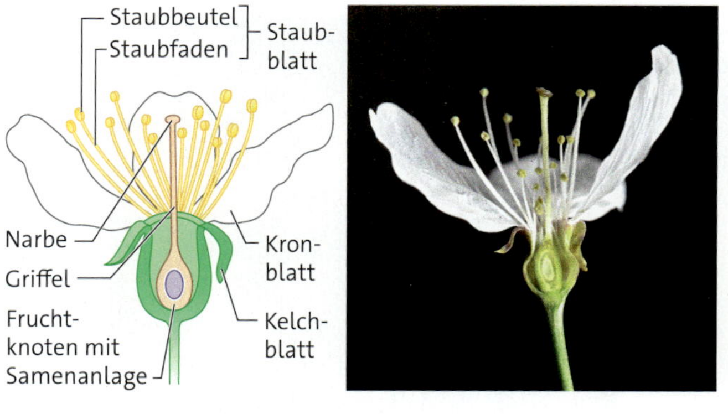


2 Fortpflanzungsorgane von Blütenpflanzen

**Männliche und weibliche Blüten**

Blüten mit männlichen und weiblichen Organen werden als *Zwitterblüten* bezeichnet. Beispiele dafür findet man bei Kirsche, Raps und Löwenzahn. Es gibt auch Blüten, die nur männliche oder nur weibliche Fortpflanzungsorgane besitzen. Auf einem Haselstrauch befinden sich männliche und weibliche Blüten auf einer Pflanze. Solche Pflanzen nennt man *einhäusig*. Bei einigen Arten kommen die männlichen und weiblichen Blüten auf getrennten Pflanzen vor, zum Beispiel beim Ginkgo. Hierbei spricht man von *zweihäusigen* Arten.

**Übertragung von Pollenkörnern**

Für die geschlechtliche Fortpflanzung von Pflanzen ist es notwendig, dass männliche Keimzellen zu weiblichen Keimzellen gelangen. Die Übertragung der Pollenkörner auf die weiblichen Fortpflanzungsorgane wird als

3 A Hasel (einhäusig); B männliche und C weibliche Blüten des Ginkgos (zweihäusig)

4 Insekten bestäuben Blütenpflanzen.

*Bestäubung* bezeichnet. Dies kann durch Tiere, Wind oder Wasser erfolgen.

**Bestäubung von Blüten durch Insekten**

Insekten spielen bei der Bestäubung von Blütenpflanzen eine entscheidende Rolle. In den Blüten finden Insekten eiweißreiche Pollenkörner und einen süßen Saft, den *Nektar,* der an der Innenseite der Kronblätter gebildet wird. Auf dem Weg in die Blüte bleiben Pollenkörner der Staubblätter an den Haaren der Insekten hängen. Beim Besuch der nächsten Blüte werden einige dieser Pollenkörner an der klebrigen Narbe des Fruchtblatts abgestreift. Die Blüte wird somit bestäubt. Wichtige Bestäuber sind zum Beispiel Bienen, Hummeln, Schmetterlinge, Käfer oder Ameisen.

Die Insekten werden durch verschiedene Farben der Kronblätter und Duftstoffe der Pflanzen angelockt.

**Bestäubung durch den Wind**

Die Pollenkörner vieler Pflanzen gelangen durch den Wind auf die Narbe. Dies ist zum Beispiel bei Birke, Kiefer, Haselnuss oder vielen Gräsern der Fall. Blüten von Pflanzen, die vom Wind bestäubt werden, sind meist klein und unscheinbar. Sie produzieren jedoch riesige Mengen an Pollenkörnern, die durch den Wind weit verteilt werden. Zur Blütezeit können oft ganze Blütenstaubwolken in der Luft beobachtet werden. Durch die großen Mengen ist es wahrscheinlich, dass trotz dieser eher zufälligen Verbreitung Pollenkörner auf die klebrigen Narben fast aller weiblichen Blüten gelangt.

**Bestäubung durch Wasser**

Diese besondere Form der Bestäubung findet man nur bei wenigen Pflanzen. Sie kann unter oder über der Wasseroberfläche erfolgen. Im ersten Fall öffnen sich die Staubbeutel unter Wasser. Erfolgt eine Bestäubung über der Wasseroberfläche, zum Beispiel bei der Wasserpest, treiben die Pollenkörner meist an der Wasseroberfläche und bleiben an den ins Wasser ragenden Narben haften.

**In Kürze**

In den Staubblättern und Fruchtblättern der Blüte werden die Keimzellen gebildet. Die Übertragung der Pollenkörner auf die weiblichen Fortpflanzungsorgane, die Bestäubung, erfolgt meist durch Insekten oder den Wind.

**Aufgaben**

1 Nenne verschiedene Formen der Bestäubung.
2 Beschreibe den Unterschied zwischen zweihäusigen und einhäusigen Pflanzen.

5 Eine Blüte der Wasserpest

Methode

# Mikroskopische Präparate herstellen und anfärben

Der Pollen in den Staubbeuteln von Blüten wird auch als Blütenstaub bezeichnet. Dies weist darauf hin, dass Pollenkörner winzig klein sind. Mit dem Mikroskop können einzelne Pollenkörner sichtbar gemacht werden.

**Mikroskopierregeln**
- Trage das Mikroskop am Stativ und am Fuß.
- Berühre Okular und Objektiv nicht.
- Verwende immer ein Deckglas.
- Vorgehensweise: Fahre den Objekttisch mit dem Grobtrieb ganz nach unten und stelle die kleinste Vergrößerung ein. Lege den Objektträger mit dem Präparat auf den Objekttisch. Fahre den Objekttisch unter seitlicher Beobachtung ganz nach oben, bis das Deckglas das Objektiv gerade noch nicht berührt. Schaue durch das Okular und bewege den Objekttisch mit dem Feintrieb langsam nach unten, bis das Bild scharf ist. Fahre den Objekttisch mit dem Grobtrieb wieder etwas nach unten und stelle die nächste Vergrößerung durch Drehen des Objektivrevolvers ein.

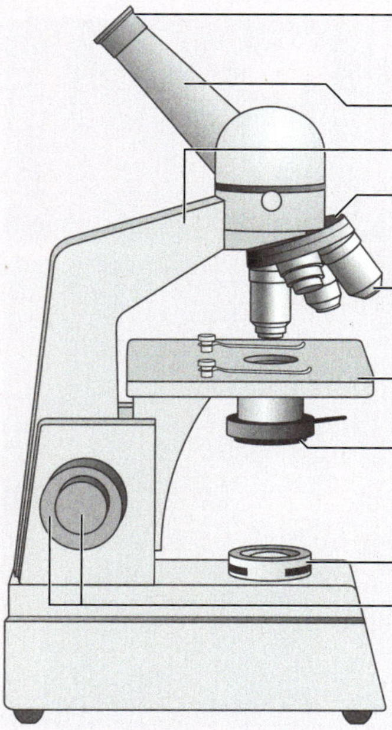


**1** Die Bestandteile des Lichtmikroskops

Um auch im Herbst Pollenkörner mikroskopieren zu können, verwendet man blühende Pflanzen wie den Efeu oder Pollenkörner, die man aus Honig gewinnen kann.

## A Präparat aus Efeupollen

**1 Blüten sammeln** Schneide von einer großen Efeupflanze einzelne Zweige ab, an denen sich Blüten befinden.

**2 Objektträger vorbereiten**
Verwende einen sauberen Objektträger. Gib mit einer Pipette einen kleinen Tropfen Wasser in die Mitte.

**3 Pollenkörner gewinnen** Zupfe die Blüten mit einer Pinzette vorsichtig ab. Schüttle die Staubbeutel mit einer Präpariernadel über dem Wassertropfen oder streife sie mit einem Zahnstocher ab. Tauche diesen dann in den Wassertropfen und rühre kurz um.

## B Pollenpräparat aus Honig

**1 Honig vorbereiten**
Verwende nur hochwertigen Honig, am besten direkt vom Imker. Erwärme festen Honig im Wasserbad bei 40 bis 50 °C leicht, damit er flüssig wird.

**2 Honiglösung herstellen** Gib etwa 2 Teelöffel Honig und 4 Teelöffel destilliertes Wasser in ein Becherglas. Rühre die Mischung gut um.

**3 Bestandteile der Oberfläche mikroskopieren**
Sauge nun die leichten Pollenkörner mit einer Pipette vorsichtig von der Oberfläche ab und mikroskopiere sie.

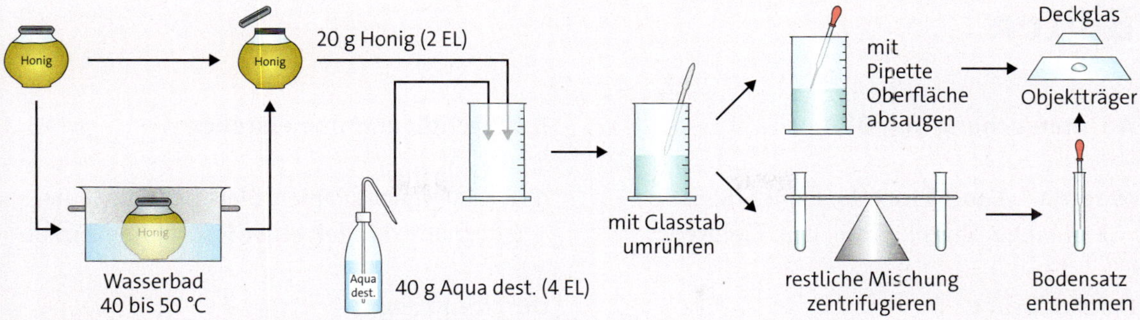


**2** Ablaufplan zur Herstellung eines Pollenpräparats aus Honig

**4 Mischung zentrifugieren oder absetzen lassen** Gib die Mischung für fünf bis zehn Minuten in eine Handzentrifuge. Steht keine Zentrifuge zur Verfügung, fülle die Mischung in ein möglichst spitzes Reagenzglas um und lass sie etwa 24 Stunden ruhen.

**5 Bodensatz entnehmen** Entnimm den Bodensatz mit einer Pipette und gib ihn auf einen Objektträger.

## C Anfärben von Präparaten

Durch das Anfärben von Präparaten kann man die Bestandteile von Zellen besser erkennen. Häufig verwendete Farbstoffe sind Tinte, Tusche oder Methylenblau.

**Sicherheitshinweis:** Methylenblau ist gesundheitsschädlich. Setze die Schutzbrille auf. Entsorge Reste nach dem Versuch im Sammelbehälter für organische Abfälle.

**1 Präparat herstellen** Stelle ein Präparat her wie unter A und B beschrieben.

**2 Farbstoff aufbringen** Gib nun einen kleinen Tropfen des Farbstoffs direkt neben das Deckgläschen, sodass der Wassertropfen unter dem Deckglas berührt wird. Mit einer Präpariernadel kannst du die Verbindung herstellen.

**3 Farbstoff durchziehen** Halte einen Streifen Löschpapier oder ein Papiertaschentuch so an die andere Seite des Deckgläschens, dass es das Wasser aufsaugt und die Farbstofflösung unter das Deckgläschen gezogen wird.

## Aufgabe

**1** Mikroskopiere deine Präparate nach den Mikroskopierregeln. Fertige Zeichnungen an.

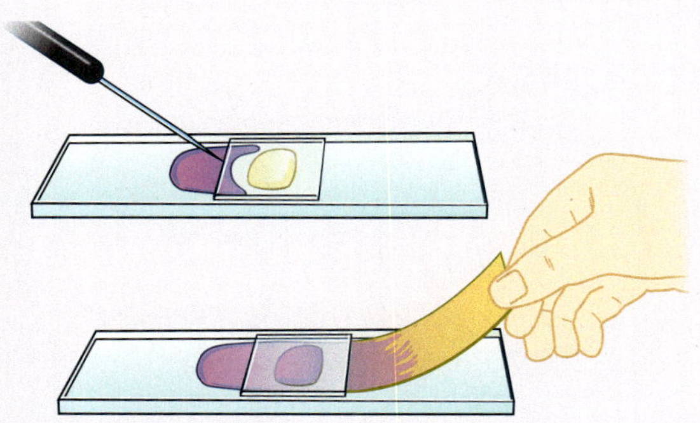

**3** Anfärben eines Präparats

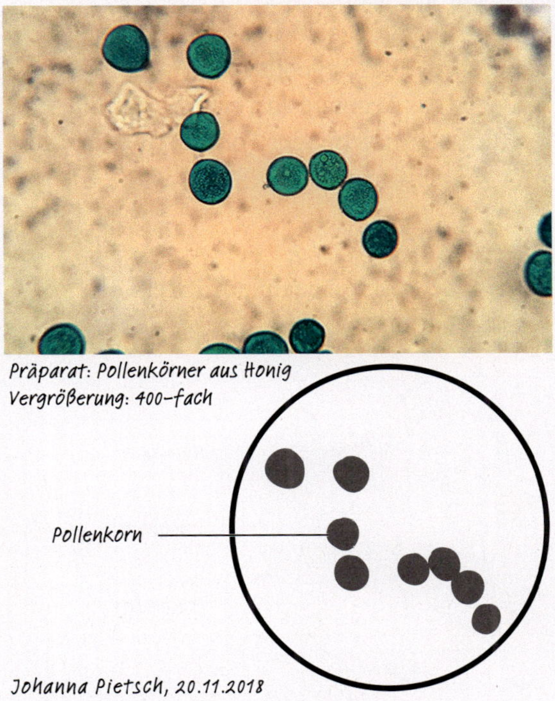


**4** Angefärbtes Präparat und Zeichnung

# Blüten …

## A Untersuchung von Blüten

**Material** Lupe, Pinzette, Papier, Bleistift, Klebefolie, Zirkel, Blüte, z. B. Gelbsenf

### Durchführung

- Betrachte die Blüte mit der Lupe.
- Beschreibe das Aussehen der Kelchblätter, der Kronblätter sowie der Staubblätter und des Stempels.
- Nenne die Anzahl der einzelnen Blütenblätter.
- Zeichne auf dem Blatt Papier mit einem Zirkel 4 Kreise. Nutze dabei immer dieselbe Einstichstelle als Mittelpunkt und vergrößere den Abstand jeweils um einen Zentimeter.

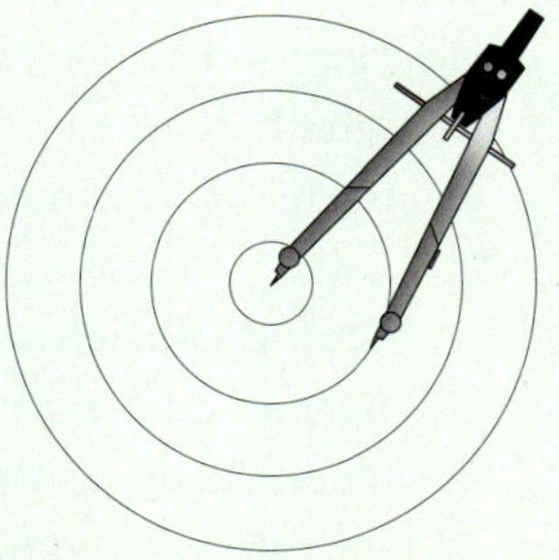

- Zupfe die Blütenblätter mit der Pinzette vorsichtig von außen nach innen ab. Ordne sie auf den vorbereiteten Kreisen so an, wie sie in der Blüte standen.
- Beschrifte das Legebild.
- Decke das Legebild mit einem passenden Stück selbstklebender Folie ab und drücke es vorsichtig fest.

### Arbeitsauftrag

Vergleiche dein Legebild mit dem des Gilbweiderichs in Bild 1.

## B Blütendiagramme erstellen

**Material** Lupe, Papier, Bleistift, Rapsblüte (alternativ: Modell einer Rapsblüte), Zirkel

### Durchführung

- Betrachte die Rapsblüte mit der Lupe.
- Nenne die Anzahl der einzelnen Blütenblätter.
- Zeichne auf dem Blatt Papier eine Kreisvorlage wie bei der Erstellung eines Legebilds.
- Erstelle ein Blütendiagramm der Rapsblüte. Zeichne dazu die Kelchblätter auf den äußersten Kreis, die Kronblätter auf den zweitäußersten Kreis usw. Verwende dabei folgende Symbole:

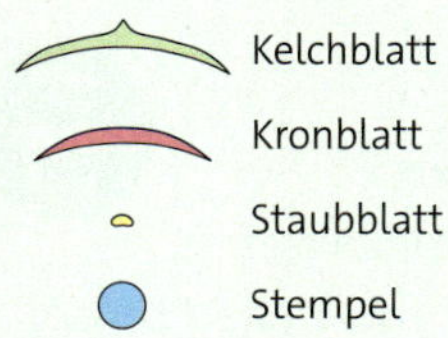


### Arbeitsaufträge

1 Vergleiche dein Blütendiagramm der Rapsblüte mit den Blütendiagrammen von Gilbweiderich und Gelbsenf in Bild 2.

2 Erstelle eine Tabelle, in der du die Anzahl der Blütenblätter von allen drei Pflanzen gegenüberstellst.

3 Formuliere eine Schlussfolgerung aus dem Vergleich der drei Blütendiagramme. Verwende dabei den Fachbegriff Merkmal.

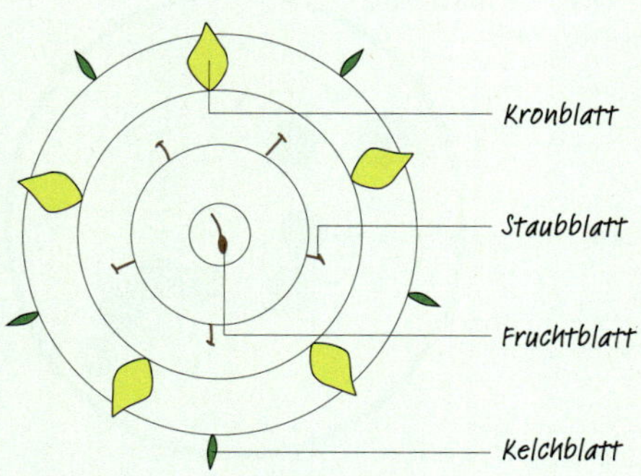


**1** Legebild einer Gilbweiderichblüte

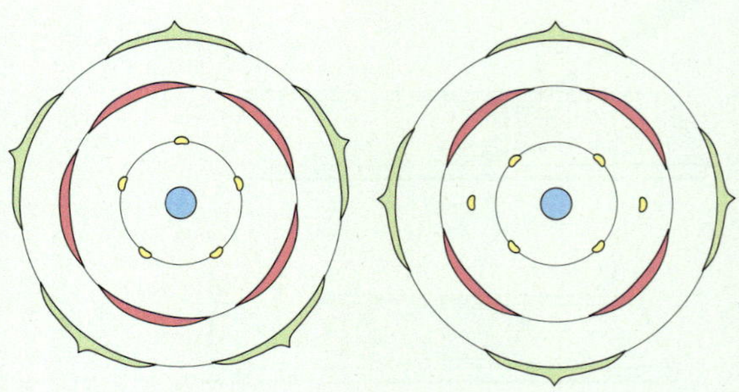

**2** Blütendiagramme von Gilbweiderich und Gelbsenf

# … und ihre Bestäuber

## C Bestäubung durch Insekten

**Material** für die Blütenmodelle: Petrischale, Plastikbecher, Reagenzglas,
für die Mundwerkzeuge: breiter Plastiklöffel, mehrere Strohhalme, Pinsel, Schere

**Durchführung**

- Betrachte die Blüten in Bild 3. Ordne ihnen jeweils ein Material zu, welches die Blütenform modellhaft veranschaulicht.
- Ordne ein oder mehrere Materialien den Mundwerkzeugen von Stubenfliege, Biene, Schmetterling, Käfer und Hummel zu. Veranschauliche damit modellhaft die Wirkungsweise der Mundwerkzeuge.

**Arbeitsaufträge**

1 Ordne den Mundwerkzeugen der Insekten in Bild 4 die folgenden Begriffe zu: saugend, beißend, saugend-leckend, tupfend-saugend.

2 Ordne mit Hilfe deiner Modelle den einzelnen Blüten mögliche Bestäuber zu. Begründe dabei jeweils deine Zuordnung.

3 Beschreibe die Angepasstheiten der verschiedenen Insekten an die passenden Blüten.

3 A Sommerflieder; B Salbei; C Sonnenblume

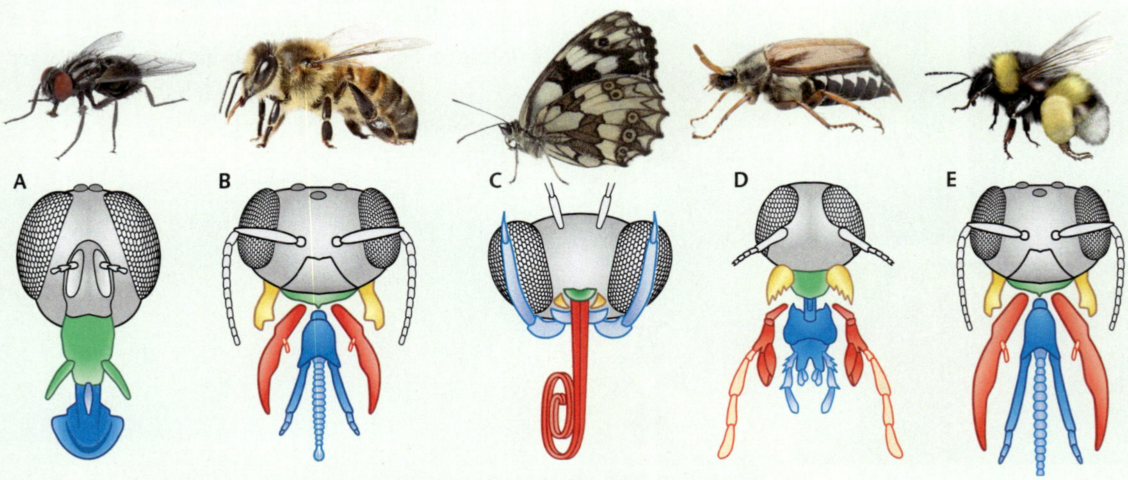


4 Verschiedene Insekten und ihre Mundwerkzeuge: A Stubenfliege; B Honigbiene; C Schachbrettfalter; D Maikäfer; E Erdhummel

# Bestäubung von Blüten

## 1 Bestäubung durch Insekten

Vera und Xaver beobachten, welche Pflanzen auf einer Blumenwiese wie oft von verschiedenen Insekten besucht wird. Ihre Beobachtungen haben sie in einer Tabelle festgehalten:

| Pflanzen | Schmetterling | Biene | Hummel | Grabwespe |
|---|---|---|---|---|
| Akelei | | ~~IIII~~ | IIII | |
| Salbei | | III | | I |
| Flieder | IIII | | | |
| Fliegenragwurz | | II | | III |

**1 Beobachtungsergebnisse von Vera und Xaver**

**a** Stelle das Ergebnis von Vera und Xaver grafisch dar. Wähle dazu eine geeignete Diagrammform.

**b** Begründe deine Diagrammauswahl.

**c** Erkläre das Beobachtungsergebnis. Beachte dabei den Aufbau und die Funktion der Blüten und der Mundwerkzeuge der Insekten auf Seite 17.

**d** Beschreibe das Erscheinungsbild der Fliegenragwurz in Bild 2. Stelle eine Vermutung an, auf welche Weise sie besonders die männlichen Insekten anlockt.

**2 Blüten von A Akelei; B Salbei; C Flieder; D Fliegenragwurz**

## 2 Bestäubung durch das Wasser

Pflanzen, bei denen die Bestäubung durch das Wasser erfolgt, zeigen einige besondere Angepasstheiten: unscheinbare eingeschlechtliche Blüten, sehr viel Luftgewebe, nicht benetzbare Pollenwand, fadenförmige Pollenkörner, vergrößerte Oberfläche der Narbe. Die Staubbeutel öffnen sich im Wasser oder die männlichen Blüten lösen sich und treiben auf der Wasseroberfläche. Die Narben der weiblichen Blüten ragen zwischen den Kelchblättern ins Wasser.

**a** Nenne zu jeder der aufgelisteten Angepasstheiten einen Vorteil, den die Pflanze dadurch besitzt.

**b** Betrachte die Bilder 3 und 4 und beschreibe die Fortpflanzungsorgane der Blüten von Vallisneria und Thalassia.

**c** Stelle Vermutungen auf, wie es jeweils zur Bestäubung kommen kann.

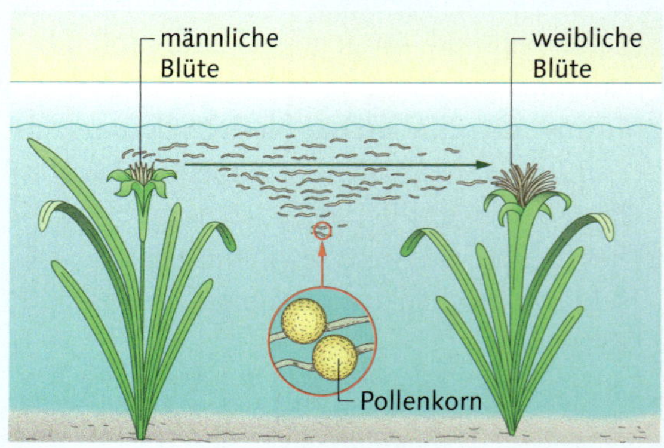


**3 Thalassia: Pollenkörner treiben als Ketten im Wasser**

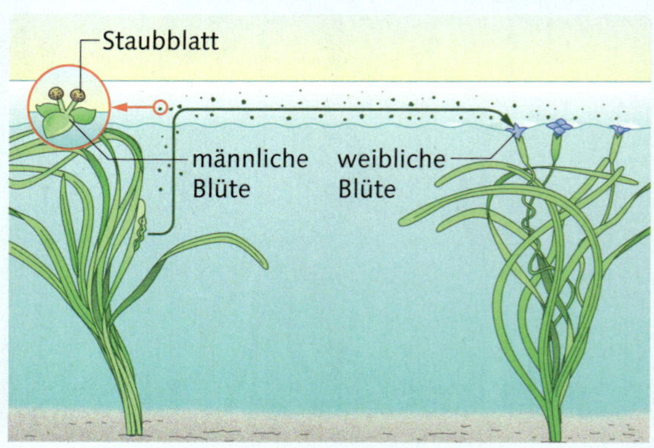


**4 Vallisneria: Blüten treiben dicht unter der Wasseroberfläche**

## 3 Bestäubung durch den Wind

Die Bestäubung der Großen Brennnessel, der Hängebirke und des Glatthafers erfolgt durch den Wind. Um eine effektive Bestäubung zu gewährleisten, ist ein besonderer Aufbau der Blüten, insbesondere der Fortpflanzungsorgane, nötig.

**a** Betrachte die Tabelle in Bild 5. Beschreibe die Beschaffenheit der weiblichen Fortpflanzungsorgane von Pflanzen, die durch den Wind bestäubt werden.

**b** Nenne mit Hilfe von Bild 5 Merkmale der Pollenkörner und männlichen Fortpflanzungsorgane von Pflanzen, die durch den Wind bestäubt werden.

**c** Vergleiche die Blüten der Hängebirke mit der Blüte der Kirsche anhand von Bild 5.

**d** Viele Menschen leiden unter einer Pollenallergie. Birke, Hasel und verschiedene Gräser verursachen am häufigsten Beschwerden. Nenne mit Hilfe der Informationen in Bild 5 einen möglichen Grund dafür.

| | Blüten | | | Besonderheiten |
|---|---|---|---|---|
| **Hängebirke** (getrennt geschlechtlich, einhäusig) | Pollenkorn  | Männliche Blüte  | Weibliche Blüte  | Während der Blütezeit findet man bis zu 10 000 Pollenkörner pro Kubikmeter Luft. |
| **Große Brennnessel** (getrennt geschlechtlich, zweihäusig) | Pollenkorn 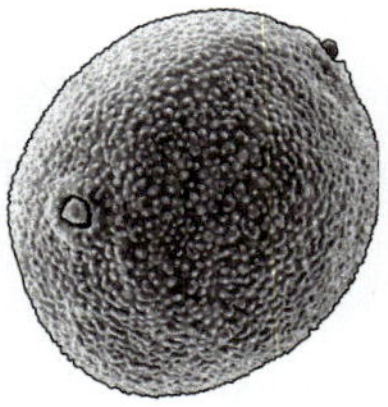 | Männliche Blüten  | Weibliche Blüten  | Beim Öffnen der Blütenhüllblätter schnellen die Staubblätter explosionsartig hervor. |
| **Glatthafer** (zwittrig) | Pollenkorn  | Zwitterblüte   | | Die Narben reifen vor der Pollenreife heran. Sie sind federartig und haben dadurch eine vergrößerte Oberfläche. Anzahl der Pollenkörner: 6200 pro Staubblatt, 18 600 pro Blüte, 370 000 pro Rispe |
| **Kirsche** (zwittrig) | Pollenkorn 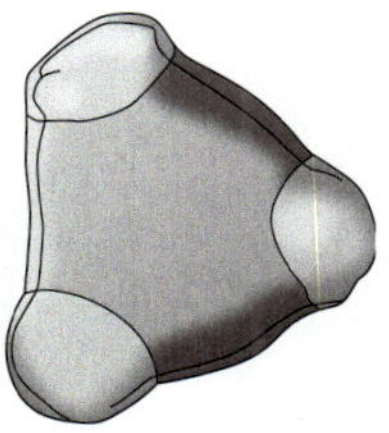 | Zwitterblüte  | | |

**5** Merkmale von Hängebirke, Großer Brennnessel, Glatthafer und Kirsche

# Entstehung von Samen und Früchten

Im Herbst werden aus verschiedenen Früchten die unterschiedlichsten Köstlichkeiten hergestellt. Schlehen und Aprikosen werden zu Marmelade verarbeitet und Zwetschgendatschi wird gebacken. Noch vor wenigen Monaten war von diesen süßen Pflanzenteilen nichts an den Bäumen und Sträuchern zu erkennen. Wie entsteht diese Vielfalt an Früchten?

**1** Früchte wurden zu Kuchen verarbeitet.

### Befruchtung

Bei der Bestäubung gelangen Pollenkörner auf die weiblichen Fortpflanzungsorgane der Blüte. Aus den Pollenkörnern auf der Narbe wachsen *Pollenschläuche* durch den Griffel bis zum Fruchtknoten. Im Innern des Fruchtknotens befinden sich die Samenanlagen, die die Eizellen enthalten. Über den Pollenschlauch gelangen männliche Keimzellen in das Innere der Samenanlagen zu den Eizellen. Verschmelzen die Zellkerne von männlicher und weiblicher Keimzelle miteinander, kommt es zur Befruchtung.

### Die Blüte verändert sich

Nach der Befruchtung welken die Kelch-, Kron- sowie Staubblätter und fallen ab. Die Narbe vertrocknet und der Fruchtknoten beginnt zu wachsen. In seinem Innern entwickelt sich aus der befruchteten Eizelle ein *Samen,* der sich unter günstigen Umweltbedingungen zu einer neuen Pflanze entwickeln kann.

### Samen und Frucht

Eine Frucht besteht aus Samen und Hülle. Diese Hülle bildet sich meist aus allen Organen einer Blüte. Bei der Zwetschge entsteht zum Beispiel aus der inneren Schicht des Fruchtknotens die harte *Samenschale* des Steins. Die mittlere Schicht wird zum süßen Fruchtfleisch, in das Wasser und Zucker eingelagert werden. Die äußere Schicht entwickelt sich zur Haut der Zwetschge. Früchte, die so aufgebaut sind wie die Zwetschge oder die Kirsche, werden als Steinfrüchte bezeichnet.

### Früchte unterscheiden sich

Vergleicht man Früchte und Samen verschiedener Pflanzenarten, sind Unterschiede erkennbar. Die Hagebutte zum Beispiel ist eine

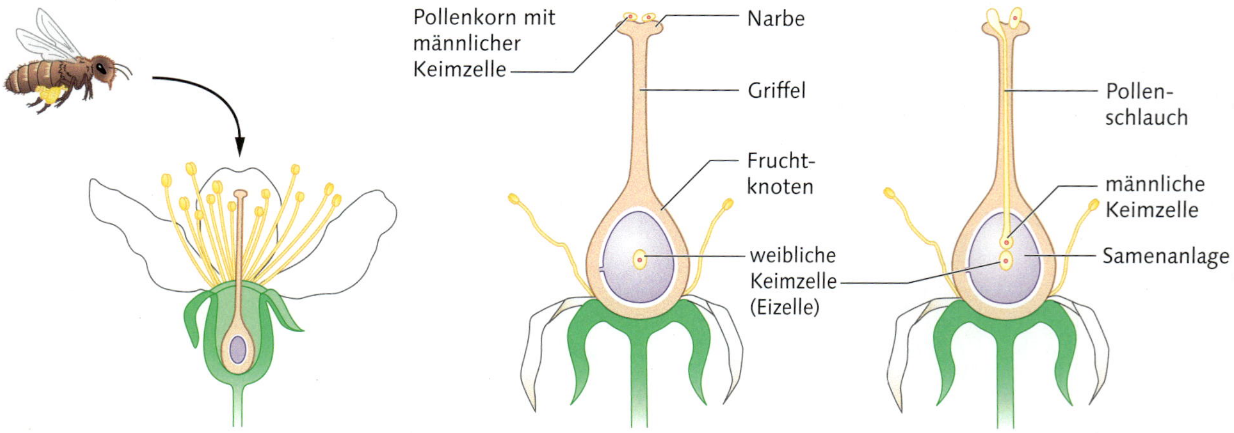


**2** Befruchtung einer Blüte

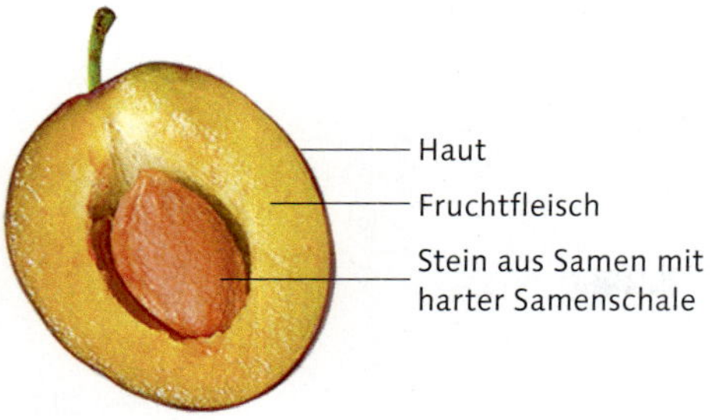


**3** Aufbau einer Steinfrucht

Sammelfrucht, die viele kleine Nüsse enthält. Sie wird deshalb auch Sammelnussfrucht genannt. Die vielen auf dem Blütenboden aufsitzenden Fruchtknoten der Erdbeere bilden später ebenfalls eine Sammelnussfrucht. Bei ihr befinden sich die Nüsschen auf der Außenseite der Frucht. Bei Tomaten und Stachelbeeren liegen die Samen eingebettet im Fruchtfleisch. Diese Fruchtart bezeichnet man als Beerenfrucht. Bei einer entstehenden Nussfrucht verholzen alle Hüllen der Frucht.

### In Kürze

Bestäubung und Befruchtung sind die Voraussetzungen dafür, dass sich aus den Samenanlagen des Fruchtknotens Samen entwickeln können. Diese bestehen aus Samenschale, Nährstoffreserve und Keimling. Den Samen und seine Hüllen bezeichnet man als Frucht.

### Aufgaben

**1** Erstelle ein Flussdiagramm, das die Vorgänge von der Bestäubung der Blüte bis zur Samenbildung veranschaulicht.

**2** Aufgrund ihres Namens werden die Früchte der Brombeere und der Himbeere häufig als Beerenfrüchte bezeichnet.

**a** Begründe mit Hilfe von Bild 4, warum die Bezeichnung Beerenfrucht in diesem Fall falsch ist.

**b** Nenne die richtige Bezeichnung.

**3** Die Gurke kennen wir als Gemüse. Begründe, warum sie zu den Beerenfrüchten gehört.

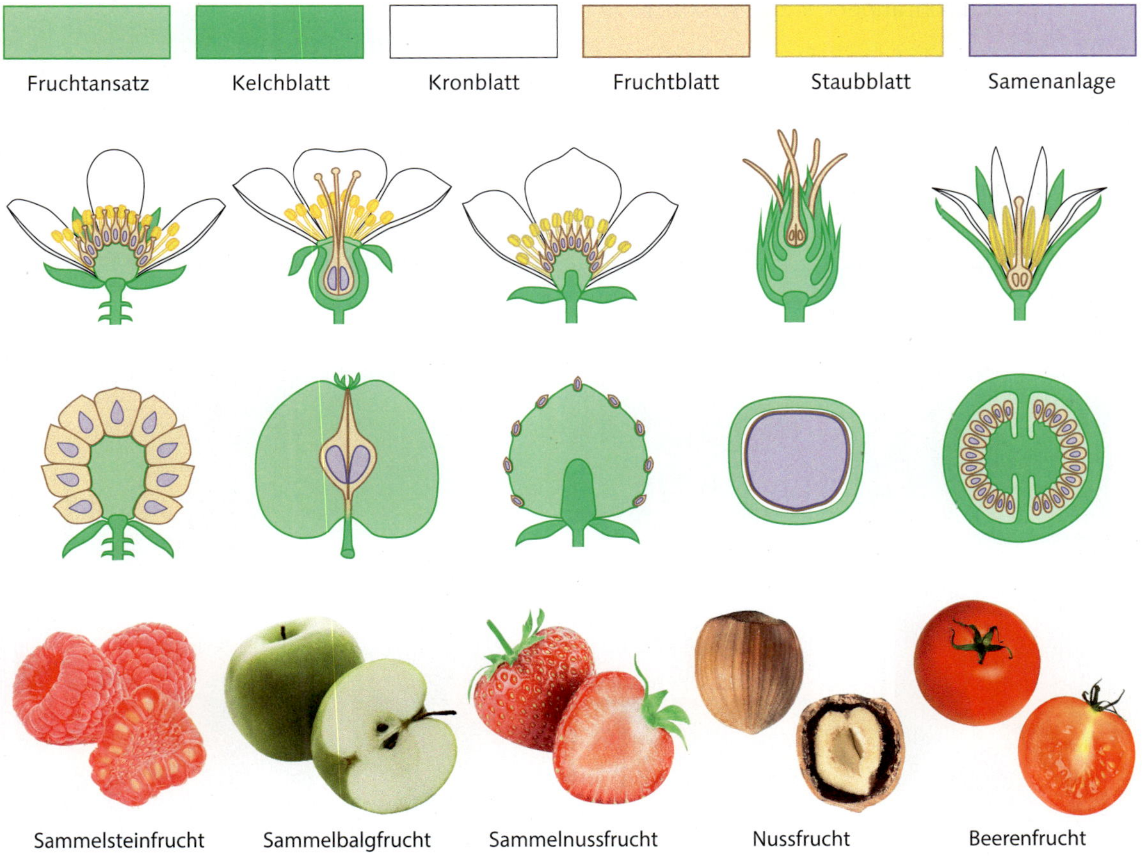


**4** Verschiedene Früchte und die Blüten, aus denen sie entstanden sind

# Verbreitung von Samen und Früchten

Pflanzen kannst du an den ungewöhnlichsten Orten finden. So wächst Löwenzahn auch auf Mauern und eine Birke manchmal sogar in einer Dachrinne. Dort wurden sie sicher nicht hingepflanzt. Aber wie gelangen sie dorthin?

**1** Ungewöhnlicher Wuchsort für eine Pflanze

### Fliegen und Schweben

Die Samen vieler Pflanzen werden durch den Wind verbreitet. Die *Flugfrüchte* des Löwenzahns besitzen Härchen, die sie im Wind wie einen Fallschirm durch die Luft tragen.

Die dünnen Häute der Samen von Birke und Feldulme wirken wie die Flügel eines Segelfliegers. Mit dem Wind gleiten sie durch die Luft. Früchte von Ahorn und Esche dagegen haben nur einen Flügel. Sie drehen sich wie der Rotor eines Hubschraubers, wenn sie zur Erde schweben.

Pflanzen deren Samen durch den Wind verbreitet werden, produzieren sehr viele Samen. Dadurch erhöht sich die Wahrscheinlichkeit, dass einige auf fruchtbaren Boden fallen.

### Streuen und Schleudern

Manche Pflanzen sorgen selbst für die Verbreitung ihrer Samen. In den reifen *Schleuderfrüchten* des Springkrauts entsteht beim Trocknen im Innern eine Spannung. Ist diese groß genug oder werden die Früchte berührt, platzt die Frucht auf und schleudert die Samen meterweit weg. Wenn sich die reifen Samenkapseln des Mohns im Wind neigen, streuen sie ihre Samen aus. Diese nennt man *Streufrüchte*.

### Schwimmen und Tauchen

Viele Wasserpflanzen wie die Seerose und der Froschlöffel bilden *Schwimmfrüchte*. Ihre Hohlräume sind mit Luft gefüllt. Dadurch treiben sie auf dem Wasser und werden so verbreitet. Auf diese Weise können Kokosnüsse an über tausend Kilometer entfernte Strände gelangen.

**2** Früchte von A Löwenzahn; B Feldulme; C Bergahorn; D Birke; E Springkraut; F Mohn; G Seerose

## Fressen und Verschleppen

Viele Pflanzen bilden farbige und schmackhafte Früchte. Dadurch werden Tiere angelockt. Fressen sie die Früchte, werden die unverdaulichen Samen später mit dem Kot an einem anderen Ort ausgeschieden. Einige Tiere wie Eichhörnchen vergraben Samen als Wintervorrat. Da nicht alle Vorräte gefressen werden, können die übrigen Samen im Frühjahr keimen. Die Samen von Schneeglöckchen und Veilchen besitzen fetthaltige Anhängsel, die Ameisen als Nahrung dienen. Diese transportieren die Samen zu ihrem Bau. Dabei gehen einige verloren, die dann keimen können. *Klettfrüchte* bleiben mit ihren Haken im Fell von Tieren hängen und können so an andere Orte verschleppt werden. Ein Beispiel ist das Kletten-Labkraut.

## Reisen und Transportieren

Auch der Mensch verbreitet unbeabsichtigt die Samen vieler Pflanzen. Die Samen des Breitwegerichs können zum Beispiel in den Profilen von Schuhen transportiert werden. Ebenso bringen Autos, Eisenbahnen, Schiffe und Flugzeuge viele Samen weltweit an neue Orte. Der sehr giftige Riesen-Bärenklau wurde so unabsichtlich in Deutschland eingeschleppt. Jeder Kontakt mit der Pflanze führt zu schmerzhaften Hautreizungen und Blasenbildung. Auch das aus Westasien stammende Jakobskreuzkraut besiedelt große Flächen Deutschlands. Es führt bei Tieren zu Leberschäden, deshalb dürfen alle Pflanzen von betroffenen Flächen nicht mehr verfüttert werden. Eingeschleppte Pflanzen besitzen keine natürlichen Fressfeinde und können sich daher ungehindert ausbreiten. Heimische Pflanzen werden dabei meist verdrängt.

**3** Diese Kinder sind in Gefahr: Der Riesen-Bärenklau verursacht bei Hautkontakt schmerzhafte Blasen.

### In Kürze

Früchte und Samen können durch Wind, Wasser, Tiere und Menschen verbreitet werden. Die Verbreitungsart hängt vom Bau der Samen ab.

### Aufgaben

**1** Beschreibe drei unterschiedliche Formen der Samenverbreitung.

**2** Beschreibe, wie die Birke in Bild 1 in die Dachrinne gelangt sein könnte.

**3** Stelle Vermutungen auf, weshalb eine weite Samenverbreitung für Pflanzen von Vorteil ist.

**4** Begründe, weshalb die Samenverbreitung durch den Menschen oft negative Folgen hat.

**4** Samenverbreitung durch Tiere und Menschen: A Hund mit Klettfrüchten; B Autoreifen mit Samen; C Ameise mit Samen; D Eichhörnchen legt Wintervorrat an.

# Samenverbreitung

## A Flugverhalten von Früchten

**Material** Früchte verschiedener Waldbäume (z. B. Ahorn, Linde, Birke, Kastanie), Standventilator, Stehleiter

### Durchführung

- Lasst aus mindestens 2,50 m Höhe nacheinander verschiedene Früchte in den Luftstrom des Ventilators fallen. Achtet darauf, dass die Früchte ihre typische Flugbewegung erreichen, bevor sie in den Luftstrom des Ventilators gelangen.
- Notiert Unterschiede und Gemeinsamkeiten beim Flugverhalten der Früchte.
- Messt den Abstand zwischen Abwurfstelle und Landeplatz der Flugfrüchte.

### Arbeitsaufträge

1 Begründet das unterschiedliche Flugverhalten der verschiedenen Früchte.
2 Beschreibt mögliche Fehlerquellen während eurer Versuchsdurchführung.
3 Stellt Vermutungen an, welchen Vorteil die Früchte haben, die länger in der Luft sind.
4 Beschreibt, welche technischen Entwicklungen mit dem Flugverhalten der verschiedenen Früchte verglichen werden können.

## B Modelle von Flugfrüchten

**Material** 5 Büroklammern, Watte, Obstnetz, Frischhaltefolie, Papier, Faden, Schere, Klebeband

### Durchführung

- Schneidet aus dem Obstnetz, der Folie und der Watte jeweils einen Kreis mit einem Durchmesser von 5 Zentimetern aus.
- Befestigt ein Fadenende durch Knoten oder mit Hilfe eines Klebebands am Mittelpunkt jedes Kreises. Am anderen Ende der Fäden wird je eine Büroklammer angebracht.
- Lasst die verschiedenen Modelle aus 2 Metern Höhe zu Boden fallen.
- Hängt nun an jede Büroklammer eine zweite und führt die Versuche dann ein weiteres Mal durch.

### Arbeitsaufträge

1 Beschreibt das unterschiedliche Flugverhalten eurer Flugmodelle.
2 Vergleicht das Flugverhalten und die Bestandteile des Modells mit einem Löwenzahnsamen.
3 Übt Modellkritik, indem ihr eure Modelle mit echten Löwenzahnsamen vergleicht.

1 Versuch zum Flugverhalten

2 Löwenzahnsamen: A Original; B Modell

3 Große Klette und Frucht

## C Die Klettfrucht

**Material** Früchte der Großen Klette, Klettverschluss, Lupe

### Durchführung

- Betrachtet die Frucht der Großen Klette mit der Lupe. Achtet dabei vor allem auf die Enden der Fruchtblätter. Fertigt eine Skizze davon an.
- Legt die Klettfrucht auf euren Pullover, steht auf und bewegt euch. Beschreibt eure Beobachtungen.
- Betrachtet einen Klettverschluss mit der Lupe und fertigt eine Skizze davon an.

### Arbeitsaufträge

1 Beschreibt, wie die Früchte der Klette verbreitet werden.
2 Stellt Vermutungen an, wie die Samen der Großen Klette verbreitet werden.
3 Beschreibt die Klettmechanismen der Pflanze und des Klettverschlusses.

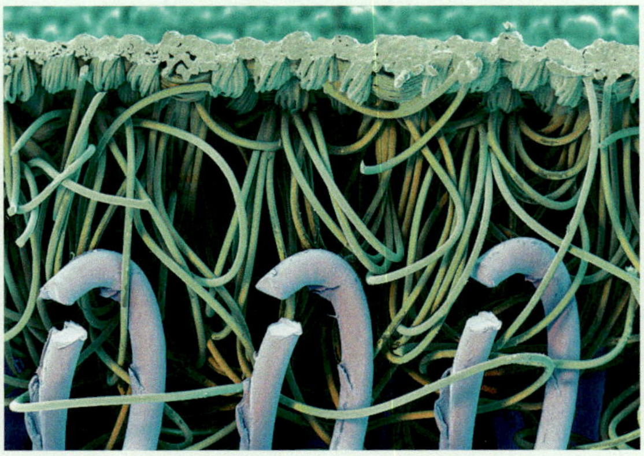

4 Mikroskopische Aufnahme: Klettverschluss

5 Scharfer Mauerpfeffer

## D Verbreitung bei Regen

**Material** reife Früchte des Scharfen Mauerpfeffers, Petrischale, Wasser

### Durchführung

- Betrachtet die reifen Früchte des Mauerpfeffers und fertigt eine Zeichnung davon an.
- Füllt die Petrischale zur Hälfte mit Wasser und legt drei Früchte hinein.
- Beschreibt eure Beobachtungen.

### Arbeitsaufträge

1 Stellt mit Hilfe eurer Beobachtungen Vermutungen an, wie sich die Samen des Mauerpfeffers verbreiten.
2 Der Mauerpfeffer wächst an trockenen Wegrändern, auf Mauern und in Felsspalten. Nennt die Wetterbedingungen, die vorherrschen müssen, damit die Samen des Mauerpfeffers verbreitet werden können.

6 Scharfer Mauerpfeffer:
A Blütenstand; B Fruchtstand; C Frucht

# Keimung und Wachstum

1 Das Schulgartenteam startet in die Saison.

Mitte März beginnt das Schulgartenteam mit der Aussaat ausgewählter Samen. Anzuchtschalen werden mit Erde gefüllt und Beschreibungen auf Samenpäckchen gelesen. Während manche Samen besonders tief in die Erde gesteckt werden müssen, dürfen andere nicht mit Erde bedeckt werden. Einige sollen sofort ins Freie gepflanzt werden, andere benötigen eine gewisse Zeit in warmen Räumen.

## Der Samen entwickelt sich

Im Innern jedes Samens befindet sich ein winziger *Keimling*. Steckt man zum Beispiel den Samen der Gartenbohne in feuchte Erde, so quillt dieser, indem er Wasser aufnimmt. Damit beginnt seine Entwicklung, die als *Keimung* bezeichnet wird. Die *Keimwurzel* bricht durch die Samenschale und wächst in die Erde ein. Der *Keimstängel* streckt sich nach oben. Dabei werden die beiden *Keimblätter* aus der Samenschale gezogen. Die Stärkereserven in den beiden Keimblättern benötigt der Keimling zum Wachsen, bis die Laubblätter mit der Nährstoffbildung beginnen.

## Bedingungen für die Keimung

Eine Bedingung für die Keimung aller Samen ist das Vorhandensein von Wasser. Es gibt jedoch noch weitere Faktoren, die die Keimung beeinflussen können. Diese sind von Pflanze zu Pflanze unterschiedlich. So brauchen zum Beispiel *Warmkeimer* wie Tomaten, Paprika und Bohnen höhere Temperaturen als Bärlauch und Spinat. Diese sogenannten *Kaltkeimer* benötigen einen längeren Zeitraum mit niedrigen Temperaturen. Danach keimen sie aus, sie beenden die *Samenruhe*. Kürbis, Zuckermais und Stiefmütterchen sind Beispiele für *Dunkelkeimer*. Ihre Samen benötigen zur Keimung Dunkelheit, sie müssen daher

2 Keimung der Feuerbohne

3 Keimende Kressesamen

mit Erde abgedeckt werden. Die meist kleinen Samen von Kresse und Thymian dürfen dagegen nicht mit Erde bedeckt werden. Sie werden als *Lichtkeimer* bezeichnet.

## Einflüsse auf das Wachstum

Sobald die Keimlinge eine gewisse Größe erreicht haben, müssen sie einzeln in Töpfe gepflanzt werden. Dieser Vorgang wird als *Pikieren* bezeichnet. Nur dadurch kann sichergestellt werden, dass sich die Jungpflanzen nicht gegenseitig in ihrem Wachstum behindern. Wasser, Mineralstoffgehalt und Kohlenstoffdioxidgehalt beeinflussen das Wachstum. Vor allem der Faktor Licht hat einen entscheidenden Einfluss. Lichtmangel kann zum Beispiel zu Wachstumsstörungen oder Formveränderungen führen. Auch die Temperatur spielt eine wichtige Rolle. So gibt es für jede Pflanze eine bestimmte Mindest-, eine Höchst- und eine Optimaltemperatur, bei der sie am besten wächst.

4 Tomatenkeimlinge werden pikiert.

### Basiskonzept Entwicklung

Betrachtet man verschieden gestaltete, oft winzig kleine trockene Samen unterschiedlicher Pflanzen, kann man kaum glauben, dass sich daraus Lebewesen von oft beachtlicher Größe entwickeln. Die Entwicklung vom Samen zur fortpflanzungsfähigen Pflanze ist ein zeitlicher Prozess, der gerade am Anfang mit starkem Wachstum verbunden ist. Auch wenn Lebewesen scheinbar ausgewachsen sind, verändern sie sich stets weiter. Laubbäume verlieren zum Beispiel im Herbst ihre Laubblätter, bilden jedes Jahr neue Früchte oder verändern ihre Wuchsform.

## Von der Jungpflanze zum neuen Samen

Sobald die ersten Laubblätter gebildet werden, welken die Keimblätter und fallen ab. Das Wachstum der oberirdischen Teile der Pflanze beginnt.

Kletterpflanzen wie Tomaten und Gartenbohnen winden sich an Gegenständen empor. Aus den bestäubten Blüten der Gartenbohne bilden sich lange Hülsenfrüchte mit neuen Bohnensamen. Die gelben Blüten der Tomate entwickeln sich nach der Bestäubung zu roten Früchten, in deren Fruchtfleisch die Samen für die neuen Pflanzen eingebettet sind. Aus diesen Samen wachsen unter geeigneten Keimungs- und Wachstumsbedingungen neue Pflanzen heran.

### In Kürze

Die Keimung von Samen beginnt mit der Quellung. Anschließend treiben die Keimwurzel und der Keimstängel aus. Die in den Keimblättern gespeicherten Nährstoffe werden vom Keimling während der Keimung zum Wachstum genutzt.

### Aufgaben

1 Nenne drei verschiedene Faktoren, die die Keimung beeinflussen können.
2 Beschreibe den Vorgang der Keimung mit Hilfe eines Flussdiagramms.

Methode

# Wie Biologen Experimente durchführen

Kresse kann innerhalb einer Woche ohne großen Aufwand auf der Fensterbank herangezogen werden. Doch was sind die Voraussetzungen dafür, dass Samen keimen können? Biologen wollen das Leben auf der Erde verstehen. Wie alle Naturwissenschaftler beobachten sie die Natur und stellen Fragen. Um Antworten auf die Fragen zu finden, sind oft Experimente notwendig. Beim Experimentieren gehst du folgendermaßen vor:

**1 Frage formulieren** Formuliere die Frage möglichst genau, auf die du eine Antwort finden möchtest. Für unser Beispiel könnte sie lauten: »Benötigen Kressesamen Wasser, um zu keimen?«

**2 Hypothesen aufstellen** Durch Überlegen und logisches Denken hast du bereits vor der Durchführung des Experiments eine mögliche Antwort auf die Fragestellung im Kopf. Formuliere diese Hypothese kurz. Zur Keimung der Kressesamen könnte sie lauten: »Kressesamen benötigen Wasser, um keimen zu können.«

Name: Carlotta Stubbe    Datum: 28.11.18

**Benötigen Kressesamen Wasser zum Keimen?**

Hypothese: Kressesamen benötigen Wasser, um keimen zu können.

Material: 2 Petrischalen, Kressesamen, Erde, Löffel, Wasser

Durchführung: Eine Schale wird mit Erde gefüllt und mehrere Kressesamen darauf ausgesät. Eine zweite Schale wird genauso vorbereitet, allerdings wird hier die Erde angefeuchtet und die Schale anschließend an einen warmen, hellen Ort gestellt. Diese Schale dient als Kontrolle, bei der ersten Schale fehlt der Faktor Wasser.

...

2 Ein Experiment wird protokolliert.

1 Keimung von Kressesamen

**3 Experiment planen** Überlege dir ein Experiment, mit dem du die Hypothese überprüfen oder widerlegen kannst. Achte darauf, immer nur einen Faktor zu verändern. Dieser wird als Variable bezeichnet. Alle anderen Faktoren bleiben gleich, sie sind Konstanten. Im Beispiel der Samenkeimung ist die Variable das Wasser. Temperatur, Licht, Luft und Erde sind Konstanten.

**4 Experiment durchführen** Führe das geplante Experiment durch. Arbeite dabei sorgfältig und sauber. Achte darauf, stets einen zusätzlichen Versuchsansatz durchzuführen, der alle Faktoren beinhaltet. Dieser dient als Kontrolle. Bei der Keimung der Kressesamen benötigst du also zwei verschiedene Versuchsansätze: In die erste Schale füllst du trockene Erde und streust die Kressesamen darauf, in der zweiten Schale streust du etwa die gleiche Anzahl Kressesamen auf feuchte Erde.

**5 Beobachtungen** Notiere, was du gesehen, gehört, gerochen, gefühlt oder gemessen hast. Auch scheinbar Unwichtiges kann später wichtig sein. Beobachte deshalb sorgfältig und notiere deine Beobachtungen in einem Versuchsprotokoll. Im Experiment mit den Kressesamen kannst du zum Beispiel zu bestimmten Zeitpunkten die Anzahl der keimenden Samen notieren. Räume nach Beendigung des Experiments deinen Arbeitsplatz auf.

**6 Auswertung** Deute deine Beobachtungen im Hinblick auf die Hypothese. Formuliere eine Antwort auf die gestellte Frage, beispielsweise: »Kressesamen benötigen Wasser zum Keimen.« War das Experiment passend, um die Hypothese zu überprüfen? Eventuell ist eine andere Herangehensweise sinnvoll. Was bedeuten die Ergebnisse, ergeben sich neue Fragen? Vielleicht sind weitere Experimente notwendig. Notiere auch dies in deinem Protokoll.

**7 Fehlerdiskussion** Überlege, ob es bei der Durchführung zu Fehlern gekommen ist. Falls du Fehler entdeckst, kannst du deine Planung anpassen und das Experiment erneut durchführen. Ein möglicher Fehler könnte zum Beispiel eine unterschiedliche Anzahl ausgesäter Samen sein. Enthält ein Experiment mehrere Variablen, erhältst du keine aussagekräftigen Ergebnisse.

## Aufgaben

1 Führe den Versuch zu den Keimungsbedingungen von Kressesamen nach der Anleitung durch:

**A ohne Wasser** Fülle eine Schale vor dem Säen mit trockener Erde.

**B ohne Erde** Lege eine Schale vor dem Säen mit feuchter Watte aus.

**C ohne Luft** Fülle eine Schale mit feuchter Erde und säe die Samen aus. Stelle die Schale in einen Gefrierbeutel und sauge mit einem Trinkhalm die Luft heraus. Verschließe den Beutel möglichst luftdicht mit einem Klippverschluss.

**D ohne Licht** Fülle eine Schale mit feuchter Erde und säe die Samen aus. Stelle die Schale in einem Schuhkarton dunkel.

**E bei niedriger Temperatur** Fülle eine Schale mit feuchter Erde und gib die Samen darauf. Stelle die Schale in einen kalten, hellen Raum.

**F Kontrolle** Die Samen erhalten hier Erde, Wasser, Wärme, Licht und Luft.

2 Erstelle zu diesem Versuch ein Protokoll.

a Formuliere eine Frage sowie eine Hypothese.

b Notiere alle benötigten Materialien im Protokoll.

c Beschreibe die Durchführung des Experiments und nenne für jeden Versuchsansatz die variablen und konstanten Faktoren.

d Prüfe täglich, wie viele Samen in jeder Schale gekeimt sind. Notiere deine Beobachtungen in einer Tabelle.

e Notiere die Bedingungen, die erfüllt sein müssen, damit die Kressesamen keimen können.

3 Nenne mögliche Fehlerquellen des Versuchs sowie Möglichkeiten zu deren Vermeidung.

A ohne Wasser
B ohne Erde
C ohne Luft
D ohne Licht
E ohne Wärme
F Kontrolle

3 Versuch zu den Keimungsbedingungen von Kressesamen

Aufgaben

# Wachstumsbedingungen

## 1 Faktoren beeinflussen das Wachstum

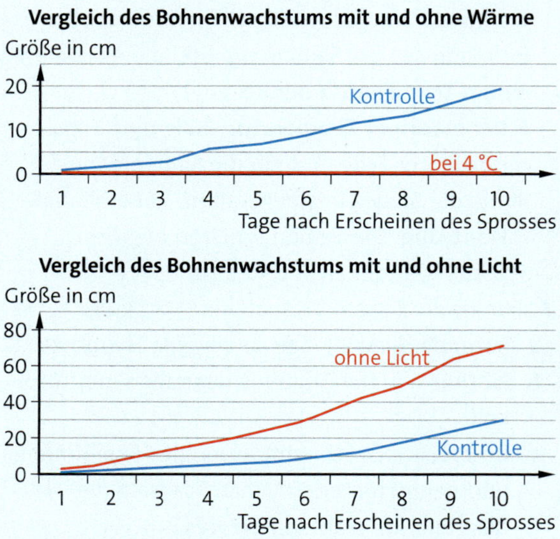


**1** Ergebnisse von Wachstumsversuchen mit Bohnen

**a** Nenne mit Hilfe von Bild 1 die optimalen Wachstumsbedingungen der Bohne.

**b** Erläutere, warum für die Darstellung der Messwerte ein Liniendiagramm geeignet ist.

**c** Plane einen Versuch, um das Bohnenwachstum in Abhängigkeit vom Faktor Luft zu untersuchen. Notiere eine Frage sowie eine Hypothese und beschreibe die Versuchsdurchführung.

**d** In einem weiteren Experiment wird das Bohnenwachstum mit und ohne Wasser untersucht. Die Ergebnisse sind in Bild 2 dargestellt. Erstelle daraus ein Liniendiagramm.

| Tag | Größe der Pflanze ohne Wasser | Größe der Pflanze mit Wasser – Kontrolle |
|---|---|---|
| 1 | 0 | 3 |
| 3 | 3 | 7 |
| 5 | 5 | 13 |
| 7 | 8 | 18 |
| 9 | 9 | 23 |
| 11 | 10 | 24 |
| 13 | 11 | 26 |

**2** Ergebnisse zum Wachstum mit und ohne Wasser

## 2 Extreme Wachstumsbedingungen

Vitus fotografiert im Urlaub gerne seltene Pflanzen, die unter außergewöhnlichen Bedingungen wachsen. Hier sind einige seiner Urlaubsfotos:

**3** Vitus' Urlaubsbilder

**a** Beschreibe die extremen Wachstumsbedingungen der Pflanzen in Bild 3.

**b** Stelle für jede Pflanze Vermutungen über ihre Angepasstheiten auf.

Vitus möchte herausfinden, unter welchen extremen Bedingungen eine gewöhnliche Gemüsepflanze wie die Zucchini wachsen kann.

**4** Anwendung einer Erkenntnismethode

**c** Formuliere die Frage, die sich Vitus gestellt hat.

**d** Beschreibe die Erkenntnismethode, die Vitus für seinen ersten Versuch gewählt hat.

**e** Nenne weitere Methoden der Erkenntnisgewinnung, mit denen Vitus die Bedingungen für das Pflanzenwachstum der Zucchini untersuchen könnte.

Exkurs

# Schutz bedrohter Pflanzen

In der Roten Liste der Weltnaturschutzunion sind alle gefährdeten Tier- und Pflanzenarten aufgeführt. Sie soll zum Beispiel Politikern als Entscheidungshilfe für die Aufstellung von Artenschutzprogrammen dienen. Etwa die Hälfte aller bayerischen Pflanzenarten steht auf der Roten Liste.

## Beispiele bedrohter Pflanzenarten

Die größte Bedrohung geht von uns Menschen aus, indem wir die Lebensräume der Pflanzen zerstören. Die Anlage von Entwässerungsgräben und die Begradigung von Flüssen führen beispielsweise zur Beseitigung von Überschwemmungsgebieten. Pflanzen wie das Zierliche Wollgras oder der Sumpf-Löwenzahn sind jedoch auf feuchte Lebensräume angewiesen. Der Einsatz von Maschinen und die einseitige großflächige Bewirtschaftung gefährden verschiedene Pflanzen. Durch die Verwendung großer Mengen Dünge- und

2 Beispiele bedrohter Pflanzen in Bayern: A Eberesche; B Busch-Nelke; C Sumpf-Löwenzahn; D Zierliches Wollgras; E Finger-Kuhschelle

1 Rote Liste gefährdeter Tier- und Pflanzenarten

Pflanzenschutzmittel gibt es kaum noch Magerrasen, auf dem zum Beispiel die Busch-Nelke zu finden ist. Die stark gefährdete Eberesche hat einen hohen Lichtbedarf und kann daher nur außerhalb dichter Wälder wachsen. Durch den Ausbau von Fahrwegen werden zwar lichte Stellen geschaffen, die Pflanzen wachsen allerdings schräg zum Licht in Richtung Straßenmitte. Dadurch werden sie zum Verkehrshindernis und deshalb beseitigt.

## Schutzmaßnahmen

Naturschutzverbände helfen bedrohten Pflanzenarten, indem sie verschiedene Projekte ins Leben rufen. Es wird zum Beispiel versucht, Standorte, auf denen bedrohte Pflanzen wachsen, zu erhalten. Auf bestimmten Teilen von Wiesen oder Wäldern wird gezielt auf eine ausreichende Besonnung geachtet. Wo es möglich ist, werden Entwässerungsgräben zurückgebaut und der Grundwasserspiegel auf bestimmten Flächen angehoben. Manche Pflanzen sät man sogar gezielt aus, um ihre Vermehrung und Wiederansiedlung zu gewährleisten. Auch Mahdregeln, nach denen Wiesen nur zu bestimmten Zeiten gemäht werden dürfen, fördern den Erhalt einiger bedrohter Arten.

## Schutzgebiete

Die Flächen der Schutzgebiete wurden in den letzten Jahren immer weiter ausgedehnt. In diesen Bereichen muss der Lebensraum der Pflanzen und Tiere besonders geschützt werden. Sie können hier ohne Gefährdung durch den Menschen leben. Das Ammergebirge und das Donaualtwasser bei Leitheim sind Beispiele für bayerische Naturschutzgebiete.

# Fortpflanzung

Peter hat in seinem Garten ein Erdbeerbeet angelegt. Bei der Ernte entdeckt er neue kleine Erdbeerpflanzen, die er aber gar nicht selbst angepflanzt hat. Er fragt sich, wie es zu dieser Vermehrung kommen konnte.

**1** Vermehrung von Erdbeeren durch Ausläufer

**Ungeschlechtliche Fortpflanzung ...**
Viele Lebewesen vermehren sich durch die Verschmelzung von Keimzellen. Daneben gibt es auch Organismen, die sich ohne Bildung von Keimzellen fortpflanzen. In diesem Fall spricht man von *ungeschlechtlicher Fortpflanzung*. Die Nachkommen und die Eltern besitzen identische Erbinformationen.

**... Beispiele aus dem Pflanzenreich**
Manche Pflanzen, wie die Erdbeeren, vermehren sich ungeschlechtlich durch *Sprossausläufer*. Das sind oberirdisch oder unterirdisch kriechende verlängerte Seitensprosse, aus denen *Ableger* hervorgehen. Diese beginnen wieder zu wurzeln, bilden neue Sprosse und damit eine neue Generation von genetisch identischen Tochterpflanzen.

Kartoffeln bilden unterirdische *Knollen*. Das sind an den Enden stark verdickte Sprossausläufer, die zu Speicherorganen heranwachsen. An den Kartoffelknollen gibt es sichtbare Vertiefungen, die als Augen bezeichnet werden. Aus ihnen wachsen die Triebe der neuen Kartoffelpflanze.

Tulpen können sich ungeschlechtlich durch *Brutzwiebeln* vermehren. Eine Zwiebel entspricht einem gestauchten Spross mit verdickten Blättern, welche als Speicher dienen. Mit Hilfe der darin enthaltenen Nährstoffe können sich neue Pflanzen mit identischen Erbinformationen entwickeln.

**... Beispiele aus dem Tierreich**
Blattläuse können sich massenhaft vermehren, indem die Weibchen aus unbefruchteten Eizellen junge Blattläuse lebend gebären. Diese besondere Fortpflanzungsart nennt man *Jungfernzeugung*. Sie ist bei Insekten wie Ameisen und Stabheuschrecken verbreitet. Männliche Bienen, die Drohnen, entstehen ebenfalls nur durch Jungfernzeugung.

**2** Beispiele ungeschlechtlicher Vermehrung:
A Kartoffelknollen; B Tulpenzwiebel mit Brutzwiebeln; C Geburt einer Blattlaus

3 Geschlechtliche Fortpflanzung bei Hasen

**Basiskonzept Reproduktion**

Unter dem Begriff Reproduktion versteht man die Fortpflanzung von Lebewesen. Über die Erbsubstanz werden dabei Erbinformationen an die Folgegeneration weitergegeben.

Fortpflanzung ist eines der Kennzeichen von Lebewesen. Da alle Lebewesen eine begrenzte Lebensdauer haben, dient die Reproduktion der Erhaltung der Art durch Entstehung von Nachkommen.

### Geschlechtliche Fortpflanzung bei Tieren

Tiere pflanzen sich in der Regel *sexuell*, das heißt geschlechtlich, fort. *Sexualität* beschreibt das geschlechtliche Verhalten zweier Partner einer Art. Bei Wirbeltieren haben sich im Laufe der Entwicklungsgeschichte verschiedene Formen der Befruchtung je nach Wirbeltierart und Lebensraum gebildet.

### Befruchtung im Körper

Bei an Land lebenden Tieren wie Kriechtieren, Vögeln und Säugetieren erfolgt die Befruchtung im Körper des weiblichen Tieres, man spricht von *innerer Befruchtung*. Ein Geschlechtsverkehr ist daher die Voraussetzung für die Fortpflanzung. Bei Säugetieren findet die Entwicklung der Nachkommen von der Befruchtung bis zur Geburt innerhalb des Körpers statt.

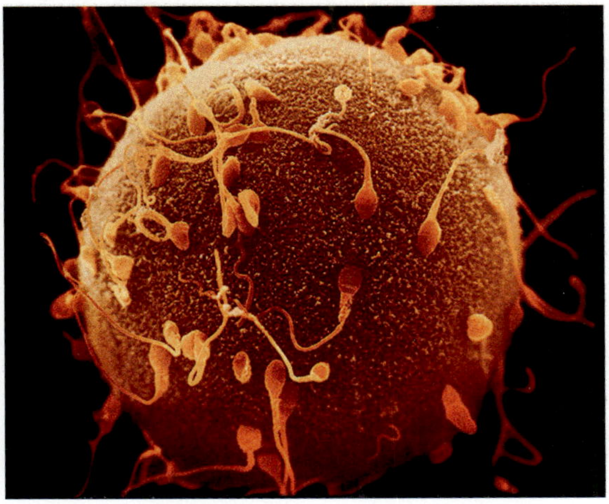

4 Eizelle vor der Befruchtung, umgeben von Spermien

### Befruchtung im Wasser

Bei Fischen und den meisten Lurchen findet die Befruchtung außerhalb des Körpers statt. Dies nennt man eine *äußere Befruchtung*. Die Weibchen geben massenhaft Eizellen als Laich in das Wasser ab. Die Männchen geben in großer Menge ihre Spermien dazu. Eizellen und Spermien verschmelzen im Wasser.

### Fortpflanzung im Vergleich

Nur bei geschlechtlicher Fortpflanzung werden Erbinformationen von zwei Individuen neu kombiniert. Dadurch können Nachkommen mit neuen Merkmalsausprägungen entstehen. Durch ungeschlechtliche Fortpflanzung ist eine schnelle Vermehrung am Standort möglich. Alle Nachkommen besitzen die Erbinformationen der Mutter. Fortpflanzung stellt nur dann auch eine Vermehrung dar, wenn mehr als zwei Nachkommen erzeugt werden.

**In Kürze**

Lebewesen besitzen die Fähigkeit zur Reproduktion. Die Fortpflanzung kann ungeschlechtlich oder geschlechtlich erfolgen.

### Aufgaben

1. Beschreibe verschiedene Formen der ungeschlechtlichen Vermehrung bei Pflanzen.
2. Vergleiche ungeschlechtliche und geschlechtliche Fortpflanzung miteinander.
3. Stelle Vermutungen an, welche Vorteile eine geschlechtliche Fortpflanzung hat, wenn sich die Umweltbedingungen verändern.

# Die Fortpflanzungs-organe des Menschen

Irina und Kim bauen mit mehreren Mädchen aus Tüchern, Schläuchen, Kugeln und Perlenketten modellhaft die weiblichen Geschlechtsorgane. In dem Projekt »Zyklusshow« erkunden sie, was im Körper einer Frau vor sich geht. Dabei lernen sie ihren eigenen Körper verstehen und wertschätzen.

1 Sexualerziehung einmal anders: »Zyklusshow«

**Fortpflanzung und Geschlechtsorgane**

Die Produktion von Keimzellen ist die Voraussetzung für die geschlechtliche Fortpflanzung. Die Geschlechtsorgane der Frau bilden nicht nur Eizellen, sondern ermöglichen auch die Entwicklung neuen Lebens im Körper der Frau.

**Weibliche Geschlechtsorgane**

Zu den äußeren Geschlechtsorganen gehören die äußeren und inneren *Schamlippen*. Sie bedecken die *Klitoris* sowie die Öffnung der Harnröhre und den Scheideneingang. Der sichtbare Teil der Klitoris ist eine kleine Erhebung etwa von der Größe einer Erbse. Das *Jungfernhäutchen* ist ein dehnbares Häutchen, das sich am Scheideneingang befindet.
Zu den inneren Geschlechtsorganen zählt die *Scheide*, ein dehnbarer Muskelschlauch, der auch Vagina genannt wird. Sie führt zur *Gebärmutter*, einem etwa faustgroßen Hohlmuskel, der mit einer Schleimhaut ausgekleidet ist. In der Gebärmutter wächst das Kind während einer Schwangerschaft heran. Der Eingang zur Gebärmutter ist durch den *Muttermund* verschlossen. Von der Gebärmutter führen links und rechts zwei dünne schlauchartige Kanäle, die *Eileiter*, zu den beiden *Eierstöcken*.

**Die weiblichen Keimzellen**

In den Eierstöcken sind bereits bei der Geburt des Mädchens etwa 400 000 Eizellen als noch unreife Keimzellen angelegt. Mit der Geschlechtsreife entwickelt sich in einem meist monatlichen Abstand je eine reife, befruchtungsfähige Eizelle.

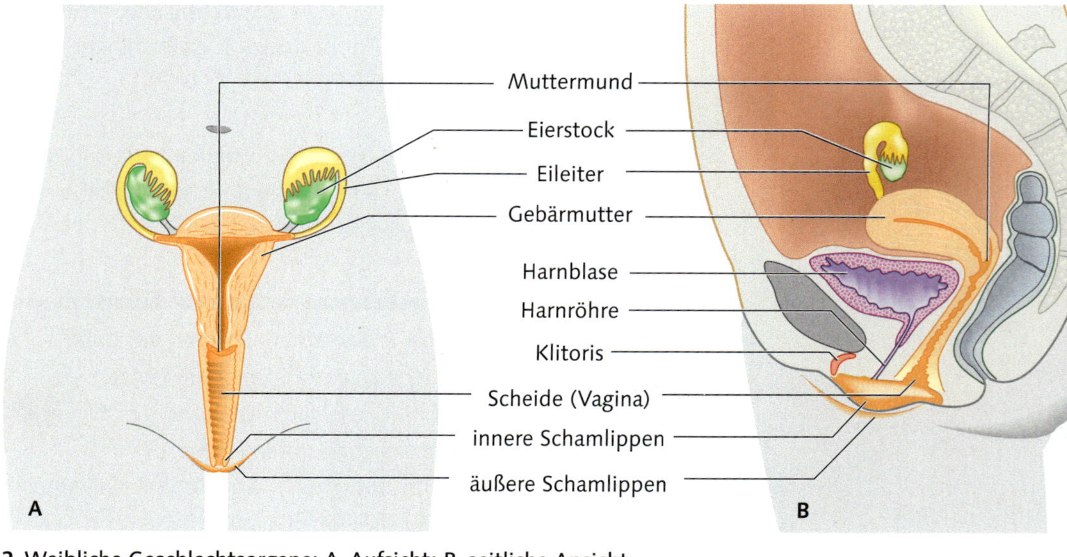


2 Weibliche Geschlechtsorgane: A Aufsicht; B seitliche Ansicht

**Männliche Geschlechtsorgane**

Die männlichen Geschlechtsorgane sind zum Teil äußerlich sichtbar. Im Hodensack liegen zwei pflaumenförmige *Hoden*. In ihnen werden die männlichen Keimzellen, die Spermien, gebildet. Die Hoden liegen außerhalb des Körpers und sind daher etwas kühler als das Körperinnere. Bei diesen Bedingungen entwickeln sich Spermien am besten.

Jeder Hoden ist von einem halbmondförmigen *Nebenhoden* bedeckt. In diesen reifen die Spermien und werden dort gespeichert. Bei einem Samenerguss gelangen sie in die beiden Samenleiter. Diese münden in die *Harnröhre*, welche als *Harnsamenröhre* den Harn oder Spermien durch den *Penis* nach außen leitet. Der Penis besteht aus weichem Bindegewebe und Schwellkörpern mit Blutgefäßen. Die *Vorhaut* bedeckt die *Eichel* an der Penisspitze.

**Sperma – was ist das?**

Das Sperma ist weißlich, trübe und etwas klebrig. Es besteht aus Spermien und einer aus mehreren Drüsen abgesonderten Flüssigkeit. Diese schützt die Spermien, macht sie beweglich und erhält sie einige Tage am Leben. Im Sperma eines Samenergusses können sich bis zu 500 Millionen Spermien befinden.

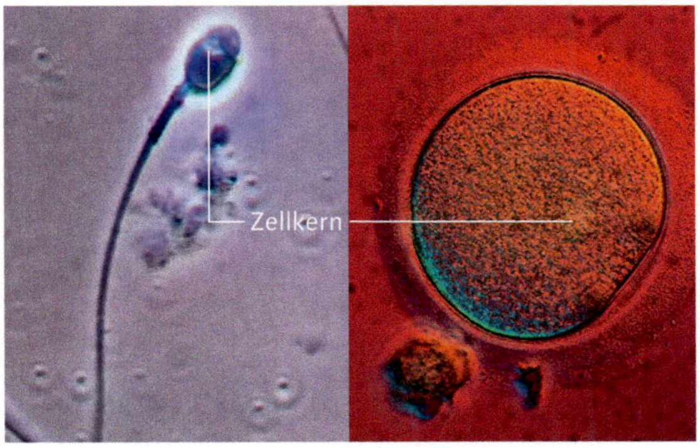


**4** Spermium und Eizelle

**In Kürze**

Die Geschlechtsorgane von Mann und Frau unterscheiden sich in Aufbau und Funktion. In den Hoden des Mannes entwickeln sich die Spermien, in den Eierstöcken der Frau die Eizellen. Die Bildung der Keimzellen ist die Voraussetzung für eine geschlechtliche Fortpflanzung.

**Aufgaben**

**1** Nenne die Geschlechtsorgane von Mann und Frau.

**2** Nenne einen Grund, warum sich die Hoden nicht im Bauchraum des Körpers befinden.

**3** Beschreibe den Weg der Spermien beim Samenerguss.

**4** Erläutere, weshalb die Gebärmutter sehr stark dehnbar sein muss.

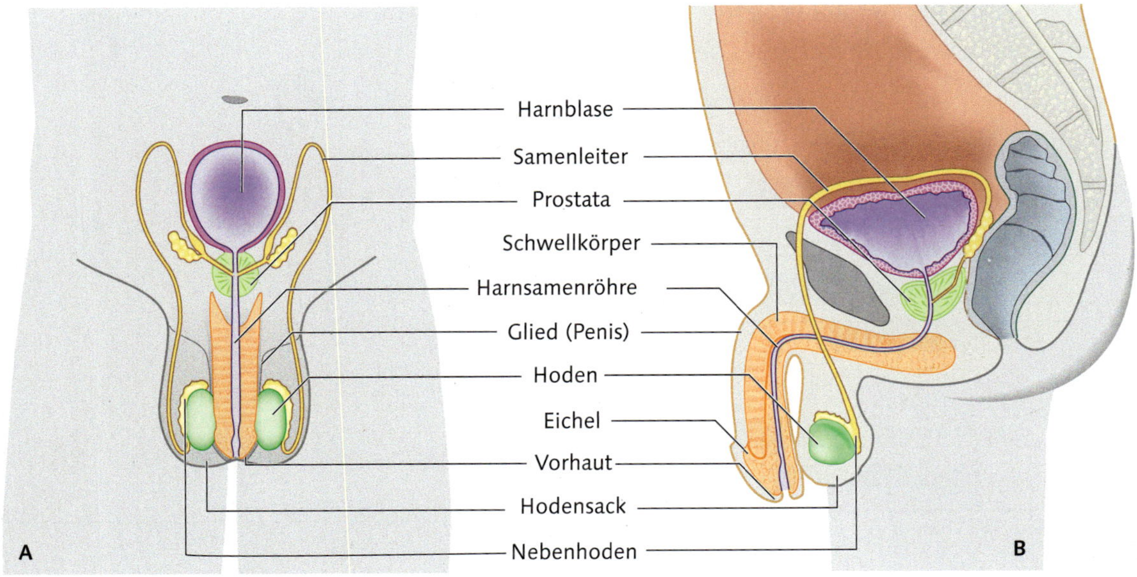


**3** Männliche Geschlechtsorgane: A Aufsicht; B seitliche Ansicht

# Pubertät – der Körper verändert sich

Ist das Baby ein Junge oder ein Mädchen? Für David steht schnell fest: »Ganz klar, es muss ein Junge sein! Nur Jungs tragen blaue Strampler!« »Meine Lieblingsfarbe ist blau. Ich habe viele blaue T-Shirts!«, entgegnet Lisa. »Von der Farbe der Kleidung lässt sich wohl kaum auf das Geschlecht eines Babys schließen.«

**1** Junge oder Mädchen?

### Unterschiede von Anfang an

Ob ein Baby männlich oder weiblich ist, kann man anhand der *primären Geschlechtsmerkmale* erkennen. Das sind die Geschlechtsorgane. Sie sind von Geburt an vorhanden und genetisch festgelegt. Sie dienen der Fortpflanzung und somit der Arterhaltung.

### Die Pubertät beginnt

Die *Pubertät* ist der Zeitraum, in dem Menschen geschlechtsreif werden, das bedeutet, sich fortpflanzen zu können. Ausgelöst wird die Pubertät durch *Hormone*. Das sind Botenstoffe, die ins Blut ausgeschüttet werden. Sie werden unter anderem von den Keimdrüsen, also den Hoden beziehungsweise Eierstöcken, gebildet.

Die Pubertät setzt bei allen Menschen zeitlich unterschiedlich ein. Bei Mädchen beginnt sie im Schnitt zwei Jahre früher als bei Jungen.

### Der Körper wird erwachsen

Mit dem Eintritt in die Pubertät bilden sich die *sekundären Geschlechtsmerkmale* aus. Durch sie unterscheiden sich die Geschlechter noch deutlicher voneinander.

Beim Mann beginnt das Haarwachstum am gesamten Körper. Dazu gehören auch Barthaare und Schamhaare. Zusätzlich wird der Körper muskulöser, die Schultern werden breiter als das Becken. Die Stimme wird tiefer, da der Kehlkopf wächst und die Stimmbänder sich verändern. Diesen Zeitraum nennt man *Stimmbruch*. Zudem wächst der Penis und es kommt irgendwann, meist nachts und unwillkürlich, zum ersten Samenerguss.

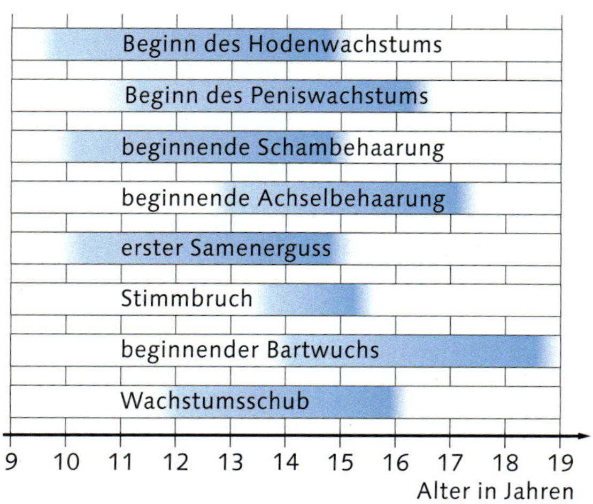


**2** Zeitlicher Ablauf der Pubertät bei Jungen

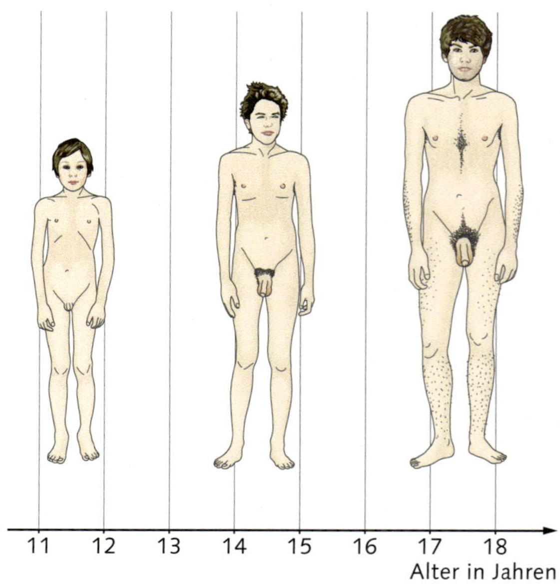


**3** Vom Jungen zum Mann

Zu den sekundären Geschlechtsmerkmalen der Frau gehören die weibliche Brust und die Schambehaarung. Die Körperproportionen entwickeln sich anders als beim Mann: Die Schultern sind schmaler als das Becken. Ab der Pubertät beginnt der Weißfluss. Die Scheide bildet eine Flüssigkeit, die sie vor Krankheitserregern schützen soll.

Mit der *Menstruation* beginnt die monatliche Vorbereitung des Körpers auf eine mögliche Schwangerschaft. Jedoch kann bereits vor der ersten Monatsblutung eine Eizelle herangereift sein, die befruchtet werden könnte. Mädchen sind ab dem ersten Eisprung, Jungen ab dem ersten Samenerguss geschlechtsreif.

**Bedeutung der Pubertät**

Ab der Pubertät beginnen die Keimzellen zu reifen. In den Hoden werden Spermien produziert, in den Eierstöcken reift in etwa monatlichen Abständen eine Eizelle heran.

Die körperlichen Voraussetzungen für eine Schwangerschaft sind jedoch noch nicht gegeben. Erst gegen Ende der Pubertät ist das Becken breit genug, um eine Geburt zu ermöglichen. Biologisch gesehen sind Jugendliche mit dem Abschluss der Pubertät erwachsen. Die geistige Reife, ein Kind zu bekommen und es zu erziehen, wird jedoch erst später erworben.

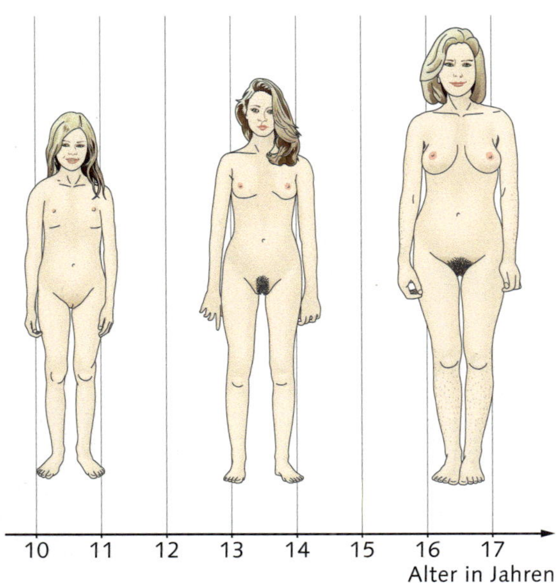


**4** Vom Mädchen zur Frau

**Exkurs Menstruation**

Der Begriff stammt vom lateinischen Wort mensis ab, das bedeutet Monat. Er bezeichnet die wiederkehrende Blutung aus der Gebärmutter. Diese kann bis zu 7 Tage dauern. Dabei löst sich die Gebärmutterschleimhaut ab und wird nach außen abgegeben. So wird sie stetig erneuert und auf eine befruchtete Eizelle vorbereitet. Auch wenn es nach mehr aussieht, ist es meist nur etwa eine viertel Tasse voll Blut. Der Zeitraum von Blutung zu Blutung kann länger oder kürzer als einen Monat sein. Man spricht auch von der Regel oder der Periode.

**In Kürze**

Die primären Geschlechtsmerkmale sind von Geburt an vorhanden, die sekundären entwickeln sich dagegen erst in der Pubertät.

## Aufgaben

**1** Nenne primäre und sekundäre Geschlechtsmerkmale von Männern und Frauen.

**2** Julia (12) sagt: »Das ist total gemein! Alle anderen Mädchen in der Klasse haben schon Brüste, nur ich nicht!« Begründe anhand von Bild 5, weshalb sie sich keine Sorgen machen muss.

**3** Werte folgende Tabelle aus:

| Alter | Ø Größe Jungen | Ø Größe Mädchen |
|---|---|---|
| 12 Jahre | 154,0 cm | 155,3 cm |
| 15 Jahre | 174,4 cm | 167,1 cm |

**4** Begründe, weshalb eine Schwangerschaft im Alter von 14 Jahren problematisch sein kann.

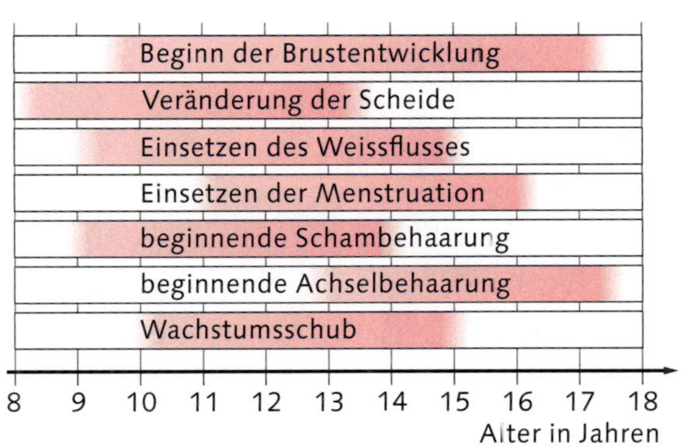


**5** Zeitlicher Ablauf der Pubertät bei Mädchen

# Pubertät – alles ist auf einmal anders

Jan ist 12 Jahre alt und in letzter Zeit ziemlich reizbar. Manchmal nerven ihn schon Kleinigkeiten. Neulich schrie er seinen kleinen Bruder wütend an, als der einfach in sein Zimmer stürmte, ohne anzuklopfen. Mit seinen Eltern hat Jan öfter Streit. Zum Beispiel darüber, wann er abends zu Hause sein muss. Als ob er noch ein kleines Kind wäre! Seine Freunde dürfen doch auch länger draußen bleiben. Manchmal könnte er vor Wut nur noch schreien. Am liebsten zieht er sich dann in sein Zimmer zurück, setzt die Kopfhörer auf und hört seine Lieblingsmusik. Auch sonst ist vieles anders geworden. Als Steffi ihn neulich anlächelte, klopfte sein Herz auf einmal wie wild. Sie sieht einfach super aus! Aber er brachte keinen Ton heraus. Seither denkt er nur noch an sie. Ob er in sie verknallt ist?

**1** Jan ist genervt von seiner Mutter.

### Achterbahn der Gefühle

Verschiedene Hormone beeinflussen Gefühle, Stimmungen und Bedürfnisse. Beste Freundinnen und Freunde werden oft wichtiger als die Eltern. Vielen Jugendlichen gefällt es, etwas Eigenes zu leisten und ganz sie selbst zu sein. Manche entdecken mit großem Herzklopfen, dass sie mit ihrem Aussehen und Verhalten die Blicke anderer auf sich lenken können. Einige verlieben sich zum ersten Mal. Ein Wechsel zwischen Glücksgefühlen, der Angst, etwas falsch zu machen, und einer tiefen Traurigkeit ist während der Pubertät nicht ungewöhnlich.

### Baustelle im Körper

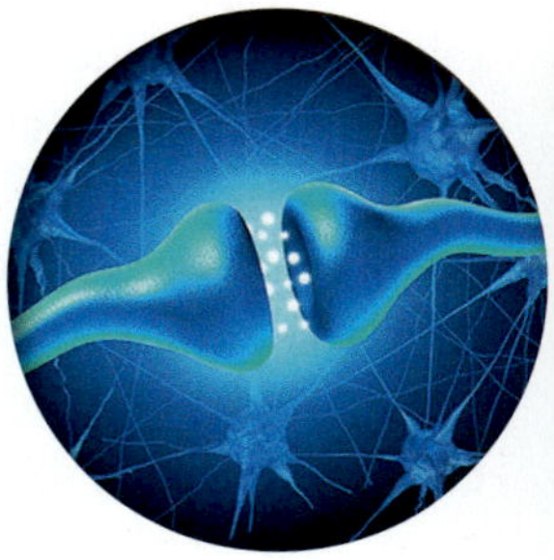

Während der Pubertät lösen Hormone Veränderungen im Körper aus. Er wächst sehr schnell und die Gelenke schmerzen mitunter. Im Gehirn bilden sich neue Zellen und Verbindungen. Gefühle werden intensiver erlebt. Das ist ungewohnt und Pubertierende müssen lernen, ihre Empfindungen zu verstehen und zu kontrollieren. Auch einige Verhaltensweisen ändern sich. Jahrelange Hobbys werden plötzlich langweilig oder es entwickeln sich Interessen, die vor der Pubertät noch nicht da waren.

**2** Pubertät bedeutet immer ein Gefühlschaos.

3 Nur mal probiert? Ein Leben lang süchtig!

## Zu sich selbst finden

Jugendliche probieren in der Pubertät verschiedene Rollen aus, um zu sich selbst zu finden. Vorbilder können Freunde sein, deren Verhalten bewundert wird, oder ein Popstar, der unglaublich gut aussieht. Aber auch die eigenen Eltern sind Rollenvorbilder und können Werte vermitteln. Die eigene Meinung zu entwickeln und sie auch zu vertreten oder zu lernen, »Nein« zu sagen, ist wichtig für die Entwicklung von Selbstbewusstsein und Persönlichkeit. Gerade Teenagern, die ihre eigene Rolle noch suchen, fällt es häufig schwer, sich anders zu verhalten, als die Freunde es tun. Es sollte also gut überlegt werden, ob man nur rauchen will, weil die Freunde »qualmen«.

## Auf sich und andere achten

In der Pubertät ist es wichtig, auf die Bedürfnisse des eigenen Körpers und des familiären Umfelds Rücksicht zu nehmen. Nicht die Eltern sind auf einmal anders. Sie müssen lernen, mit einem Pubertierenden und der veränderten Situation umzugehen. Für sie ist es schwierig, Verantwortung abzugeben. Teenager sollten darauf vertrauen, dass Eltern das Beste für ihre Kinder möchten und sich deshalb Sorgen machen.

### In Kürze

In der Pubertät werden der Körper und auch das Gehirn durch Hormone umgebaut. Dadurch verändern sich Gefühle und Interessen. Teenager müssen zu sich selbst und ihre Rolle in der Gesellschaft finden.

## Aufgaben

**1** Im Eifer des Gefechts verwenden wir oft Worte oder Gesten, die wir nicht so meinen.

**a** Erstelle eine Liste von Worten, Sätzen oder Gesten, die dir schon einmal wehgetan haben.

**b** Beschreibe, wie man solche Situationen verhindern könnte.

**2** Uns fällt oft nicht auf, was andere an uns schätzen. Meist sind wir zu kritisch mit uns selbst. Erstelle eine Tabelle nach folgendem Beispiel:

| So sehe ich mich ... | So sehen mich andere |
|---|---|
| *Aussehen (z. B. hübsches Gesicht, breite Schultern ...)* | *Aussehen* |
| *Charakter (z. B. hilfsbereit, verschlossen ...)* | *Charakter* |

Fülle die linke Spalte selbst aus. Falte dann das Blatt in der Mitte, drehe es um und lass einen Klassenkameraden die rechte Spalte ausfüllen. Vergleicht nun eure Einträge. Stimmen eure Einschätzungen überein?

**3** Eltern können nerven. Aber oft reagieren wir auf ihre Hinweise heftiger, als es angebracht wäre. »Übersetze« die folgenden Beispiele.

| Ursprungssatz | »Übersetzung« |
|---|---|
| *Immer sagst du mir, wann ich heimkommen soll!* | *Du machst dir Sorgen um mich und möchtest wissen, dass es mir gut geht.* |
| *Du verbietest mir etwas, machst es aber selbst!* | |
| *Frag mich nicht aus! Meine Freunde gehen dich gar nichts an!* | |
| *Es ist meine Sache, wie laut ich Musik höre!* | |
| *Ich habe keinen Bock, immer mit euch zusammen zu essen!* | |

# Auf den eigenen Körper achten

»Alle zwei bis drei Tage duschen reicht.« Kinder duschen nach dem Sport oder wenn Mama oder Papa es sagen. Mit dem Beginn der Pubertät verändert sich der Körper und damit auch die Haut. Sie benötigt nun mehr Pflege und Aufmerksamkeit als vorher.

### Veränderungen des Körpers

Die Pubertät verändert uns. Neben sichtbaren Veränderungen wie dem Körperwachstum gibt es auch solche, die wir nicht sofort bemerken. Die Schweißdrüsen in der Haut werden aktiver. Vor allem unter den Achseln, am Rücken und im Bereich der Schambehaarung wird vermehrt Schweiß gebildet. Die Haut produziert außerdem vermehrt Talg. Das ist ein fetthaltiger Stoff, der durch Drüsen in der Haut hergestellt wird und diese geschmeidig macht. Auch am Kopf befinden sich Talgdrüsen, hier führt der Talg dazu, dass die Haare schnell strähnig aussehen.

Mikroorganismen wie Bakterien ernähren sich von Schweiß und Talg. Diese Mikroorganismen sind nützlich, da sie uns vor Krankheitserregern schützen. Allerdings stellen sie bei ihrem Stoffwechsel auch unangenehm riechende Stoffe her. Diese setzen sich in der Kleidung fest und können von anderen wahrgenommen werden.

1 Duschen macht Spaß.

### Entstehung von Hautunreinheiten

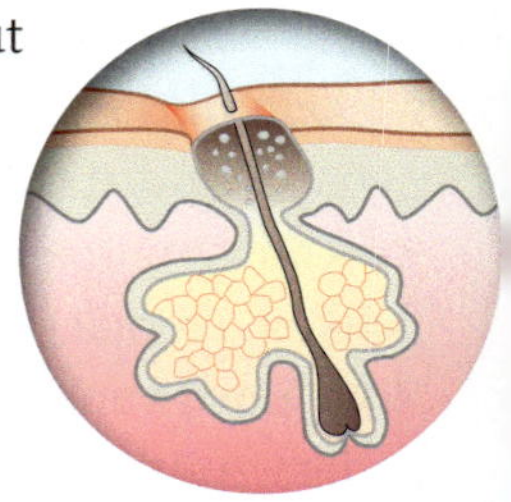

Durch die Hormonumstellung in der Pubertät erzeugt die Haut sehr viel Talg. Zudem erneuert sie sich schneller und schuppt stärker ab. Wenn die Talgdrüsen dadurch verstopfen, entstehen *Mitesser*. Das sind kleine, dunkle Punkte, die meist im Gesicht oder auf dem Rücken sichtbar werden. Gelangen Bakterien in einen Mitesser, kann sich dieser entzünden und es entsteht Eiter. Es bildet sich ein *Pickel*. Bei einer Vielzahl von entzündeten Pickeln im Gesicht oder auf dem Rücken spricht man von *Akne*. Diese

2 Mikroorganismen auf unserer Haut

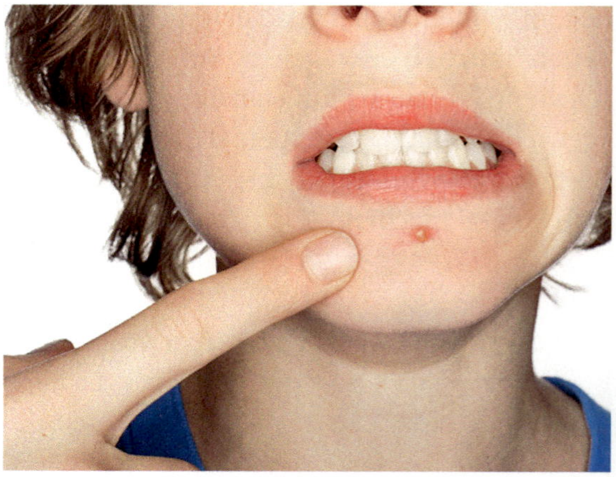

3 Pickel sind normal.

4 Gesichtspflege ist wichtig.

5 Verschiedene Hygieneprodukte

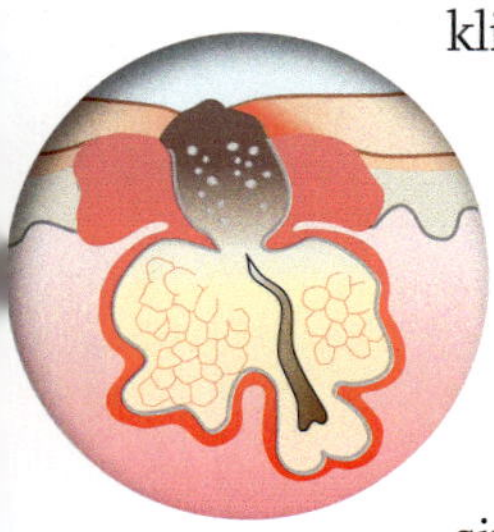

klingt meist mit dem Ende der Pubertät wieder ab. Akne kann mit Mitteln aus der Drogerie behandelt werden. Bei einigen Jugendlichen entwickelt sich die Akne jedoch intensiver, ist zum Teil schmerzhaft und verläuft langwieriger. Dann sollte ein Hautarzt um Rat gefragt werden.

## Der Körper benötigt Pflege

Waschen sollte wie Zähneputzen regelmäßig geschehen. Eine Dusche ist im Gegensatz zum Vollbad hautschonender und spart außerdem Wasser. Dabei sollten hautfreundliche Waschlotionen und milde Shampoos verwendet werden. Parfümierte Waschcremes können zu allergischen Reaktionen führen. Für die Gesichtspflege reicht meist ein klärendes Waschgel oder ein Gesichtswasser. Nach dem Duschen verzögern Deodorants die Neubildung von Mikroorganismen. Durch regelmäßiges Wechseln und Waschen der Kleidung können sich diese nicht weiter verbreiten.

## Spezielle Hygienemaßnahmen

Jungen sollten beim Duschen die Vorhaut zurückziehen und die Eichel mit warmem Wasser waschen. Dort sammeln sich Hautschuppen und Talg an, die unangenehm riechen und zu Entzündungen führen können. Mädchen sollten aufgrund des Weißflusses den Scheideneingang beim Duschen mit warmem Wasser waschen. Seifen und Duschgels stören den Eigenschutz der Scheide und können zu Infektionen führen. Während der Menstruation verwenden Frauen Binden oder Tampons, um das Blut aufzusaugen. Sie werden mehrmals am Tag gewechselt – wie oft, hängt von der Stärke der Blutung ab. Da in den ersten Jahren die Menstruation unregelmäßig sein kann, sollten Mädchen immer ein paar Hygieneprodukte dabei haben.

### In Kürze

Ab der Pubertät arbeiten die Schweiß- und Talgdrüsen der Haut vermehrt. Regelmäßige Körperpflege beugt Akne und Körpergeruch vor.

### Aufgaben

1 Beschreibe, wie ein Pickel entsteht.
2 Erläutere, weshalb du regelmäßig duschen solltest.
3 Stelle Vermutungen auf, weshalb man an Pickeln nicht selbst herumdrücken sollte.

### Exkurs **Beschneidung**

Unter einer Beschneidung versteht man die teilweise oder vollständige Entfernung der Vorhaut des Penis. Diese Operation kann medizinisch begründet sein, wenn die Vorhaut zu eng ist – sie lässt sich dann nur mühsam oder unter Schmerzen hinter die Eichel zurückziehen. In manchen Kulturen wird eine Beschneidung aus religiösen Gründen durchgeführt.

Methode

# Eine Mindmap erstellen

Manche Themen sind schwer verständlich: Es gibt viele Fachbegriffe, Sachverhalte und Erklärungen, die du nur mühsam lernen kannst. Mit einer Mindmap werden Informationen mit Worten und Bildern sinnvoll gegliedert und übersichtlich dargestellt. Dabei kannst du nach den folgenden Schritten vorgehen:

**1 Material zurechtlegen** Du benötigst zur Erstellung der Mindmap Notizzettel, einen leeren Papierbogen, einen Bleistift, einen Radiergummi, verschiedenfarbige Stifte und, sofern du auch mit Abbildungen arbeiten möchtest, verschiedene Fotos und Grafiken.

**2 Begriffe sammeln** Mache dir zunächst Gedanken über das Thema. Notiere sie stichpunktartig, indem du je ein Stichwort auf einen Notizzettel schreibst. Verwende stets Fachbegriffe.

1 Eine Mindmap erstellen

**3 Begriffe ordnen** Sortiere nun deine Notizzettel in Bereiche. Überlege dir Oberbegriffe für jeden Teilbereich. Erstelle für jeden Oberbegriff einen neuen Notizzettel und nutze dazu jeweils eine andere Stiftfarbe.

**4 Vollständigkeit überprüfen** Kontrolliere sorgfältig, ob deine Oberbegriffe für die einzelnen Teilbereiche vollständig sind. Hast du alle wesentlichen Inhalte des Themas berücksichtigt? Ergänze fehlende Begriffe, falls notwendig, auf weiteren Notizzetteln. Überprüfe, ob die Stichworte richtig zugeordnet sind.

2 Vorgehensweise beim Mindmapping: A Sammeln; B Ordnen; C Erstellen

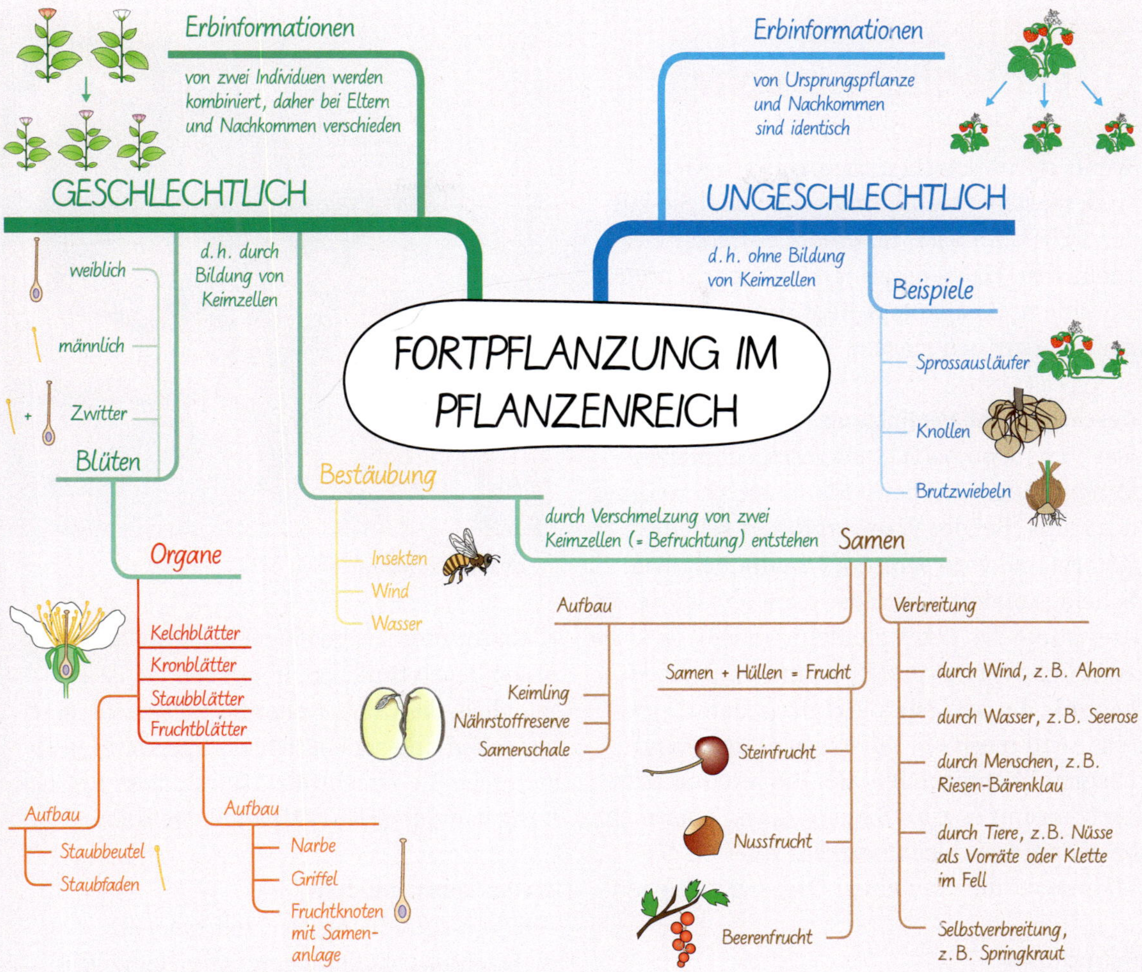


3 Mindmap zum Thema »Fortpflanzung im Pflanzenreich«

**5 Mindmap erstellen** Überlege, in welcher Reihenfolge du die Oberbegriffe anordnen und ob du Abbildungen einfügen willst. Lege den leeren Papierbogen im Querformat vor dich und notiere in der Mitte das Thema. Vom Thema abzweigend ordnest du die einzelnen Oberbegriffe als sogenannte Hauptäste im Uhrzeigersinn an. Von jedem Hauptast zweigen weitere Unterbegriffe ab. Diese Abzweigungen werden als Nebenäste bezeichnet. Beachte auch die Mindmap-Regeln in Bild 4.

**Mindmap-Regeln**
- Zeichne zur besseren Lesbarkeit überwiegend waagerechte Äste.
- Ordne Schlüsselwörter auf den Hauptästen platzsparend um die Mitte an.
- Beschrifte mit sauberer Handschrift.
- Schreibe das Thema und die Oberbegriffe auf den Hauptästen in GROSSBUCHSTABEN.
- Verwende verschiedene Farben.
- Füge Abbildungen ein.

4 Regeln zur Erstellung einer Mindmap

**6 Mit den Vorüberlegungen vergleichen**
Kontrolliere deine Mindmap noch einmal. Hast du alle Inhalte des Themas aufgenommen? Ergänze gegebenenfalls weitere Stichworte.

**7 Abbildungen ergänzen** Ergänze nun Fotos, Skizzen oder Symbole, die dir beim Lernen helfen können.

## Aufgabe

**1** Erstelle eine Mindmap zum Thema »Pubertät«.

# Sexualität und Geschlechtsverkehr

Wenn zwei Menschen ineinander verliebt sind, tauschen sie Zärtlichkeiten aus. Sie küssen sich, schmusen miteinander und streicheln sich. Dabei empfinden sie sehr schöne Gefühle und haben das Bedürfnis, sich körperlich ganz nah zu sein.

1 Zärtliche Zweisamkeit

### Geschlechtliche Vereinigung

Das Verlangen nach einer geschlechtlichen Vereinigung führt beim Mann zur Versteifung des Penis. Bei der Frau vergrößert sich die Klitoris und wird sehr reizempfindlich. Die Scheide sondert eine Flüssigkeit ab, die sie zur Aufnahme des Penis gleitfähig macht. Es kann zum Geschlechtsverkehr kommen. Beim Höhepunkt der sexuellen Erregung, dem *Orgasmus*, wird meist ein intensives Glücks- und Lustgefühl empfunden. Bei Jungen und Männern kommt es zum Samenerguss. Aber nicht bei jedem Geschlechtsverkehr müssen der Mann oder die Frau einen Orgasmus erleben.

### Befruchtung

Findet der Samenerguss in der Scheide statt, gelangen die Spermien in den Körper der Frau. Steht der Eisprung der Frau in wenigen Tagen bevor, öffnet sich der Muttermund. Der im Gebärmutterhals gebildete Schleim lässt Spermien bis zu fünf Tage überleben. So ist es möglich, dass viele weiter bis zu den Eileitern gelangen und schließlich ein Spermium mit einer Eizelle verschmilzt. Durch diese Befruchtung kann die Frau schwanger werden.

### Neues Leben entsteht

Die Verschmelzung der Zellkerne, die Befruchtung ist der eigentliche biologisch-sexuelle Vorgang. Die mütterliche und väterliche Erbsubstanz vereinigen sich in der befruchteten Eizelle, der *Zygote*. Mit dieser einzigartigen Erbsubstanz und damit individuellen Erbinformation ausgestattet startet neues menschliches Leben.

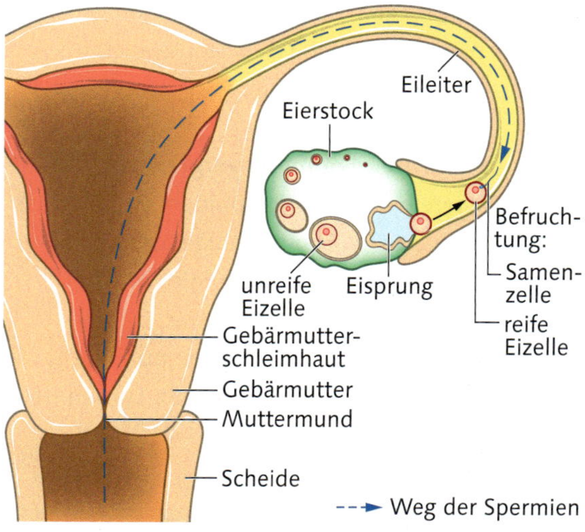


2 Der Weg der Spermien zur Eizelle

3 Eizelle kurz vor einer Befruchtung

4 Verliebtes junges Paar

6 Reden wir erst über Verhütung.

**Menschliche Sexualität**

Die Sexualität des Menschen unterscheidet sich deutlich vom Sexualverhalten der Tiere.

Tierische Sexualität ist meist gekoppelt an den Fortpflanzungstrieb. Geschlechtsverkehr dient hier fast ausschließlich der Zeugung von Nachkommen und damit der Arterhaltung. Tierische Sexualität wird von starren angeborenen Verhaltensmustern geregelt.

Beim Menschen dagegen spielen neben dem Geschlechtstrieb auch die Erziehung und die Entwicklung der individuellen Sexualität eine Rolle. Die Fortpflanzung ist eher eine biologische Nebenerscheinung.

Sexualität ist beim Menschen meist zugleich ein Ausdruck von Liebe und zärtlicher Zuwendung. Sie kann eine Paarbeziehung festigen, Vertrauen schaffen und Glücksgefühle erzeugen. Geschlechtsverkehr ist die intimste Begegnung zweier Menschen. Erfüllte Sexualität wird nicht nur körperlich erlebt, sondern erfasst bis ins hohe Alter unsere Gefühlswelt.

5 Zärtlichkeit und Sexualität im Alter

**Sexualität und Verantwortung**

Da Geschlechtsverkehr immer eine Schwangerschaft zur Folge haben kann, trägt jeder Mensch Verantwortung für sich und seinen Partner. Das betrifft unter anderem auch die Empfängnisverhütung.

Mit der Geschlechtsreife ist der Mensch in der Lage, ein Kind zu zeugen. Das bedeutet aber noch lange nicht, dass auch die seelische und geistige Reife vorhanden ist, um Verantwortung für ein neugeborenes Kind übernehmen zu können. Als Jugendlicher wird man kaum in der Lage sein, für eine eigene Familie zu sorgen.

Sexualität ist eng mit Vertrauen, gegenseitigem Respekt und verantwortungsvoller Partnerschaft verbunden.

### In Kürze

Geschlechtsverkehr ist die Vereinigung der weiblichen und männlichen Geschlechtsorgane. Die dabei freigesetzten Spermien können eine Befruchtung der Eizelle und damit eine Schwangerschaft zur Folge haben. Für das entstehende Leben tragen beide Partner die Verantwortung.

### Aufgaben

**1** Beschreibe, wie es durch Geschlechtsverkehr zu einer Befruchtung kommen kann.

**2** Vergleiche Sexualität bei Tieren und Menschen hinsichtlich ihrer Bedeutung und Funktion.

**3** Erläutere, inwiefern beim Menschen Sexualität mit Verantwortung zu tun hat.

# Pubertät, Fortpflanzung und Sexualität

## 1 Körperliche Veränderungen während der Pubertät

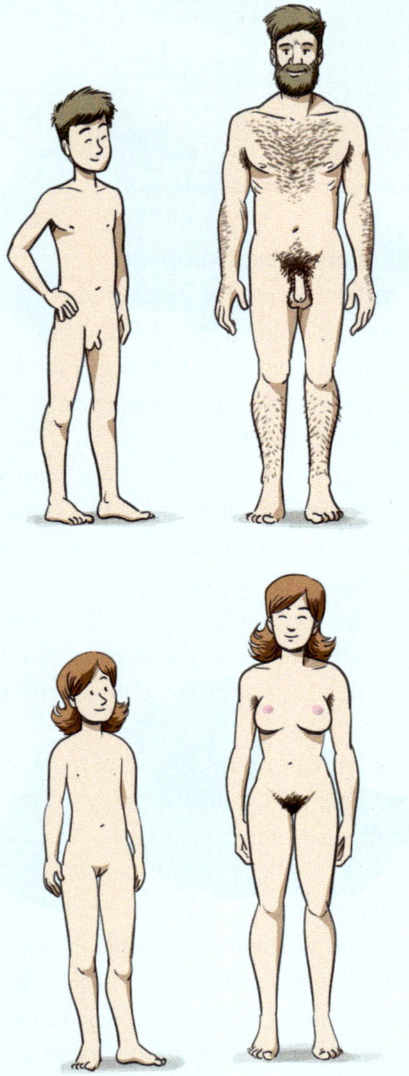

1 Körperliche Veränderung

a Erstelle eine Tabelle und liste die sichtbaren Veränderungen von Jungen und Mädchen während der Pubertät auf.

b Erläutere anhand von Bild 1, was man unter primären und sekundären Geschlechtsmerkmalen versteht.

c Beschreibe weitere, nicht sichtbare Veränderungen während der Pubertät.

## 2 Fortpflanzung bei Tier und Pflanze

Tiere und Pflanzen können sich geschlechtlich oder ungeschlechtlich vermehren.

2 Ableger einer Grünlilie

a Folgende Aussagen wurden von Schülern gemacht. Gib an, ob sie korrekt sind, oder stelle sie richtig, wenn sie unzutreffend sind.

»Alle Ausläufer haben die gleiche Erbinformation wie ihre Mutter.«

»Durch die Bildung von Ausläufern kann die Grünlilie sich besser an den Standort anpassen.«

»Damit eine Grünlilie Ausläufer bildet, muss man eine männliche neben eine weibliche Pflanze stellen.«

b Ordne die Begriffe Befruchtung und Bestäubung in Bild 3 zu.

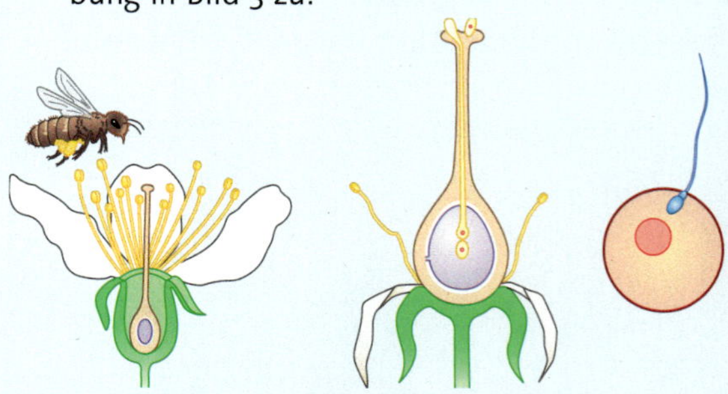

3 Geschlechtliche Fortpflanzung bei Pflanze und Tier

c Der Begriff »Samen« wird oft missverstanden, da er in der Biologie eine doppelte Bedeutung besitzt. Erkläre.

## 3 Unterschiedliche Hygieneartikel

Mit Beginn der Menstruation informieren sich viele Mädchen über die verschiedenen Hygieneprodukte. Diese besitzen eine unterschiedliche Aufnahmefähigkeit für Flüssigkeit. Bild 4 zeigt die Messergebnisse unterschiedlicher Produkte.

| Produkt | Flüssigkeitsmenge in ml |
|---|---|
| Slipeinlage Starter | <6 |
| Tampon Mini | 8 |
| Tampon Normal | 10 |
| Tampon Super | 13 |
| Tampon Extra | 16 |
| Tampon Super Plus | 20 |

**4 Messung der Aufnahmefähigkeit**

**a** Erstelle aus den Werten in Bild 4 ein Säulendiagramm.

**b** Beschreibe mit Hilfe von Bild 5, wie die Aufnahmefähigkeit der verschiedenen Hygieneprodukte im Labor gemessen wurde.

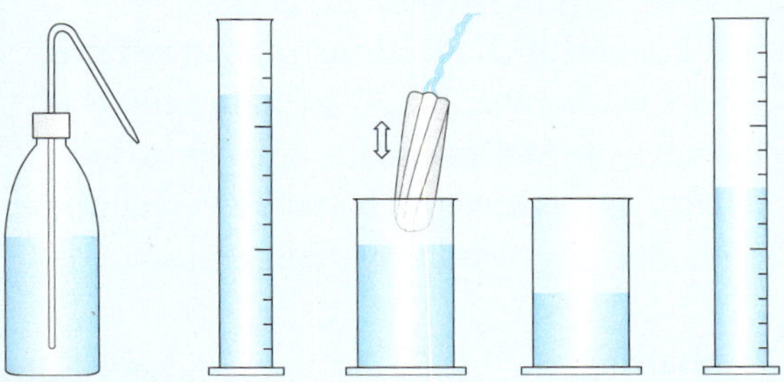

**5 Versuchsskizze**

**c** Mädchen verwenden zu Beginn der Pubertät oft Slipeinlagen oder Tampons in Minigrößen. Begründe mit Hilfe von Bild 6, weshalb ein mehrmaliges Wechseln am Tag notwendig ist.

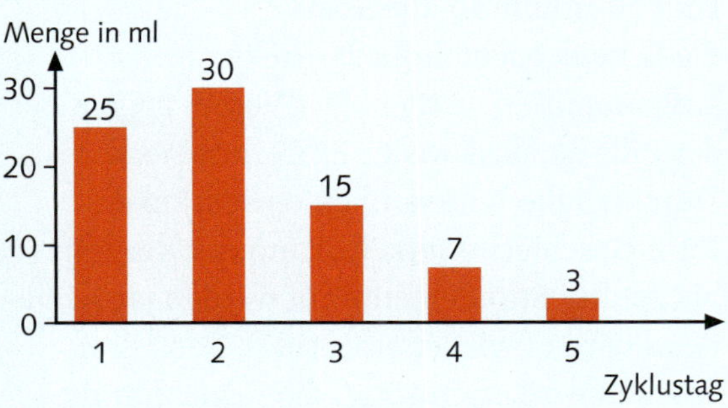


**6 Blutmenge während der Menstruation**

## 4 Unterschiede in der Sexualität

Zwergschimpansen werden auch Bonobos genannt. Sie sind unsere nächsten Verwandten.

**7 Eine Bonobofamilie**

**a** Nenne die Bedeutung von Sexualität im Tierreich allgemein. Nutze dazu Bild 7.

Während die meisten Tierarten nur während einer kurzen Paarungszeit sexuell aktiv sind, haben Bonobos auch außerhalb dieses Zeitraums Sex. Er dient unter anderem dazu, die Paarbindung zu stärken und das Vertrauen zwischen den Partnern zu fördern.

**b** Nenne Unterschiede im Sexualverhalten von Bonobos und anderen Tierarten.

**c** Beschreibe die Vorteile des Sexualverhaltens der Bonobos.

**d** Auch der Mensch besitzt ein einzigartiges Sexualverhalten. Nenne diese Besonderheit, die in der Collage in Bild 8 anhand verschiedener Beispiele dargestellt ist.

**8 Menschliche Formen der Sexualität**

# Möglichkeiten der Empfängnisverhütung

Valerie und Lukas sind schon länger ein Paar. Sie unternehmen viel miteinander, gehen schwimmen, Eis essen und am Wochenende mit Freunden tanzen. Dabei kamen sie sich beim letzten Mal sehr nah und der Wunsch, miteinander zu schlafen, entstand. Sie informieren sich über mögliche Verhütungsmittel, da sie sich noch zu jung fühlen, um ein Kind zu bekommen.

1 Sie möchten miteinander schlafen.

## Unterschiedliche Verhütungsmittel

Um eine Schwangerschaft zu verhindern, verwendet man Verhütungsmittel. Deren Wirkungsweise ist unterschiedlich. Entweder verhindern sie, dass Spermien zur Eizelle gelangen können, oder sie wirken hormonell. Das heißt, sie verändern Prozesse im Körper so, dass es zu keiner Befruchtung kommen kann. Die richtige Anwendung und das Wissen über Risiken sind entscheidend bei der Wahl des Verhütungsmittels.

## Kondome schützen

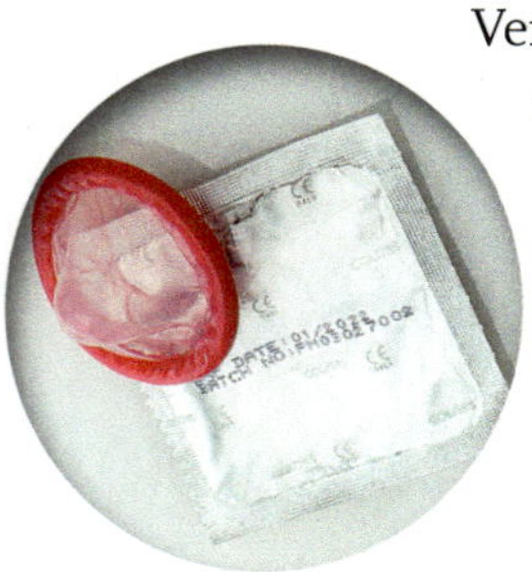

Kondome zählen zu den mechanischen Verhütungsmitteln. Sie verhindern, dass Spermien in die Scheide gelangen können. Kondome schützen beim Geschlechtsverkehr nicht nur vor einer ungewollten Schwangerschaft, sondern auch vor der Übertragung von Krankheitserregern wie dem HI- oder dem Hepatitis-Virus. Richtig angewandt sind Kondome sehr sichere Verhütungsmittel.

Beim Kauf von Kondomen muss man auf das CE-Prüfsiegel achten. Die Verpackung muss vorsichtig geöffnet werden. Das Kondom wird vor dem Geschlechtsverkehr über den steifen Penis abgerollt. Dabei hält man den oberen Teil, das Reservoir, zusammengedrückt. In diesem sammelt sich die Samenflüssigkeit. Beim Herausziehen des Penis aus der Scheide sollte das Kondom festgehalten werden, damit es nicht abrutscht.

## Verhüten mit der Pille

Die Antibabypille, kurz Pille, ist ein hormonelles Verhütungsmittel. Sie wird täglich eingenommen, während der Periode wird bei den meisten Pillen pausiert. Die Pille besitzt eine sehr hohe Verhütungssicherheit. Eventuell können auch die Menstruationsschmerzen schwächer werden. Durchfall, Erbrechen und manche Medikamente verringern den Schutz, sodass zusätzlich andere Verhütungsmethoden angewendet werden müssen.

## Vaginalring

Der Vaginalring besteht aus Silikon, das mit Hormonen angereichert ist. Der Ring wird am ersten Zyklustag in die Scheide eingesetzt. Dort gibt er drei Wochen lang Hormone ab, die über die Scheidenschleimhaut direkt aufgenommen werden. Der Vorteil gegenüber der Pille ist, dass weder Erbrechen noch Durchfall die Wirksamkeit einschränken. Zum Geschlechtsverkehr kann der Ring für bis zu drei Stunden entfernt werden, anschließend wird er wieder eingesetzt. Nach drei Wochen wird er entsorgt, die Regelblutung setzt daraufhin ein.

## Wirkungsweise von Hormonpräparaten

Alle Hormonpräparate sind rezeptpflichtig und müssen von einem Arzt verschrieben werden. Die in den Präparaten enthaltenen Hormone verhindern eine Schwangerschaft. Zum einen unterdrücken sie den Eisprung. Zum anderen wirken sie der Verflüssigung des Gebärmutterschleims entgegen. Am Eingang der Gebärmutter verhindert dann ein Schleimpfropf das Eindringen von Spermien in die Gebärmutter. Da die Gebärmutterschleimhaut außerdem nicht richtig aufgebaut wird, kann sich keine befruchtete Eizelle einnisten. Hormonpräparate greifen in den natürlichen Hormonhaushalt ein und können unterschiedliche Nebenwirkungen hervorrufen. Vor allem in Verbindung mit Rauchen kann die Hormoneinnahme problematische Folgen haben.

## Coitus interruptus – Vorsicht!

Eine gänzlich ungeeignete Methode, eine Schwangerschaft zu verhindern, ist der Coitus interruptus, der unterbrochene Geschlechtsverkehr. Dabei zieht der Mann den Penis kurz vor dem Samenerguss aus der Scheide. Da es meist aber schon vor dem Erguss zum Austritt von Sperma kommt, ist das sogenannte »Aufpassen« nicht sicher.

## Ärzte beraten dich

Mädchen können allein, aber auch mit dem Freund oder einer Freundin zum Frauenarzt gehen. Der Arzt unterliegt der Schweigepflicht.

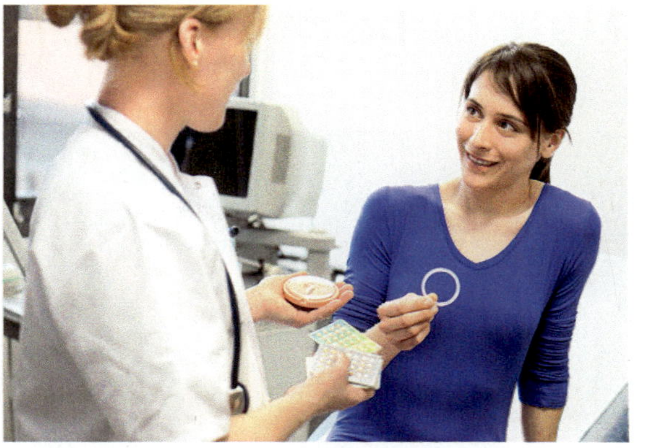

2 Beratung zu verschiedenen Verhütungsmitteln

Bis zum 16. Lebensjahr liegt es aber in seinem Ermessen, die Eltern miteinzubeziehen. Der Facharzt für die Jungen und Männer ist der Urologe. Bei einem Arztbesuch kann man natürlich auch alle Fragen rund um Liebe, Partnerschaft und Sexualität stellen.

**In Kürze**

Eine Schwangerschaft kann durch unterschiedliche Methoden verhütet werden. Das Kondom bietet als einziges Verhütungsmittel auch Schutz vor sexuell übertragbaren Krankheiten. Als sehr sicher gilt die Pille. Ärzte bieten Beratung zu Verhütung, Partnerschaft und Sexualität an.

## Aufgaben

1 Begründe, warum die Pille verschreibungspflichtig ist.

2 Sammelt Fragen, die in einem Beratungsgespräch bei einer Frauenärztin oder einem Urologen gestellt werden könnten.

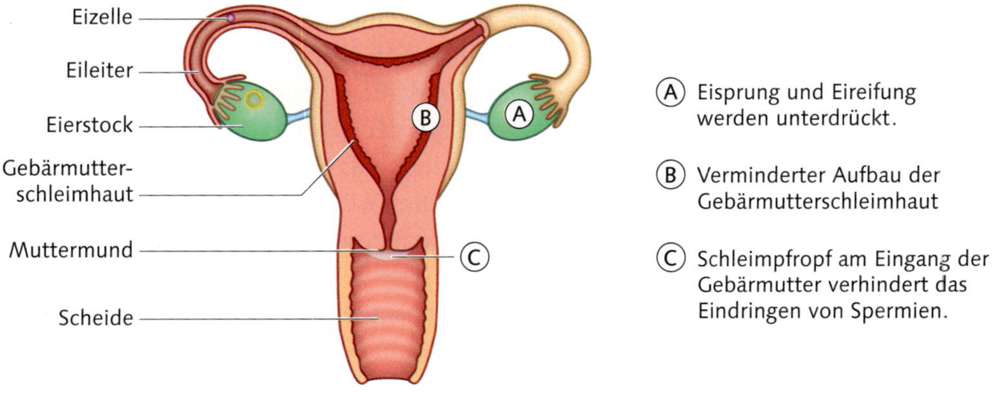


3 Wirkung von hormonellen Verhütungsmitteln

Exkurs

# Erste Liebe

1 Lovestory

### Schmetterlinge im Bauch

Das Verliebtsein kommt ganz plötzlich. Du fühlst dich wie verzaubert, im siebten Himmel, auf rosaroten Wolken. Du fühlst dich zu einem anderen Menschen hingezogen. Du kannst an nichts anderes mehr denken. Du möchtest immer in seiner Nähe sein. Ob mehr daraus wird, entscheidet sich erst später.

### Achterbahn der Gefühle

Wenn es dich »erwischt« hat, wird in deinem Gehirn ein Hormon freigesetzt. Es verändert Milliarden von Schaltungen im Gehirn und schärft die Sinne für alles Schöne. Weitere Hormone rufen Glücksgefühle hervor, alles erscheint dir rosarot. Zugleich aber bist du auch verletzlicher. Gefühle können blitzschnell umschlagen: von himmelhoch jauchzend bis zu Tode betrübt.

### Und was ist mit Sex?

Verliebtsein führt zu der aufregenden Chance, einen anderen Menschen näher kennenzulernen: seine Gedanken und Ansichten, sein Verhalten, seinen Körper, seine Gefühle und Empfindungen. Ob Sex auch schon dazugehört? Niemand darf sich unter Druck setzen lassen. Jeder muss den richtigen Zeitpunkt für sich finden. Vielleicht fühlst du dich noch nicht reif dafür. Oder du möchtest einfach warten, bis der richtige Partner kommt und ihr beide auch dazu bereit seid. Die meisten Jugendlichen wünschen sich Sex erst in einer länger andauernden Liebesbeziehung.

### Aufgaben

1 Stelle Vermutungen an, wie die »Foto-Lovestory« in Bild 1 weitergehen könnte.

2 Erläutere das Phänomen des Verliebtseins.

Exkurs

# Ist das Liebe?

**Irmi, 13 Jahre:** »Ich war mit einem Freund auf einer Party. Als ich mit einem anderen Jungen eng und langsam tanzte, verliebte ich mich plötzlich in den. Wenn er mich nur berührte, dann zitterte ich schon. Und als wir tanzten, meinte ich, auf einer Wolke zu schweben.«

**Jonas, 11 Jahre:** »Ich liebe mein neues Smartphone. Ich habe sechs Monate lang Zeitungen ausgetragen und es mir dann geleistet.«

**Helena, 15 Jahre:** »Wenn ich verliebt bin, fühle ich mich ganz plötzlich zu jemandem hingezogen. Es überkommt einen, ob man will oder nicht. Liebe dagegen ist etwas Aktives. Wenn ich liebe, dann gebe ich – ohne Gegenleistung. Ich freue mich, wenn ich meinem Freund eine Freude machen kann. Wir respektieren einander, und wenn etwas nicht stimmt zwischen uns, dann reden wir darüber.«

**Tobias, 13 Jahre:** »Ob mich wirklich jemand mag, merke ich daran, dass er mich so nimmt, wie ich bin, dass er mich nicht ausnützt, dass er mir zuhört und mich nicht anlügt und wir über alles reden können.«

## Aufgaben

1 Was ist für dich »Liebe«? Stelle deine Sichtweise dar. Liebe ist, wenn …

2 Laut Helena ist Liebe mehr als Verliebtsein. Erläutere diese Aussage.

**1** Sonja liebt ihre Oma.

**2** Andy mag seinen Freund Dominik.

**3** Julia liebt ihren David.

# »Mein Körper gehört nur mir!«

Ob jemand innerlich stark ist, kann man ihm nicht ansehen. Jeder Mensch muss für sich selbst lernen, stark und selbstbewusst zu sein. Wie man das wird, lernt man nicht nur in der Schule, sondern auch durch Freunde und eigene Erfahrungen.

## Du bist einzigartig

Jeder Mensch ist einzigartig, mit besonderen Eigenschaften und Fähigkeiten. Manche Menschen sind musisch oder künstlerisch begabt, andere besonders humorvoll oder gut in Mathe. Begabungen sind jedoch nicht immer an Noten zu erkennen. Eine Eins in Mathe zeugt zwar von mathematischem Talent. Ob man sehr humorvoll ist, ist aber nur an den Reaktionen anderer erkennbar. Neben Stärken sind auch Schwächen normal. Schwierig ist es, diese zu akzeptieren. Trotzdem kann jeder Mensch, ob begabt oder nicht, sich immer verbessern. Dieser Vorgang ist ein Lernprozess, und es kann mitunter frustrierend sein, wenn etwas nicht sofort klappt. Jeder Jugendliche muss zudem Werte, Normen und Regeln erlernen, um in der Gesellschaft seinen eigenen Platz zu finden. Dabei helfen Rollenvorbilder. Das können Erwachsene wie Eltern oder Großeltern sein. Aber auch Lehrer können Vorbilder sein, von deren Erfahrung man profitieren kann.

**1** Innere Stärke kann man nicht sehen.

## Sozial eingebunden sein

Unsere Persönlichkeit wird auch von echten Freundschaften geprägt. Sie sind gekennzeichnet durch Ehrlichkeit, Vertrauen, gegenseitige Unterstützung und das Teilen von Freude.

Für viele Jugendliche sind Freunde in sozialen Netzwerken wichtig. Diese sind zu großen Teilen anonym und keineswegs nur sozial. Denn nicht alle Menschen sind vertrauenswürdig. Fremde können private Daten einsehen. Daher muss man darauf achten, welche Informationen öffentlich gemacht werden. Nicht veröffentlicht werden sollten private Informationen wie vertrauliche Gespräche unter Freunden oder der eigene Wohnort. Auch Bilder, auf denen man wenig bekleidet ist, sollten nicht öffentlich gezeigt werden.

**2** Selfie mit Freunden

**3** Selfie – nur für den Privatgebrauch

**4** Nein sagen

## Sexueller Missbrauch

Es gibt Erwachsene, die zu ihrem eigenen Vergnügen Jungen oder Mädchen dazu überreden oder zwingen, sie an ihren Geschlechtsteilen anzufassen oder mit ihnen Geschlechtsverkehr zu haben. Sie nutzen ihre Macht aus, um ihre Lust an jüngeren oder schwächeren Menschen zu befriedigen. Man nennt das *sexuellen Missbrauch*. Es ist immer eine schreckliche Erfahrung für das Mädchen oder den Jungen. Beide – Täter und Opfer – brauchen Hilfe. Weil das Kind oder der Jugendliche auf diese Weise durch den Erwachsenen seelisch und meist auch körperlich geschädigt wird, stehen solche Handlungen eines Erwachsenen unter Strafe.

Hilfeportal »Sexueller Missbrauch«:
**www.hilfeportal-missbrauch.de**
Hier finden Mädchen und Jungen Hilfe in ihrer Umgebung.

Hilfetelefon bei sexuellem Missbrauch:
**0800/2255530** kostenfrei & anonym

Kinder- und Jugendtelefon:
**0800/1110333** – die Nummer gegen Kummer
kostenfrei & anonym
(Mo.–Sa., 14–20 Uhr)

**5** Hilfe und Anlaufstellen

## Was dich stark machen kann

Viele Jugendliche erzählen, dass sie sich stark machen können, wenn sie sich ihre Probleme »von der Seele reden«. Sie sprechen mit Eltern oder Freunden darüber, was sie bewegt. Sie vertrauen einem Tagebuch ihre Gefühle und Gedanken an, wodurch sie oft eine neue Sichtweise bekommen. Manche gewinnen mehr Stärke, wenn sie bei Sport und Spiel Erfolge erleben. Wieder andere »tanken« Selbstsicherheit und Selbstvertrauen, indem sie sich freiwillig für andere einsetzen, zum Beispiel in Sportvereinen oder in den Kirchen, im Umweltschutz, in der Schülervertretung oder auch in der Tierpflege.

### In Kürze

Jeder Mensch muss seine eigenen Begabungen kennenlernen. Dabei helfen Erwachsene und echte Freunde. Manche Erwachsene nutzen Kinder oder Informationen über diese aus. Davor muss man sich schützen.

### Aufgaben

**1** Nenne Begabungen, die nicht benotet werden können.

**2** Begründe, weshalb Bild 3 nicht in einem sozialen Netzwerk veröffentlicht werden sollte.

**3** Erstelle eine Mindmap, die zeigt, was dir guttut. Bild 6 kann dir dabei helfen.

**6** Was uns gut tut

# Fortpflanzung und Sexualität

## 1 Lebewesen besitzen Merkmale

**a** Nenne je drei verschiedene Merkmale von Menschen und Blütenpflanzen.

**b** Erläutere die Begriffe Erbsubstanz, Erbinformationen und Gene übersichtlich in einer Tabelle.

**c** Begründe, weshalb Geschwister nur ähnliche Merkmale, aber nie exakt gleiche besitzen.

**d** Erkläre anhand von Bild 1, was man unter Variabilität versteht.

**1** Schnirkelschnecken

## 2 Fortpflanzung bei Pflanzen

**a** Beschreibe die beiden Fotos in Bild 2.

**b** Nenne die Art der Fortpflanzung, die hier zu sehen ist.

**c** Nenne zwei weitere Beispiele dieser Fortpflanzungsart bei Pflanzen.

**d** Vergleiche diese Art der Fortpflanzung mit der geschlechtlichen Fortpflanzung hinsichtlich Keimzellenbildung und Neukombination der Erbinformation.

**2** Fortpflanzung beim Geldbaum: A Blatt auf dem Boden; B junger Geldbaum

## 3 Blüten von Pflanzen

**3** Legebild einer Apfelblüte

**a** Nenne die in Bild 3 gezeigten Blütenorgane.

**b** Beschreibe die Funktion der einzelnen Organe.

**c** Ordne den Flugfrüchten A bis C in Bild 4 jeweils ein Flugobjekt D bis F zu. Begründe.

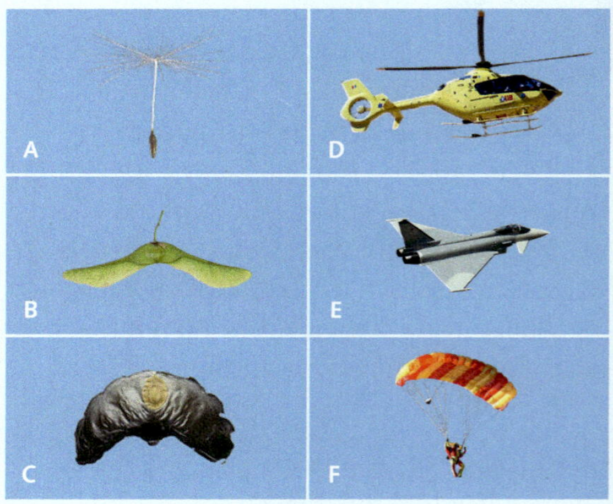


**4** Welche Frucht passt zu welchem Flugobjekt?

**d** Stelle Vermutungen an, welche Verbreitungsart der Samen der Teufelskralle nutzt.

**e** Nenne weitere Verbreitungsarten von Samen und Früchten.

**f** Unterschiedliche Samen benötigen unterschiedliche Keimungsbedingungen. Erläutere.

## 4 Fortpflanzung beim Menschen

**a** Nenne die primären Geschlechtsmerkmale von Mann und Frau.

**b** Beschreibe, woran Mädchen und Jungen erkennen, dass sie geschlechtsreif sind, und was das bedeutet.

**c** Nenne die Fachbegriffe für weibliche und männliche Keimzellen sowie die Orte, an denen sie gebildet werden.

**d** Übertrage die folgende Tabelle in dein Heft und fülle sie aus:

| | bei Pflanzen | beim Menschen |
|---|---|---|
| Männliche Keimzellen | | |
| Weibliche Keimzellen | | |
| Übertragung der Keimzellen durch | | |
| Bezeichnung der Nachkommen | | |

**e** Begründe, ob es biologisch möglich ist, dass ein 12-jähriges Mädchen ein Kind bekommt.

**f** Nenne zwei verschiedene Möglichkeiten zur Empfängnisverhütung.

**g** Sexualität beim Menschen erfüllt mehrere Funktionen. Erläutere.

## 5 Aus Kindern werden Erwachsene

**a** Nenne körperliche Veränderungen bei Mädchen und Jungen in der Pubertät.

**b** Erläutere die Funktion dieser Veränderungen.

**c** Beschreibe drei verschiedene Maßnahmen der Körperpflege, die ab der Pubertät besonders wichtig sind.

**d** Beschreibe, wie und weshalb sich die Gefühle von Jugendlichen in der Pubertät ändern.

**5** Erwachsen werden

Die Lösungen zu diesen Aufgaben findest du auf den Seiten 168 und 169.

Auf den Punkt gebracht

# Fortpflanzung und Sexualität

- Jede Art besitzt für sie typische Merkmale. Diese sind als Erbinformation in der Erbsubstanz gespeichert. Bei der Fortpflanzung werden Erbinformationen an die Nachkommen weitergegeben.

- In den Fortpflanzungsorganen werden Keimzellen für die geschlechtliche Fortpflanzung gebildet. Bei der Befruchtung verschmilzt eine männliche mit einer weiblichen Keimzelle, dabei wird die Erbinformation der Eltern gemischt.

- Bei der ungeschlechtlichen Fortpflanzung werden keine Keimzellen produziert, die Nachkommen besitzen die gleichen Erbinformationen wie die Mutter.

- Pflanzen bilden Samen und Früchte, die durch Wind, Wasser, Tiere und Menschen verbreitet werden können. Keimt ein Samen, kann sich daraus eine neue Pflanze entwickeln.

- In der Pubertät entwickeln sich Mädchen und Jungen zu Erwachsenen, sie werden geschlechtsreif. Dabei verändern sich Körper und Gefühle.

- Bei jedem Geschlechtsverkehr kann eine Eizelle befruchtet und somit eine Frau schwanger werden. Verhütungsmittel können eine Schwangerschaft verhindern.

# Vielfalt von Wirbeltieren

# Wirbeltiere

Unterschiedlicher können Tiere wohl kaum aussehen: die mit einem Fell bedeckte Katze und der Schuppen tragende Fisch. Auch in ihrem Lebensraum unterscheiden sich beide. Der Fisch kann nur im Wasser leben, die Katze meidet diesen Lebensraum nach Möglichkeit. Und trotzdem sind die beiden Tiere miteinander verwandt.

**1** Zwei eng verwandte Tiere

### Gemeinsamkeiten der Wirbeltiere

Katze und Fisch besitzen beide ein knöchernes *Innenskelett* mit einer Wirbelsäule. Alle Tiere, die eine Wirbelsäule haben, werden als *Wirbeltiere* zusammengefasst. Der Wirbeltierkörper gliedert sich meist in Schädel, Rumpf und vier Gliedmaßen.

### Vielfalt der Wirbeltiere

Wirbeltiere kommen in allen Erdteilen einschließlich der Antarktis und in allen Lebensräumen vor. Insgesamt gibt es heute über 60 000 verschiedene Wirbeltierarten. Ihre Größe reicht von wenigen Zentimetern wie bei einigen Fischarten oder Fröschen bis zum 30 Meter langen und 200 Tonnen schweren Blauwal. Auch die ausgestorbenen Saurier waren Wirbeltiere.

Innerhalb der Wirbeltiere kann man fünf verschiedene Klassen unterscheiden:

**2** Saurier gehören zu den Wirbeltieren.

### Fische – Beispiel Hecht

Der Lebensraum der Hechte ist das Wasser. Als Raubfische ernähren sie sich von Fischen, Fröschen, kleineren Säugetieren und Insekten. Hechte können über einen Meter lang und etwa 20 Kilogramm schwer werden.

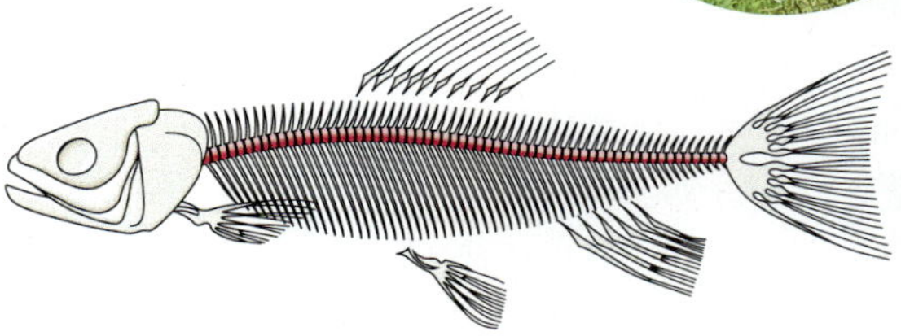

### Amphibien – Beispiel Laubfrosch

Laubfrösche leben im Wasser sowie an feuchten Stellen an Land. Hier findet man sie im Schilfbereich von Teichen oder Seen, aber auch in Sträuchern. Laubfrösche können bis zu fünf Zentimeter groß werden und ihre Körperfarbe ändern.

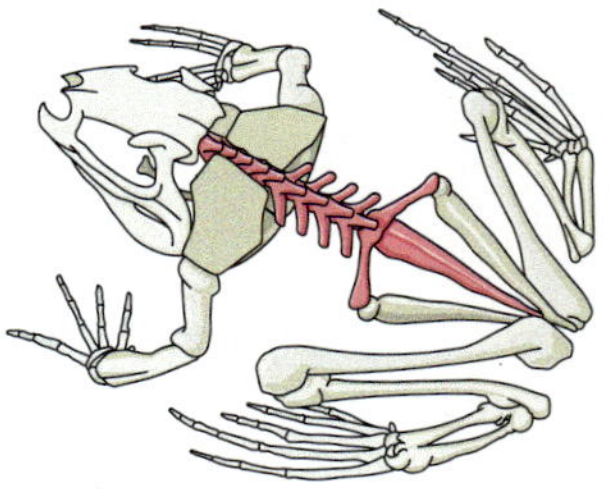

**Reptilien – Beispiel Mauereidechse**
Mauereidechsen bewohnen warme und trockene Lebensräume. Sie leben in Fels- und Mauerritzen von Weinbergen, Steinmauern oder Bahndämmen. Auffallend ist der lange Schwanz. Erwachsene Tiere werden bis zu 20 Zentimeter lang. Ihre Nahrung sind Insekten, Spinnen und süße Früchte. Durch menschliche Eingriffe sind ihre Lebensräume und damit auch die Mauereidechsen selbst bedroht. Die Tiere sind streng geschützt.

**Säugetiere – Beispiel Feldhamster**
Ausgewachsene Feldhamster können bis zu 35 Zentimeter groß und etwa 500 Gramm schwer werden. Damit sind sie mehr als doppelt so groß wie die als Haustiere gehaltenen Goldhamster. Feldhamster sind Einzelgänger und nachtaktive Tiere. Ihr Lebensraum sind Äcker, Felder oder Wiesen. Hier legen sie unterirdische Bauten an, in denen sie den größten Teil ihres Lebens verbringen. Als Nahrung dienen die über dem Bau wachsenden Pflanzen.

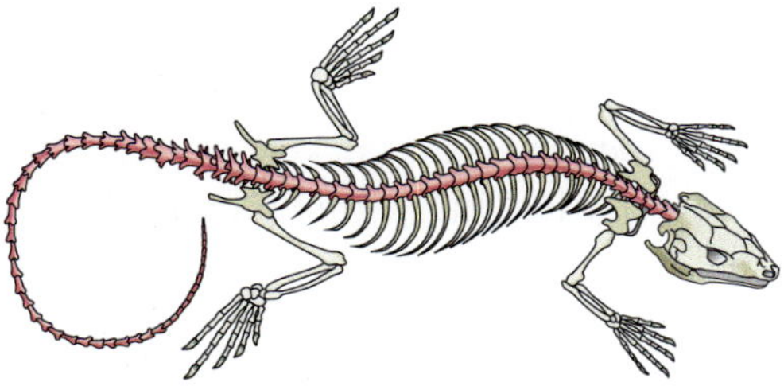

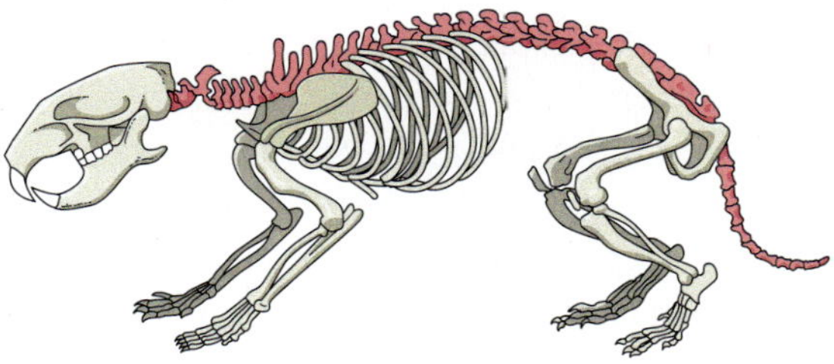

**Vögel – Beispiel Blaumeise**
Blaumeisen gehören zu den Singvögeln. Sie sind ständig in Bewegung und auf der Suche nach Nahrung. Das sind kleine Insekten wie Blatt- und Schildläuse sowie Spinnen. Im Winter ernähren sie sich hauptsächlich von Beeren und Samen. Man kann sie häufig an den Futterhäuschen beobachten. Hier setzen sie sich auch gegen größere Vögel durch und vertreiben sie von der Futterstelle.

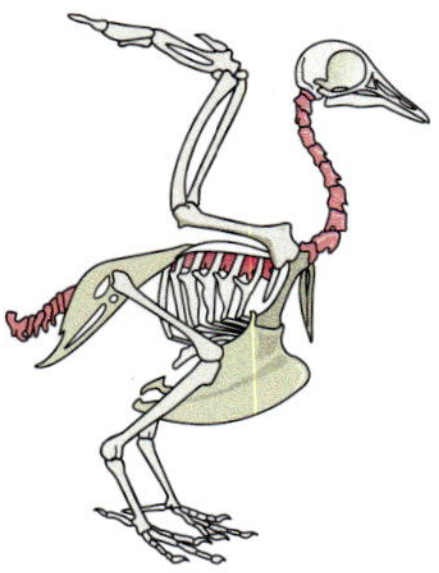

**In Kürze**
Tiere mit einer Wirbelsäule, einem Schädel und vier Gliedmaßen fasst man als Wirbeltiere zusammen. Dazu zählen Fische, Amphibien, Reptilien, Vögel und Säugetiere. Die Wirbelsäule ist Teil des Innenskeletts. Wirbeltiere leben im Wasser, auf dem Land und in der Luft.

## Aufgaben

1 Nenne die Merkmale, die alle Wirbeltiere gemeinsam haben.
2 Nenne die fünf Wirbeltierklassen und den Lebensraum, in dem sie hauptsächlich vorkommen.
3 Bild 2 zeigt das Skelett eines Sauriers.
 a Begründe, weshalb Saurier zur Gruppe der Wirbeltiere gehören.
 b Lebte dieser Saurier auf dem Land, im Wasser oder in der Luft? Erläutere deine Entscheidung.
4 Erkläre, weshalb man Feldhamster nur sehr selten sehen kann.

# Merkmale der Fische

Fische besiedeln einen Lebensraum, in dem wir Menschen nicht längere Zeit überleben können. Das merkst du bereits in der Badewanne, wenn das Wasser abkühlt und du zu frieren beginnst oder die Haut »schrumpelig« wird. Auch das Schwimmen in einem See oder im Meer ist für uns auf Dauer anstrengend. Unter Wasser halten wir es nur kurze Zeit aus, zum Luftholen müssen wir wieder auftauchen. Fische dagegen sind ideal an den Lebensraum Wasser angepasst.

### Körperbau

Fische haben einen *spindelförmigen*, seitlich abgeflachten Körper ohne lang abstehende Gliedmaßen. Diese Körperform bietet dem Wasser wenig Widerstand. So können sich Fische ohne großen Kraftaufwand fortbewegen. Mit Ausnahme der Flossen ist der Körper schützend von *knöchernen Schuppen* bedeckt. Darüber liegt eine zähe Schleimschicht, die den Körper noch besser durch das Wasser gleiten lässt.

### Fortbewegung mit Flossen

Ein kennzeichnendes Merkmal aller Fische sind die *Flossen*. Sie bestehen aus dünnen Knochen, die durch eine Haut miteinander verbunden sind. An der Wirbelsäule ansetzende Muskeln bewegen den Fischkörper wellenartig.

**1** Ein Fisch in seinem Lebensraum Wasser

Dadurch schlägt die Schwanzflosse hin und her. Der sich schlängelnde Körper und vor allem die hin und her schlagende Schwanzflosse drücken das Wasser kraftvoll nach hinten, sodass der Fisch nach vorne gleitet. Je zwei Brust- und Bauchflossen dienen zum Steuern und Bremsen. Rücken- und Afterflosse halten den Fischkörper im Gleichgewicht.

### Atmen unter Wasser

Fische atmen mit *Kiemen*. Diese liegen seitlich hinter dem Kopf, geschützt unter den harten Kiemendeckeln. Auf jeder Seite befinden sich vier Kiemenbögen mit vielen stark durchbluteten *Kiemenblättchen*. Öffnet der Fisch sein Maul, fließt frisches, sauerstoffreiches Wasser an den Kiemenblättchen vorbei. Dort tritt Sauerstoff vom Wasser ins Blut über. Gleichzeitig wird Kohlenstoffdioxid vom Blut an das vorbeiströmende Wasser abgegeben. Diesen Vorgang nennt man *Atmung* oder *Gasaustausch*.

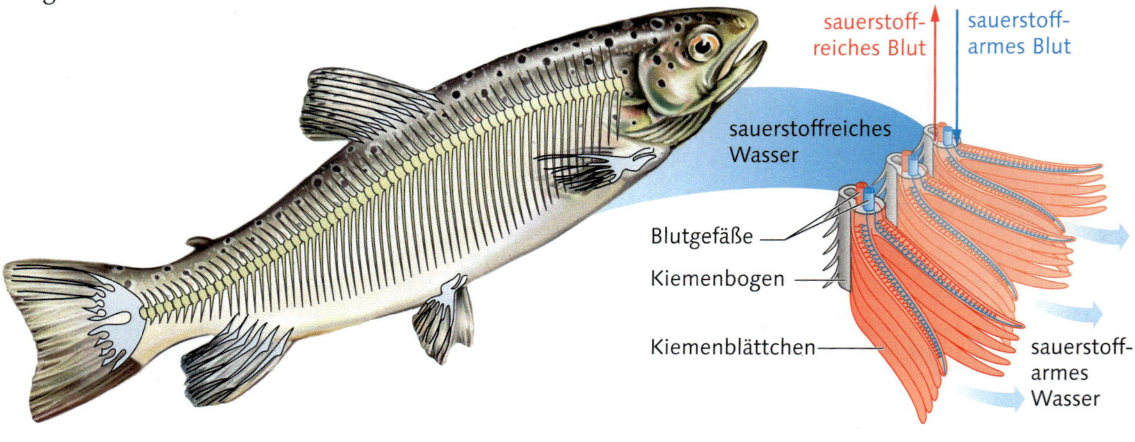


**2** Fische sind an das Leben im Wasser angepasst.

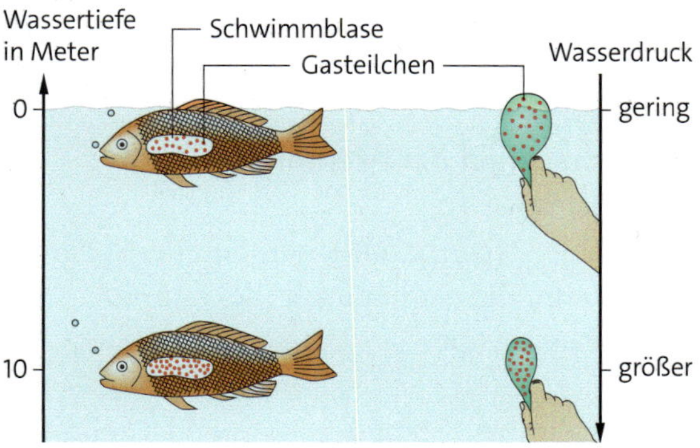


**3** Fisch und Luftballon in unterschiedlicher Tiefe

## Schweben im Wasser

Viele Fische können ohne Kraftaufwand im Wasser schweben. Dies gelingt ihnen mit Hilfe der *Schwimmblase*. Das ist ein mit Gas gefüllter Hautsack im Innern des Körpers. Durch Aufnahme oder Abgabe von Gas verändert sich die Schwimmblase. Ein Fisch schwebt im Wasser, wenn er genauso viel Wasser verdrängt, wie er wiegt. Mit der Tiefe nimmt der Druck des Wassers zu, dieser wirkt auf den Fisch ein. Körper und Schwimmblase werden zusammengedrückt, sodass der Fisch jetzt weniger Wasser verdrängt als zuvor. Seine Masse bleibt aber gleich. Daher würde der Fisch nun zu Boden sinken. Das wird verhindert, indem so viel Gas in die Schwimmblase abgegeben wird, dass das Wasser, das der Fischkörper jetzt verdrängt, wieder genauso viel wiegt wie er selbst.

## Erkennen der Umwelt

Mit ihren vortretenden Augen haben Fische einen guten Rundumblick. Zudem können sie sehr gut hören und riechen. An jeder Seite des Fischkörpers ist eine dünne Linie erkennbar, das *Seitenlinienorgan*. Dieses besteht aus kleinen Löchern, die in einen Kanal dicht unter der Haut münden. Hier liegen Sinneszellen. Diese reagieren auf Wasserwellen, die zum Beispiel ein sich nähernder Fisch erzeugt.

### Basiskonzept **Struktur und Funktion**

Im Laufe der Entwicklung entstanden bei allen Lebewesen innere und äußere Strukturen, die sie zu besonderen Funktionen befähigen. Ein Beispiel hierfür sind die Fische. Sie sind bezüglich Bau und Funktion der Organe und des Körpers gut an den Lebensraum Wasser angepasst. Ihre Körperform ermöglicht ihnen eine energiesparende Fortbewegung, die Kiemen das Atmen unter Wasser und das Seitenlinienorgan eine Orientierung selbst im schlammigen Wasser.

Die Struktur beschreibt den Aufbau eines Organs oder den besonderen Körperbau eines Lebewesens. Diese sind so gebaut, dass sie jeweils bestimmte Funktionen, also Aufgaben, erfüllen können. Diesen Zusammenhang, dass besondere Strukturen bestimmte Funktionen ermöglichen, findet man bei allen Lebewesen.

## Körpertemperatur

Fische sind *wechselwarme* Tiere. Ihre Körpertemperatur ändert sich mit der Umgebungstemperatur. Mit sinkenden Temperaturen verlangsamen sich Stoffwechsel und Bewegungen.

### In Kürze

Fische sind wechselwarme Wirbeltiere. Sie atmen mit Kiemen. Ihr Körper ist von knöchernen Schuppen bedeckt. Die Flossen dienen der Fortbewegung. Mit den Augen sowie dem Seitenlinienorgan können sie sich orientieren.

### Aufgaben

**1** Erkläre, weshalb Fische Wirbeltiere sind.

**2** Liste auf, wie Fische an das Leben im Wasser angepasst sind.

**3** Haben Fische, die dauernd am Gewässerboden leben, eine Schwimmblase? Begründe deine Vermutung.

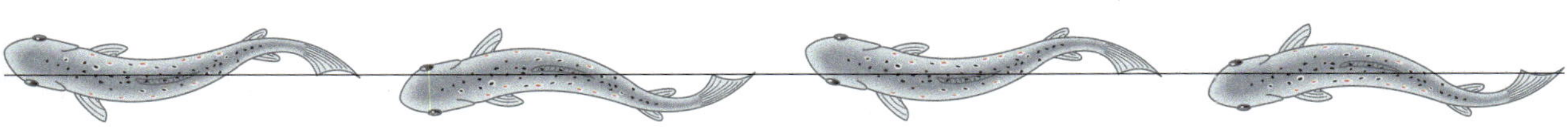

Praktikum

# Untersuchen einer fangfrischen Forelle

## A Untersuchen des äußeren Aufbaus

**Material** Papierhandtücher, Forelle, Lupe, Einweghandschuhe

**Durchführung** Legt die Forelle auf die Papierhandtücher. Betrachtet nun ihren Körper und befühlt die Oberfläche. Öffnet das Fischmaul und schaut euch die Zähne an. Notiert eure Beobachtungen.

**Arbeitsaufträge**

1 Beschreibt, wie die Körperoberfläche des Fisches beschaffen ist.

2 Vergleicht die Form des Fisches mit den Beispielen in Bild 1.
 a Benennt die Körperform der Forelle.
 b Beschreibt, welchen Vorteil diese Form hat.

3 Zeichnet einen Umriss der Forelle einschließlich der Flossen. Beschriftet sie mit den folgenden Begriffen:
- Bauchflosse
- Rückenflosse
- Schwanzflosse
- Brustflosse
- Afterflosse
- Seitenlinienorgan
- Kiemendeckel

4 Erklärt anhand der Zähne, wovon sich Forellen ernähren.

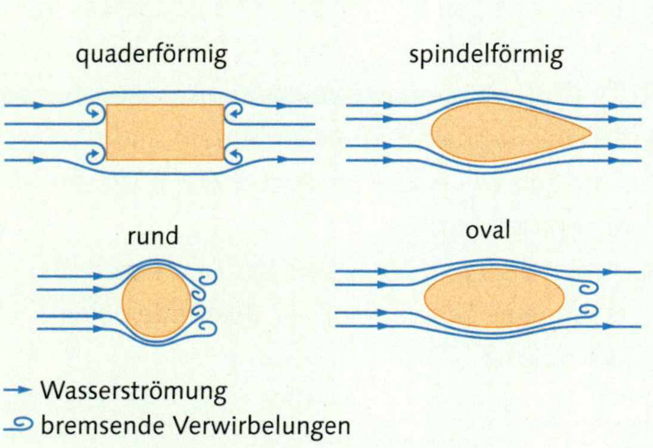


**1 Beispiele für Körperformen und deren Strömungseigenschaften**

## B Untersuchen der Atemorgane

**Material** Papierhandtücher, Forelle, Schere, Pinzette, Einweghandschuhe, dünnes Stäbchen, Lupe

**Durchführung** Hebt den Kiemendeckel mit der Pinzette an und schneidet diesen ab, wie in Bild 2 gezeigt. Betrachtet zunächst die Kiemenblättchen. Führt anschließend das dünne Stäbchen durch das Maul ein und durch die Kiemenblättchen wieder nach außen, um den Weg des Wassers durch die Kiemen zu zeigen. Protokolliert eure Beobachtungen.

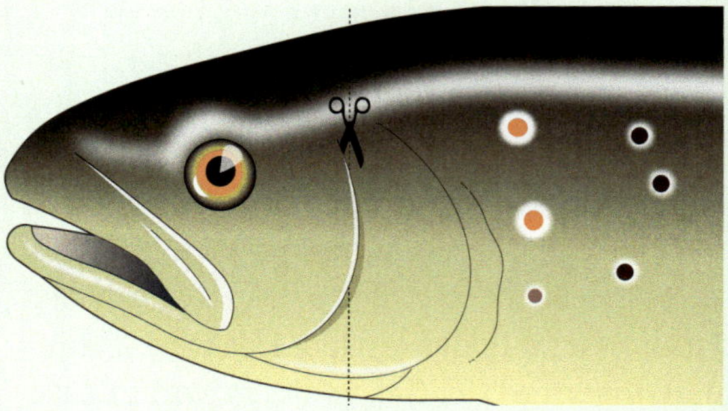

**2 Freilegen der Kiemen**

**Arbeitsaufträge**

1 Bestimmt die Anzahl der Kiemenbögen auf einer Seite.

2 Begründet die Farbe der Kiemenblättchen.

3 Stellt Vermutungen an, weshalb Fische mehrere Kiemenbögen und damit viele Kiemenblättchen haben.

4 Erläutert mit Hilfe des Textes in Bild 3, welche Vorgänge an den Kiemen ablaufen.

»Alle Zellen brauchen Sauerstoff, um die Energie aus den Bausteinen der Nährstoffe zu nutzen. Über das Blut werden Sauerstoff und Kohlenstoffdioxid von und zu den Kiemen transportiert.«

**3 Vorgänge an den Kiemen**

## C Untersuchung der inneren Organe

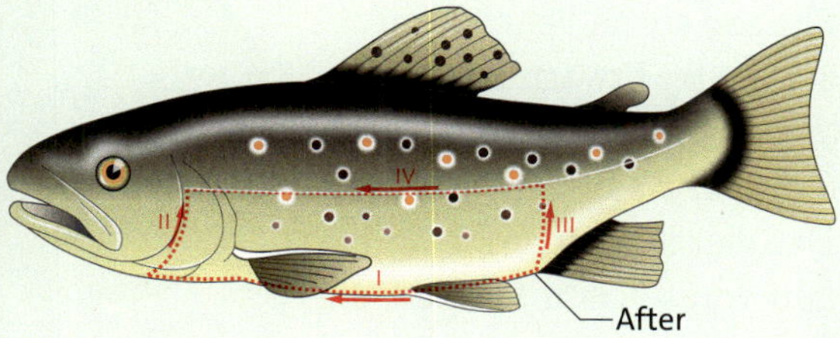


4 Schnittführungen zur Öffnung des Fisches

**Material** Papierhandtücher, Forelle, Schere, Skalpell, Pinzette, Einmalhandschuhe, Lupe

**Durchführung** Für die Untersuchung der Bauchhöhle wird ein »Fenster« in die seitliche Bauchwand geschnitten, wie in Bild 4 gezeigt. Achtet darauf, die Schere möglichst flach zu führen, um keine inneren Organe zu verletzen.
Es sind mehrere aufeinanderfolgende Schnitte notwendig:

- *Schnitt I:* Schneidet vom After bis zum unteren Ende des Kiemendeckels.
- *Schnitt II:* Schneidet am Kiemenbogen entlang bis zum Seitenlinienorgan.
- *Schnitt III:* Schneidet nun vom After aufwärts bis zum Seitenlinienorgan.
- *Schnitt IV:* Klappt jetzt die geöffnete Bauchseite nach oben und schneidet sie entlang der Seitenlinie ab. Dabei kann es helfen, wenn ihr zunächst die Gräten mit dem Skalpell durchschneidet.

**Arbeitsaufträge**

1 Identifiziert die inneren Organe mit Hilfe von Bild 5. Erstellt eine Tabelle und beschreibt das charakteristische Aussehen der einzelnen Organe nach Farbe und Form.
2 Ordnet die gefundenen Organe den entsprechenden Organsystemen zu.
3 Erklärt mit Hilfe von Bild 5, ob es sich um eine männliche oder weibliche Forelle handelt.
4 Öffnet den Magen mit dem Skalpell. Stellt aufgrund des Mageninhalts Vermutungen an, was die Forelle zuletzt gefressen hat.

**Aufräumen** Gebt alle Fischreste mit den Papierhandtüchern in den Abfall, reinigt das verwendete Präparierbesteck, wischt den Tisch mit der bereitgestellten Reinigungslösung ab und wascht zum Schluss eure Hände mit Seife.

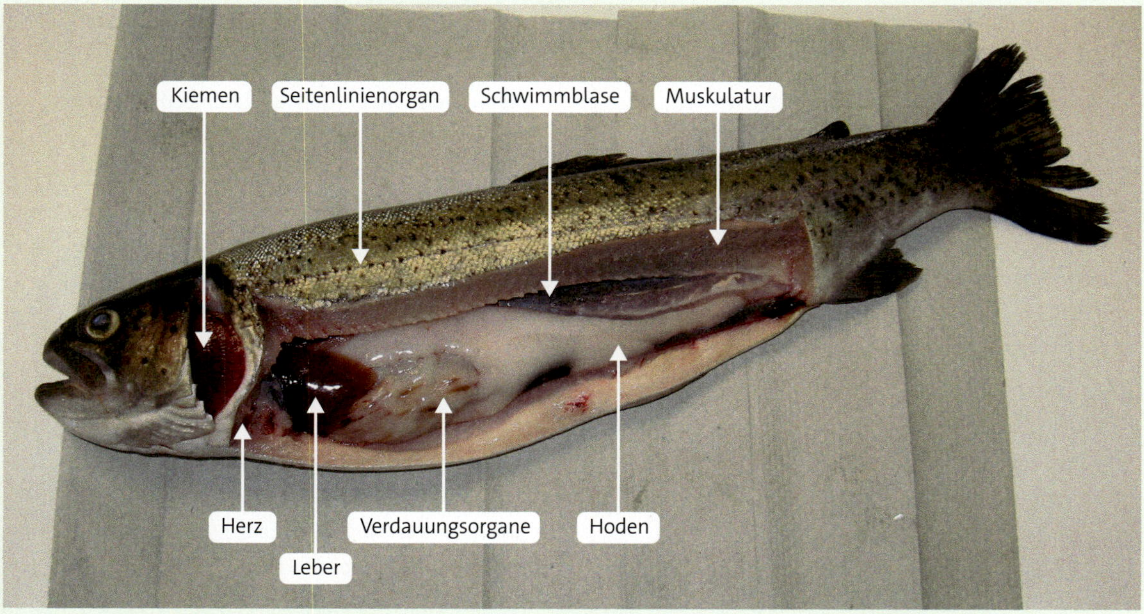


5 Innere Organe einer Forelle

# Fische einheimischer Gewässer

### Friedfische und Raubfische

Je nach ihrer Nahrung werden Fische in *Friedfische* und *Raubfische* unterteilt. Friedfische wie Karpfen oder die an den roten Flossen leicht zu erkennende Rotfeder jagen keine anderen Fische. Sie ernähren sich von pflanzlicher Nahrung sowie von Insektenlarven oder Schnecken und Würmern. Die bekanntesten einheimischen Raubfische sind Hecht und Forelle. Zu ihrer Beute zählen Fische, Frösche, mitunter auch die Küken von Wasservögeln.

### Bedrohung einheimischer Fische

In Bayern sind etwa 70 verschiedene Fischarten heimisch. Ein Großteil davon ist vom Aussterben bedroht. Hauptverursacher ist der Mensch, indem er die Lebensräume der Fische durch Flussverbauungen, Verschmutzung oder Erwärmung des Wassers verändert.. Durch Verbauung von Flüssen sowie Verschmutzung oder Erwärmung des Wassers ist der Lebensraum der Fische stark verändert. Darüber hinaus droht Gefahr von solchen Fischen, die früher bei uns nicht heimisch waren, wie die »Kessler Grundel«. Dieser ursprünglich in den Mündungsflüssen des Schwarzen Meeres lebende Fisch tauchte 1995 bei uns in der Donau auf. Hier hat er keine natürlichen Feinde und findet dadurch ideale Lebensbedingungen vor. Er vermehrt sich stark und verdrängt so allmählich heimische Fischarten. Vermutlich wurde der Fisch im Ballastwasser von Schiffen eingeschleppt.

### Aufgabe

**1** Erstelle einen Steckbrief für einen weiteren einheimischen Fisch deiner Wahl.

*Äsche*

**Größe – Masse**
*bis 65 cm, bis 3 kg*

**Aussehen**
*lang gestreckter Körper mit kleinem Kopf, auffallend hohe rötliche Rückenflosse mit dunklen Punkten*

**Lebensweise** *Friedfisch, in schnell fließenden, sauberen Gewässern lebend*

*Aal*

**Größe – Masse**
*Weibchen bis 120 cm, Männchen bis 60 cm, bis 6 kg*

**Aussehen**
*schlangenförmiger Körper, Rücken-, Schwanz- und Afterflosse bilden einen Flossensaum*

**Lebensweise** *nachtaktiver Raubfisch, am Grund von Gewässern lebend*

*Wels oder Waller*

**Größe – Masse**
*bis 300 cm, bis 150 kg*
*größter heimischer Fisch*

**Aussehen**
*breiter, schuppenloser Körper, Kopf mit 6 Barteln (Tastorgane), sehr kurze Rückenflosse, sehr kleine Augen*

**Lebensweise** *dämmerungs- und nachtaktiver Raubfisch, am Grund meist stehender Gewässer lebend*

*Schuppenkarpfen*

**Größe – Masse**
*bis 100 cm, bis 28 kg*

**Aussehen**
*Körper seitlich abgeflacht, Kopf mit 4 Barteln, lange Rückenflosse, große Schuppen*

**Lebensweise** *Friedfisch, in stehenden und warmen Gewässern mit viel Pflanzenbewuchs lebend, wühlt im schlammigen Boden nach Nahrung, kann über 40 Jahre alt werden*

Praktikum

# Schwimmen wie ein Fisch

## A Bedeutung der Körperform

**Material** Knetmasse, Waage, 2 hohe Standzylinder, starker Draht, Wasser

**Durchführung**

- Stellt mit Hilfe der Waage vier gleich schwere Teile aus Knetmasse her. Formt daraus die Körperformen in Bild 1. Notiert die Namen der Körper auf einem Zettel.
- Lasst nun jeweils zwei verschiedene Knetmassekörper gleichzeitig in den beiden Standzylindern zu Boden sinken. Achtet auf die Eintauchrichtung der Körper. Mit dem Draht könnt ihr die Körper wieder aus dem Wasser holen. Streicht den Namen des jeweils langsamer sinkenden Körpers in der Liste durch.

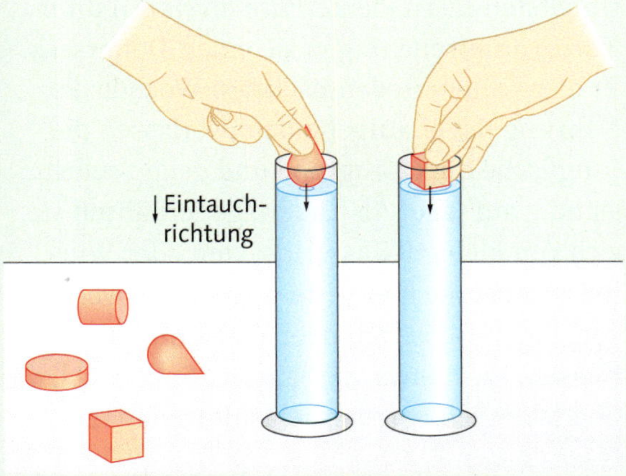


**1** Experiment zur Bedeutung der Körperform

**Arbeitsaufträge**

1 Erstellt ein Protokoll zu eurer Untersuchung. Überlegt euch zuerst, welche Frage damit beantwortet werden soll, und erstellt eine Hypothese.
2 Vergleicht eure Versuchsergebnisse. Welche Körperform sinkt am schnellsten zu Boden?
3 Begründet mit Hilfe eurer Ergebnisse die Körperform von Fischen.
4 Listet mögliche Fehlerquellen auf, die das Ergebnis verfälschen können.

## B Hautmodelle von Fischen

**Material** 2 Stück dickerer Pappkarton (je 15 cm × 15 cm), 1 DIN-A4-Zeichenkarton, Schere, Kleber, Vaseline, Becherglas, Wasser, große Schüssel

**Durchführung**

- Schneidet aus dem Zeichenkarton 40 große Papierschuppen aus und klebt je 20 auf jeden Pappkarton wie in Bild 2 gezeigt.
- Bestreicht eines der beiden Hautmodelle mit Vaseline.
- Haltet Modell 1 ohne Vaseline leicht angewinkelt über die Schüssel. Schüttet nun langsam Wasser über das Hautmodell.
- Wiederholt das Vorgehen mit dem zweiten Hautmodell, das mit Vaseline bestrichen ist.

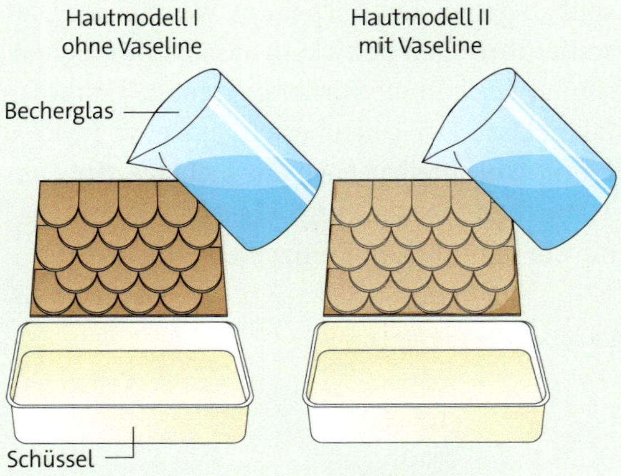


**2** Experimentaufbau und Durchführung

**Arbeitsaufträge**

1 Ordnet den Bauteilen der Modelle die entsprechenden Teile des Fischkörpers zu.
2 Formuliert die Frage, die mit Hilfe des Experiments beantwortet werden soll.
3 Notiert, was ihr bei der Durchführung beobachten konntet.
4 Erklärt mit Hilfe der Ergebnisse, welche Bedeutung die Schleimschicht auf der Körperoberfläche von Fischen hat.

# Fortpflanzung der Fische

Vor Kurzem hat Sebastian die Fischerprüfung bestanden. Heute ist er mit seinen Freunden unterwegs und zeigt ihnen, wo er fischen darf. Als sie an einem kleinen Fluss entlanggehen, sehen sie im seichten Wasser mehrere Fische, die schnell flussaufwärts schwimmen. »Das sind Bachforellen. Sie suchen einen Laichplatz«, erklärt Sebastian stolz.

**1** Ein Forellenweibchen »baut« eine Laichgrube.

## Fortpflanzung der Bachforelle

Ab Oktober schwimmen geschlechtsreife männliche und weibliche Bachforellen flussaufwärts. In flachen Nebengewässern suchen sie Stellen mit sandig-kiesigem Untergrund. Mit der Schwanzflosse schlägt das Forellenweibchen eine flache Grube in den Boden des Gewässers. Dann beginnt die Paarung. Das Männchen schlägt mit seiner Schwanzflosse seitlich gegen den Körper des Weibchens. Diese Berührungen bewirken, dass das Weibchen seinen *Laich* in die vorher gegrabene Grube fallen lässt. Der Laich besteht aus etwa 1500 Eiern. Unmittelbar nach der Eiablage gibt das Männchen eine milchige Flüssigkeit darüber, die die männlichen Keimzellen enthält. Das Verschmelzen der weiblichen mit den männlichen Keimzellen erfolgt also außerhalb des Körpers. Man spricht von äußerer Befruchtung. Mit kräftigen Schlägen der Schwanzflosse wird die Laichgrube anschließend wieder mit Kies und Sand locker bedeckt.

## Entwicklung der Bachforelle

Nach etwa drei Monaten schlüpfen aus den befruchteten Eiern kleine *Fischlarven.* An ihrer Körperunterseite tragen sie einen Dottersack. Er dient ihnen in den nächsten Wochen als Nahrung. Ist er aufgebraucht, verlassen die Jungfische die Laichgrube und gehen selbstständig auf Jagd. Als Lauerjäger ernähren sie sich von kleinen Wasserinsekten oder Würmern. Aber auch viele der Jungfische werden von anderen Fischen oder Wasserinsekten gefressen. Nach etwa vier Jahren können sich die überlebenden Forellen selbst fortpflanzen.

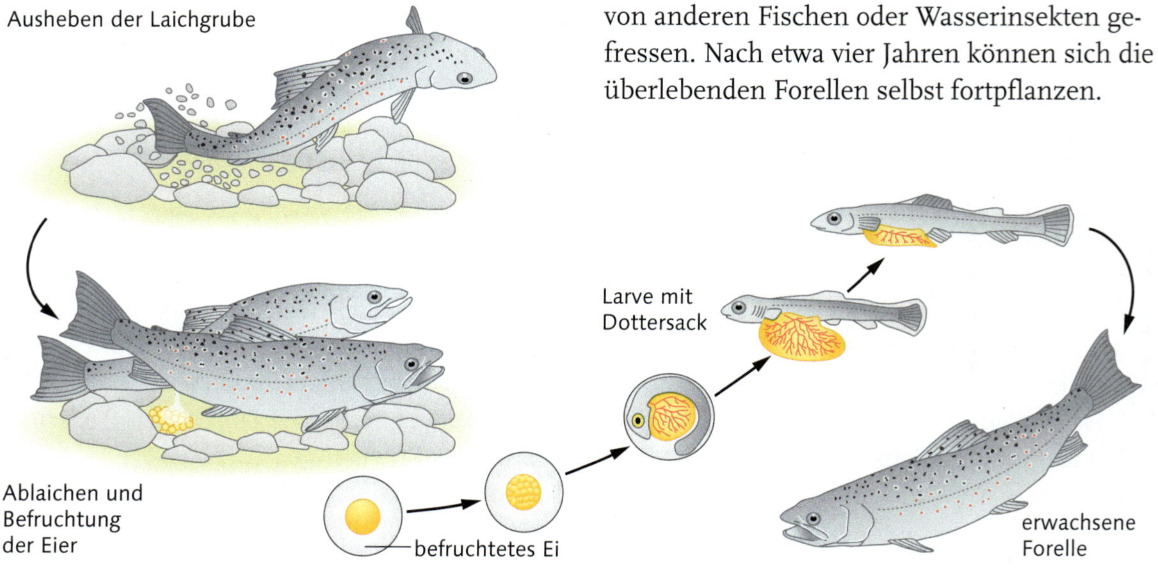


**2** Fortpflanzung und Entwicklung der Bachforelle

3 Lachse überspringen Hindernisse auf ihrem Weg.

### Der lange Weg zum Laichplatz

Erwachsene Lachse leben im Meer, zum Beispiel vor Grönland. Hier können sie bis zu 1,5 Meter lang und über 40 Kilogramm schwer werden. Nach etwa vier Jahren schwimmen sie zu der Flussmündung, aus der sie als Junglachse ins Meer gelangten. Von hier aus wandern sie flussaufwärts bis zu ihrem Geburtsort im Oberlauf des Flusses. Das Weibchen gräbt eine etwa einen Meter lange und 50 Zentimeter breite Laichgrube. Hier legt es bis zu 10 000 Eier ab. Das Männchen gibt unmittelbar danach die Spermien darüber. Nach dem Ablaichen sterben fast alle Alttiere.

Die junge Lachsbrut schlüpft nach etwa zwei Wochen. Im Alter von rund drei Jahren schwimmen sie stromabwärts ins Meer. Hier beginnt die zweite Hälfte ihres Lebens.

In Deutschland sind Lachse fast ausgestorben. Im Rhein beginnen sie sich wieder anzusiedeln.

4 Fischtreppen helfen Hindernisse zu überwinden.

**Exkurs Brutpflege bei Fischen**

Der dreistachelige Stichling ist einer der wenigen heimischen Fische, der seine Jungen beschützt. Das paarungsbereite Männchen trägt ein farbenprächtiges »Hochzeitskleid«. Mit seinen Brustflossen »wedelt« es eine Vertiefung in den Boden. Darin baut es aus Pflanzenteilen ein Brutnest, in das es mehrere Weibchen lockt und sie zum Ablaichen veranlasst. Ist das Nest mit mehreren Hundert Eiern gefüllt, werden diese von den Spermien des Männchens befruchtet. Ab jetzt vertreibt das Männchen alle Weibchen. Es fächelt mit seinen Flossen sauerstoffreiches Wasser in das Nest. Nach etwa zehn Tagen schlüpfen die jungen Stichlinge. Erst nachdem der Dottersack verbraucht ist, versuchen sie das Nest zu verlassen. Das Männchen bringt sie immer wieder ins Nest zurück, indem es die jungen Fische ins Maul nimmt und sie ins Nest hineinspuckt. Wenn die Jungstichlinge herangewachsen sind, beendet das Männchen die Brutpflege.

### In Kürze

Bei Fischen findet eine äußere Befruchtung statt. Aus den befruchteten Eiern schlüpfen kleine Fischlarven, die sich allmählich zu geschlechtsreifen Fischen entwickeln. Lachse schwimmen zum Laichen sehr lange Strecken bis zu ihrem Geburtsgewässer.

### Aufgaben

1 Beschreibe die Entwicklung bei Fischen.
2 Erkläre, welchen Vorteil es hat, dass die meisten Fische sehr viele Eier legen.
3 Stichlinge legen deutlich weniger Eier als andere Fische. Suche nach einer Erklärung hierfür.
4 Erkläre, weshalb Bachforellen in Gewässern mit sandig-kiesigem Untergrund leben.
5 Beschreibe mit Hilfe des Atlas den möglichen Weg, den die Lachse von Grönland bis zum Oberlauf des Rheins zurücklegen. Ermittle die Entfernung in Kilometern.

# Fischfang und Fischzucht

2 Aquakultur in Norwegen

### Der Viktoriasee droht zu sterben

*Die Fischerei ist eine der wichtigsten wirtschaftlichen Stützen rund um den Viktoriasee in Ostafrika. Etwa 8 Millionen Menschen sind abhängig von ihr. In den 40er Jahren kam es zu einem Überfischen des Sees. Damit der Nährstoffbedarf der Bevölkerung gedeckt werden konnte, führte man in den 50er und 60er Jahren exotische Arten wie Buntbarsch und Nilbarsch im See ein. Dadurch kam es zur Abnahme und auch zum Verschwinden einheimischer Fischarten.*

*Nach: Barbara Rasche, Der Viktoriasee, www.ostafrika-forschung.de, 04.05.2017*

### Der Viktoriabarsch ist eigentlich im Nil beheimatet

*Vor rund 30 Jahren kam jemand auf die Idee, ein paar Exemplare des schmackhaften Fisches im Viktoriasee auszusetzen. Das Ergebnis ist eine Katastrophe. Die großen Barsche haben sich unkontrolliert vermehrt, die heimischen Arten wurden verdrängt oder als Köder genutzt. Am Ufer ist eine ebenso unkontrollierte kommerzielle Fischindustrie entstanden. Frische Barschfilets werden massenhaft in die Industriestaaten ausgeflogen. Nur wenige Menschen profitieren, die traditionelle Kleinfischerei ist zerstört.*

*Nach einem Interview von Sigrid Totz mit Stefanie Werner: »Warum Seelachs, warum nicht Viktoriabarsch?«, www.greenpeace.de, 11.01.2007*

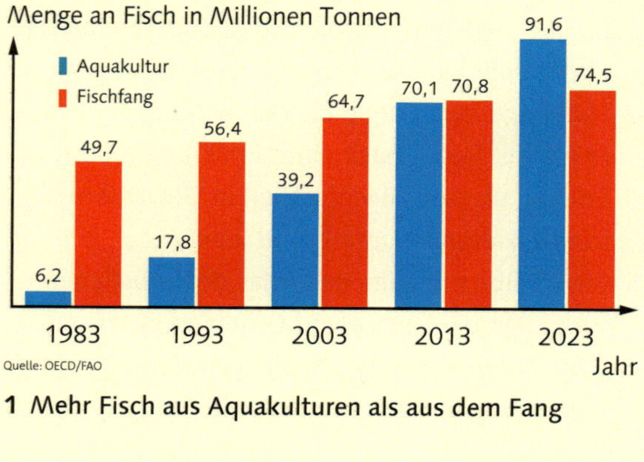


1 Mehr Fisch aus Aquakulturen als aus dem Fang

### Aquakultur auf dem Prüfstand

*Die Belastung der Fische durch Antibiotika[1] und Desinfektionsmittel ist sehr hoch, sodass sich ein regelmäßiger Verzehr nicht empfiehlt. Ablagerungen von Futterresten und Exkrementen[2] am Meeresboden verschmutzen die natürlichen Lebensräume mit weitreichenden Folgen. Zudem ist die Bilanz[3] der Nahrungsmenge für die Produktion sehr ungünstig: Es werden 1,2 bis 2 kg Wildfisch benötigt, um 1 kg Lachs zu erhalten. Das lässt Lachs aus Aquakultur zu einem wahren Fischkiller mutieren.*

*Aus: »Lachs aus Aquakultur oder Wildfang: nur eine Frage des Geschmacks?«, www.kennstdueinen.de, © WinLocal GmbH, 04.05.2017*

### Neben der konventionellen Aquakultur hat sich seit dem Jahr 2009 die biologische Lachsaufzucht etabliert

*Die wesentlichen Unterschiede liegen in der Lachsdichte in den Netzen sowie der Herkunft und Zusammensetzung des Futters. Im Gegensatz zur konventionellen Aufzucht haben die Lachse in den Netzkäfigen mehr Platz. Das Futter setzt sich aus Ökogetreide, Resten von Speisefischen, Garnelenschrot und Hefe zusammen. Insbesondere der Zusatz von Garnelen sorgt für die saftig rote Färbung des Lachsfleischs. Lachs aus biologischer Aquakultur ist mit einem Gütesiegel der Biobranche zertifiziert.*

*Aus: »Lachs aus Aquakultur oder Wildfang: nur eine Frage des Geschmacks?«, www.kennstdueinen.de, © WinLocal GmbH, 04.05.2017*

*1) Medikamente; 2) Ausscheidungen; 3) Gegenüberstellung*

## Zierfische für das Wohnzimmeraquarium

3 Paletten-Doktorfisch

»Findet Dorie«, der Nachfolge-Film von »Findet Nemo«, führte 2016 zu einer großen Nachfrage für den blauen Paletten-Doktorfisch. Seither schwimmt er in vielen Aquarien. Der Hauptumschlagplatz dieses nur im Meer heimischen Fisches ist die zu Indonesien gehörende Insel Bali im Indischen Ozean. Pro Woche werden mehrere Hundert aus dem Meer gefangene Doktorfische von hier aus in die ganze Welt verschickt.

## Fremde Fische in unseren Flüssen

4 Guppys leben eigentlich in der Karibik.

In deutschen Gewässern leben heute bereits 21 Fischarten, die früher bei uns nicht vorkamen. Darunter sind auch exotische Aquarienfische wie Guppys. Ein Grund hierfür könnte der Klimawandel sein, der die ausgesetzten Exoten überleben lässt. Auch über das Ballastwasser von Schiffen können fremde Fische zu uns gelangen. Die EU hat eine Liste mit 37 »unerwünschten« Tier- und Pflanzenarten erstellt, die bekämpft werden sollen.

5 Internetseite eines Fischhändlers

# Merkmale der Amphibien

Du musst schon genau hinschauen, um ihn zu entdecken: den Teichfrosch. Regungslos sitzt er auf einem Seerosenblatt. Mit seiner grünen Körperfarbe und den dunklen Flecken ist er sehr gut getarnt. Langsam kommst du näher. Plötzlich springt er ins Wasser und taucht unter.

**Leben im Wasser und auf dem Land**

Der Teichfrosch ist wie alle Frösche in zwei Lebensräumen heimisch, auf dem Land und im Wasser. Seine Entwicklung vom Ei zum erwachsenen Tier verläuft im Wasser. Solche Wirbeltiere nennt man *Amphibien* oder *Lurche*. Das Wort Amphibien kommt aus dem Griechischen und heißt frei übersetzt »in beiden lebend«.

**Körperbau und Bewegung**

Das Skelett kennzeichnet den Teichfrosch als Wirbeltier. Auffallend sind die sehr langen und muskulösen Hinterbeine. Sie machen ihn zu einem guten Springer auf dem Land und zu einem guten Schwimmer und Taucher im Wasser. Zwischen den langen Zehen der Hinterbeine befinden sich Schwimmhäute. Laubfrösche können auch auf Bäume klettern. Manche Amphibien bewegen sich nur sehr langsam, meist kriechend fort.

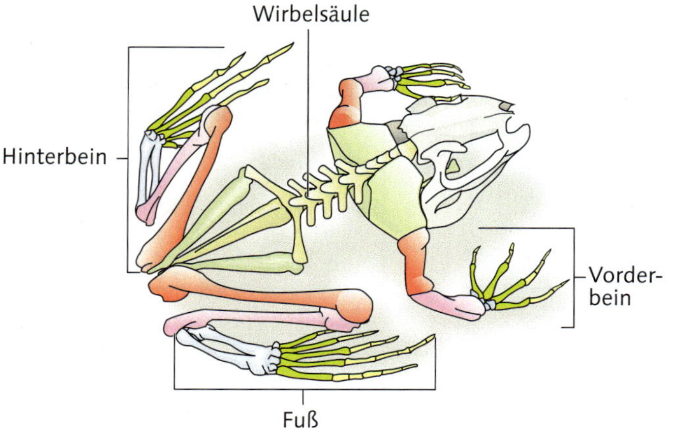


**2** Skelett eines Teichfroschs

**1** Der Teichfrosch ist gut getarnt.

**Atmen unter Wasser und an Land**

Frösche können wie alle Amphibien sehr lange tauchen, weil sie durch ihre dünne, stark durchblutete Haut den im Wasser gelösten Sauerstoff aufnehmen. Diese Atmung nennt man *Hautatmung*. An Land atmen sie zusätzlich mit ihren Lungen. Das Luftholen kann man deutlich als rasch pochende Bewegung der Haut am Unterkiefer sehen. Das Maul ist dabei geschlossen. Beim Atmen saugen sie über die Nasenlöcher Luft in die Mundhöhle und schlucken sie in ihre Lungen. Die *Lungenatmung* der Lurche nennt man daher auch Schluckatmung.

Amphibien findet man nur dort, wo es feucht ist. Ihre dünne und düsenreiche Haut würde sonst zu viel Feuchtigkeit verlieren. Sie sind *Feuchtlufttiere*.

**3** Fortbewegung beim Frosch: Sprungphasen (oben), Schwimmbewegung (unten)

## Amphibien sind Fleischfresser

Insekten, Schnecken und Würmer sind die Hauptnahrung der Amphibien. Allerdings muss sich die Beute bewegen, sonst kann sie nicht wahrgenommen werden. Die meisten Amphibien haben eine lange, klebrige Zunge. Befindet sich die Beute im richtigen Abstand, dann schleudern sie diese blitzschnell in deren Richtung. Die Zunge ist vorne im Maul angewachsen. Wie mit einem Lasso wird die Beute zurück ins Maul gezogen und unzerkaut verschluckt.

## Erkennen der Umwelt

Die großen, halbkugeligen Augen ragen deutlich aus dem Kopf hervor. Dadurch hat der Teichfrosch einen guten Rundumblick. Seine als *Trommelfell* bezeichneten Ohren erkennt man als zwei runde Flecken hinter den Augen. Mit ihnen kann er sehr gut hören, zum Beispiel das Summen einer Fliege, aber auch die Annäherung eines Feindes. Mit seinem feinen Tastsinn spürt er geringste Erschütterungen des Bodens und kann so meist rechtzeitig fliehen.

## Natürliche Feinde

Amphibien werden bereits während ihrer Entwicklung im Wasser häufig zur Beute von Insekten und Fischen. Ausgewachsene Lurche werden oft von Schlangen, Vögeln und auch größeren Säugetieren wie dem Fuchs gejagt.

**4** Froschzunge beim Beutefang

## Amphibien im Winter

Amphibien sind wechselwarme Tiere, ihre Körpertemperatur ändert sich mit der Umgebungstemperatur. Je wärmer es ist, desto aktiver sind sie. Wenn es tagsüber kühler wird, ziehen sie sich an geschützte, wärmere Stellen zurück. Dadurch verhindern sie, dass ihr Körper auskühlt. Die kalte Jahreszeit überstehen sie an frostfreien Stellen, zum Beispiel am Grund von Gewässern oder in selbst gegrabenen Erdhöhlen. Hier überwintern sie in *Kältestarre*. Ihr Herz schlägt dann höchstens zweimal in der Minute. Jetzt atmen die Tiere nur noch über die Haut.

### In Kürze

Amphibien oder Lurche sind Wirbeltiere, die an das Leben im Wasser und an Land angepasst sind. Sie haben eine Haut- und eine Lungenatmung. Den Winter verbringen sie in Kältestarre an frostgeschützten Stellen.

### Aufgaben

1. Der Teichfrosch gehört zu den Amphibien. Nenne Merkmale, die diese Aussage belegen.
2. Erkläre, weshalb ein Frosch eine vor ihm sitzende Fliege nicht sehen kann.
3. Begründe, weshalb Frösche bei dauernd geöffnetem Maul an Land ersticken würden.
   Hinweis: Versuche, mit geöffnetem Mund zu schlucken.
4. Begründe, weshalb Frösche, die am Gewässergrund überwintern, zum Atmen nicht auftauchen.

Methode

# Mit Bestimmungsschlüsseln arbeiten

Im zeitigen Frühjahr kannst du in der Nähe eines Waldtümpels Amphibien sehen, deren Namen du vielleicht noch nicht kennst. Biologen verwenden Bestimmungsschlüssel, um Lebewesen richtig benennen zu können. Um wie ein Biologe Pflanzen oder Tiere zu bestimmen, kannst du nach den folgenden Schritten vorgehen:

1 Um welches Amphibium handelt es sich hier?

**1 Beobachten** Am Anfang jeder Bestimmung steht das Beobachten, manchmal auch das Untersuchen des zu bestimmenden Lebewesens: Wie groß ist es? Welche Farbe hat es? Wie bewegt es sich? Welche Besonderheiten fallen auf? Mit Hilfe einer Lupe kannst du Details beobachten.

**2 Lebensraum erfassen** Lebewesen kommen meist nur in bestimmten Lebensräumen vor. Amphibien leben zum Beispiel in feuchten Lebensräumen, manche im Wasser, andere an Land oder in Büschen. Notiere den Lebensraum, in dem du das Lebewesen gefunden hast. Am Ende deiner Bestimmung kannst du überprüfen, ob das Lebewesen und der Lebensraum, in dem du es gefunden hast, zusammenpassen.

**3 Merkmale vergleichen und entscheiden** Jetzt beginnt das eigentliche Arbeiten mit dem dichotomen Bestimmungsschlüssel. Der Begriff dichotom stammt aus dem Griechischen und bedeutet zweigabelig. Du kannst dir solche Bestimmungsschlüssel als Wegweiser durch ein dir unbekanntes Land vorstellen. An Weggabelungen werden zwei unterschiedliche Merkmale beschrieben. Vergleiche beide Merkmale mit dem Original und entscheide, welches Merkmal mit deinem Lebewesen übereinstimmt. Diesem Merkmal folgend, gehst du den Bestimmungsweg weiter bis zur nächsten Gabelung. Auch hier musst du dich wieder zwischen zwei Merkmalen entscheiden. Dies kann sich noch öfter wiederholen.

**4 Benennen des Lebewesens** Am Ende des Bestimmungsweges bist du beim Artnamen des gesuchten Tieres oder der gesuchten Pflanze angekommen. Vergleiche abschließend das namentlich bestimmte Lebewesen noch einmal genau mit dem Original. Überprüfe, ob alle beschriebenen Kennzeichen mit deinem Fund übereinstimmen. Stimmt der Fundort mit dem Lebensraum des beschriebenen Lebewesens überein?

**5 Fehler bei der Bestimmung von Lebewesen** Beim Bestimmen von Lebewesen kann es zu Fehlern kommen, beispielsweise entscheidest du dich an einer der Weggabelungen falsch. Je früher das geschehen ist, desto weiter bist du von der richtigen Lösung entfernt. Dann musst du den Bestimmungsschlüssel noch einmal von vorne anwenden. Es kann auch vorkommen, dass es sich bei dem gesuchten Tier um ein sehr seltenes Exemplar handelt, das im Bestimmungsschlüssel nicht berücksichtigt ist.

**6 Weitere Informationen sammeln** Informiere dich über das von dir bestimmte Lebewesen mit Hilfe von Fachliteratur oder im Internet. Notiere deine Erkenntnisse.

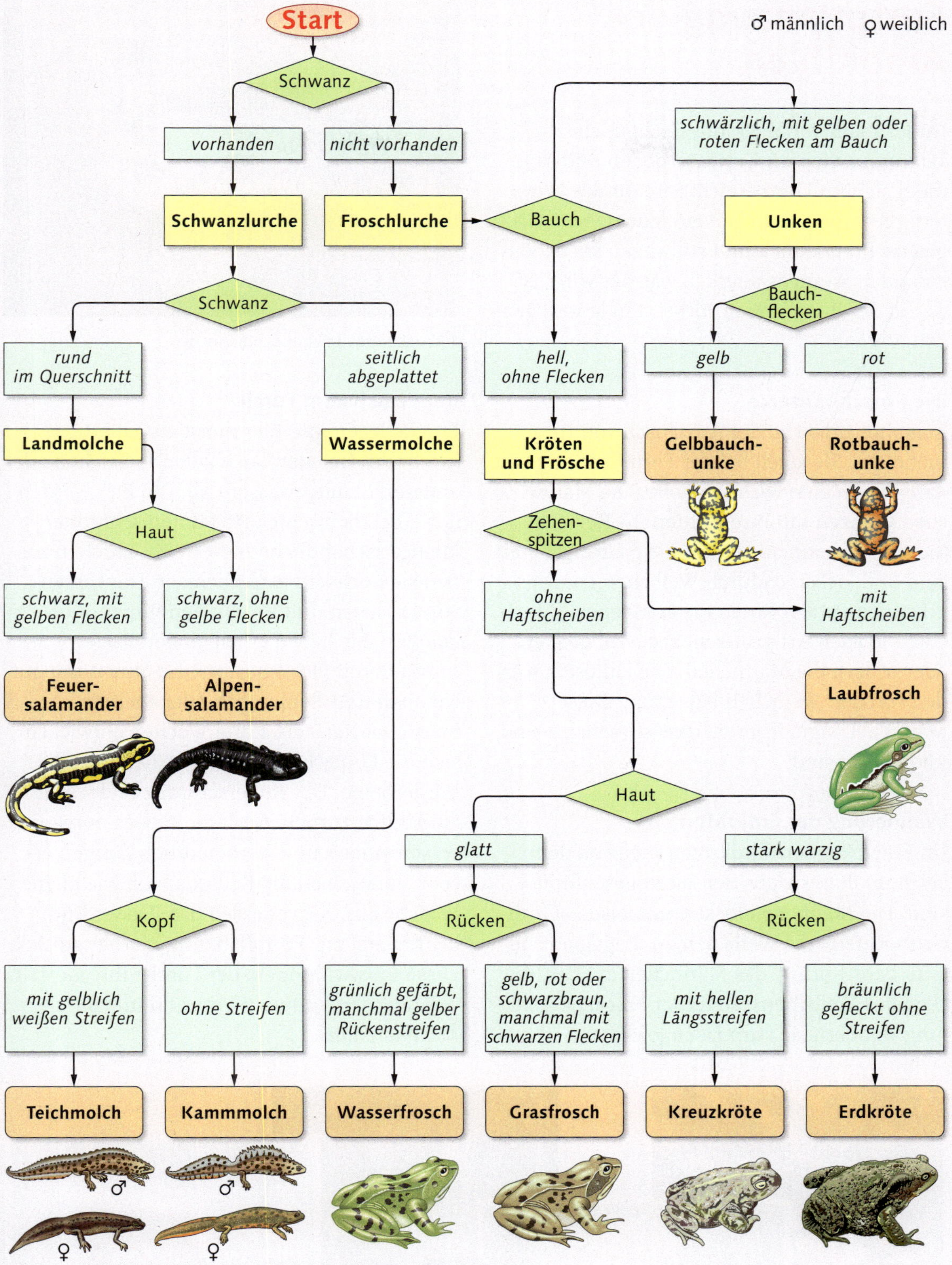


**2** Ausschnitt aus einem Bestimmungsschlüssel für Amphibien

## Aufgaben

**1** Bestimme mit Hilfe des Bestimmungsschlüssels, um welche Amphibie es sich in Bild 1 handelt.

**2** Beschreibe, wie du Schritt für Schritt vorgegangen bist, um zur Lösung zu kommen.

# Fortpflanzung der Amphibien

Im Frühjahr verlassen die Teichfrösche ihr Winterquartier am Gewässerboden und sammeln sich im Uferbereich. Ihre dunkle Winterfarbe haben sie gegen ein leuchtendes Grün getauscht. Friedlich und still sitzen sie nebeneinander. Wenn es deutlich wärmer wird, ist es mit der Ruhe jedoch vorbei. Ein lautes Quaken erschallt.

**1** Quakendes Teichfroschmännchen

### Die Froschkonzerte

*Kommunikation* ist der Austausch von Informationen. Sie spielt bei der Fortpflanzung von Amphibien eine wichtige Rolle. Die Männchen grenzen mit ihren Rufen ihr Revier ab. Sie signalisieren auch, dass sie paarungsbereit sind und locken dadurch Weibchen an. Diese erkennen an den Rufen die arteigenen Männchen. Je nach Art grunzen, keckern, quaken oder trillern die Männchen. Die lautesten werden von den Weibchen bevorzugt. Diese Männchen signalisieren, dass sie sehr gesund und kräftig sind.

### Wanderung der Erdkröten

Im März wandern Erdkröten meist zu dem Teich, in dem sie aus den Eiern geschlüpft sind. Die Männchen locken mit leisen »Gruh-Gruh-Rufen« die Weibchen an. Begegnen sie sich, dann springt das Männchen auf den Rücken des Weibchens. In dieser Huckepackstellung wandern sie zum Laichgewässer.

### Vom Laich zum Lurch

Lurche legen ihre Eier meist als gallertige Laichschnüre oder Laichballen in Teichen oder anderen Standgewässern ab. Die Eier werden äußerlich befruchtet. Aus ihnen schlüpfen kleine, fischähnliche Larven. Mit Lurchen haben sie noch keine Ähnlichkeit. Die Larven von Fröschen und Kröten nennt man *Kaulquappen*. Sie haben einen langen Ruderschwanz mit Flossensaum und atmen mit gut sichtbaren Außenkiemen oder Kiemenbüscheln. Nach etwa drei Wochen entwickeln sich die Hinterbeine, wenig später auch die Vorderbeine. Der Ruderschwanz bildet sich allmählich zurück. Auch die Außenkiemen verschwinden und werden durch Lungen ersetzt. Jetzt sehen die Kaulquappen wie kleine Frösche aus. Sie verlassen das Wasser und kehren erst zur Fortpflanzung hierher zurück. Diese Entwicklung, in der Lurche ihre Gestalt verändern, nennt man Verwandlung oder *Metamorphose*.

**2** Die Entwicklung der Lurche: A Laichschnüre; B Kaulquappe mit Außenkiemen und Ruderschwanz; C Kaulquappe mit Hinterbeinen; D junger Frosch mit vier Beinen und Schwanz, der sich zurückbildet

3 Bergmolchmännchen

## Fortpflanzung der Schwanzlurche

Im Gegensatz zu den Froschlurchen findet bei Schwanzlurchen wie dem Bergmolch eine innere Befruchtung statt. Das Männchen setzt an Land ein Samenpaket ab, das vom Weibchen mit der Geschlechtsöffnung in den Körper aufgenommen wird. Dort erfolgt die Befruchtung der Eier. Die meisten heimischen Schwanzlurche legen die befruchteten Eier in Gewässern ab. Die Larvenphase verläuft wie die der Froschlurche im Wasser.

## Fortpflanzung beim Feuersalamander

Die auffallende Färbung des Feuersalamanders hat Signalwirkung, denn seine Haut ist von einer ätzenden Flüssigkeit bedeckt. Wie bei den anderen Schwanzlurchen erfolgt die Befruchtung der Eier im Körperinnern des Weibchens. Die Larven schlüpfen im Mutterleib und werden erst im Frühjahr ins Wasser abgegeben. Feuersalamander sind also *lebendgebärend*. Die Jungsalamander verlassen noch vor dem Winter das Wasser und suchen ein frostfreies Winterquartier auf.

4 Feuersalamander

**Basiskonzept Information und Kommunikation**

Verschiedene Lurcharten bewohnen denselben Lebensraum. Für die Fortpflanzung müssen die Männchen arteigene Weibchen finden. Jede Lurchart hat ihre eigenen Rufe, die vom Männchen erzeugt und nur vom arteigenen Weibchen erkannt werden. Dadurch können sich verschiedene Arten im selben Lebensraum fortpflanzen.

Kommunikation ist der Austausch von Informationen zwischen Sender und Empfänger. Dabei zeigt der Empfänger eine bestimmte Reaktion. Voraussetzung ist, dass Sender und Empfänger die gleichen Signale verwenden, das heißt, dass sie die gleiche »Sprache« sprechen. Leben ist nur möglich, wenn Lebewesen miteinander kommunizieren. Durch akustische Signale können Tiere Partner anlocken, Artgenossen warnen oder das Revier abgrenzen. Austausch von und Reaktion auf Informationen sind wichtige Eigenschaften von Lebewesen.

### In Kürze

Bei Froschlurchen findet eine äußere, bei den meisten Schwanzlurchen eine innere Befruchtung statt. Die Entwicklung der meisten Amphibien vollzieht sich im Wasser. Aus den befruchteten Eiern schlüpfen Larven. In einer mehrmonatigen Metamorphose entwickeln sie sich zu ausgewachsenen Amphibien.

### Aufgaben

1 Erläutere die Aussage: »Ihre Rufe sind die Visitenkarten der verschiedenen Froscharten.«
2 Vergleiche die Befruchtung bei Froschlurchen und Schwanzlurchen mit Hilfe einer Tabelle.
3 Begründe, weshalb man sagt, dass die meisten Amphibien schlüpfen und nicht geboren werden.
4 Feuersalamander sind lebendgebärend. Stelle Vermutungen an, welchen Vorteil das für die Nachkommen bedeuten könnte.
5 Suche nach einer Erklärung, weshalb die Eier der meisten Amphibien schwarz gefärbt sind.

Exkurs

# Lurche sind bedroht

Über die Hälfte der in Bayern vorkommenden Lurcharten werden in der »Roten Liste der gefährdeten Tierarten« geführt. Deshalb sind alle Amphibien besonders geschützt. Weder die Tiere selbst noch deren Laich oder die Larven darf man aus ihrem Lebensraum entnehmen. Dennoch geht ihr Bestand drastisch zurück. Zu den vom Aussterben bedrohten Froschlurchen gehören die Moorfrösche, deren Männchen während der Paarungszeit auffallend blau gefärbt sind.

## Menschengemachte Ursachen

Lurche haben eine dünne Haut. Wegen der Gefahr des Austrocknens, aber auch wegen ihrer vielen natürlichen Feinde sind Lurche stark gefährdet. Die größte Gefahr geht vom Menschen aus. Er zerstört ihre Lebensräume zum Beispiel durch Trockenlegungen, durch intensiv betriebene Landwirtschaft oder durch Bebauungen. Flussauen mit ihren Altwasserarmen verschwinden durch die Kanalisierung von Flüssen. Stillwasserzonen sind jedoch wichtig für viele Lurcharten, weil sie sich hier vom Laich zum Lurch entwickeln. Durch den Einsatz von Unkraut- und Schädlingsbekämpfungsmitteln sind die Tiere zusätzlich bedroht.

Viele Lurche vertrocknen unentdeckt in Kellerschächten, in die sie auf ihrer Suche nach Überwinterungsquartieren gefallen sind.

1 Moorfroschmännchen während der Paarungszeit

## Gefahr im zeitigen Frühling

Eine weitere Gefahr bedeutet für viele Lurche ihre Wanderung zum Laichgewässer, und zwar immer dann, wenn sie auf ihrem Weg eine Straße überqueren müssen. Viele der sich nur sehr langsam fortbewegenden Lurche werden überfahren.

## Gefahr durch eine Pilzerkrankung

Seit 1998 beobachtet man weltweit ein massenhaftes Amphibiensterben. Australien und Südamerika sind besonders stark betroffen. Man befürchtet, dass in den kommenden Jahren ein Großteil der etwa 6500 Amphibienarten aussterben wird. Verursacher ist ein Pilz, der die Haut der Lurche befällt. Er bewirkt, dass Atmung und Wasseraufnahme stark gestört werden. Von der Ansteckung bis zum Tod vergehen mehrere Wochen. Während dieser Zeit können sich weitere Lurche anstecken. Für Menschen ist der Pilz ungefährlich.

2 Vom Menschen verursachte Bedrohungen der Lurche

3 Tod durch den Straßenverkehr

# Hilfe für Amphibien

## A Auffinden möglicher Gefahrenstellen

**Material** Landkarte des Heimatraums, Stift, Notizpapier, Fotoapparat oder Smartphone

**1** Umgebungskarte

**Durchführung** Die folgenden Arbeiten sollten bis spätestens Anfang März abgeschlossen sein.

- Sucht auf der Karte nach möglichen Laichgewässern für Lurche.
- Achtet auf die Nähe von Sommerquartieren, zum Beispiel Felder oder feuchte Wiesen, und Winterquartieren wie Wälder oder kleine Gehölze.
- Markiert die Stellen in der Landkarte, an denen die Lurche auf ihrem Weg zum Laichgewässer Straßen überqueren müssen.

### Arbeitsaufträge

1 Nehmt Kontakt mit einer örtlichen Naturschutzgruppe auf. Hier sind alle Laichgebiete der Umgebung sowie alle gefährlichen Straßenübergänge bekannt.
2 Vergleicht, ob eure markierten Stellen und Laichgewässer mit denen von der Naturschutzgruppe übereinstimmen.
3 Wählt eines dieser Gebiete aus und schaut es euch vor Ort an. Überprüft dort, ob es durch einen Krötenschutzzaun gesichert ist.
4 Macht Fotos vom Zaun und der Umgebung.

## B Rettungsaktion am Krötenschutzzaun

**Material** Gummihandschuhe, Plastikeimer, Warnwesten, helle Kleidung, Warndreiecke, Bestimmungsschlüssel, Stift, Notizpapier, Schreibunterlage, Smartphone

### Durchführung

- Besprecht rechtzeitig mit der Naturschutzgruppe, in welchem Zeitraum ihr die Rettungsaktion durchführen könnt.
- Sichert den Straßenabschnitt, an dem ihr Amphibien sammelt, durch Warndreiecke.
- Sucht den Krötenschutzzaun sorgfältig nach Lurchen ab.
- Bestimmt mit Hilfe der Bestimmungsbücher, welche Lurche ihr gefunden habt.
- Erfasst in einer Strichliste, wie viele Lurche ihr von jeder Art gefunden habt.
- Setzt die gezählten Tiere in die Eimer und tragt sie über die Straße. Lasst sie dort wieder frei.

| Erdkröte | Teichfrosch | Teichmolch | Kammmolch |
|---|---|---|---|
| IIII IIII IIII IIII IIII ... | IIII IIII II | IIII | I |
| 73 | 12 | 4 | 1 |

**2** Gerettetes Krötenpaar

### Arbeitsaufträge

1 Ermittelt das Gesamtergebnis der Aktion.
2 Informiert die Naturschutzgruppe über das Ergebnis eurer Rettungsaktion.
3 Gestaltet ein Plakat über die Rettungsaktion. Ihr könnt Fotos, die Strichliste, den Kartenausschnitt und Steckbriefe dazu verwenden.

# Merkmale der Reptilien

Beim Baden am Kiesweiher huscht plötzlich etwas an dir vorbei. Es bewegt sich so schnell, dass du nicht erkennen kannst, worum es sich handelt. Erst als es ruckartig stehen bleibt, siehst du, dass es eine Eidechse ist – und schon ist sie wieder im Gestrüpp verschwunden.

**1** Zauneidechsenmännchen

### Die Zauneidechse

Der Lebensraum der meisten Reptilien wie der Zauneidechse sind sonnige, warme Stellen an Wegrändern oder in Gärten mit Steinmauern. Die graubraunen, an der Bauchseite grün schillernden Männchen und die insgesamt graubraunen Weibchen sind gut getarnt. Sie jagen Insekten, Schnecken und Würmer, die sie unzerkaut verschlingen. Aber auch sie haben viele Fressfeinde, insbesondere Vögel.

### Körperbau und Bewegung

Die Beine sitzen bei den Reptilien seitlich am Körper. Sie können das Körpergewicht nicht vollständig tragen, sodass der Bauch leicht den Boden berührt. Beim Laufen bewegt sich das

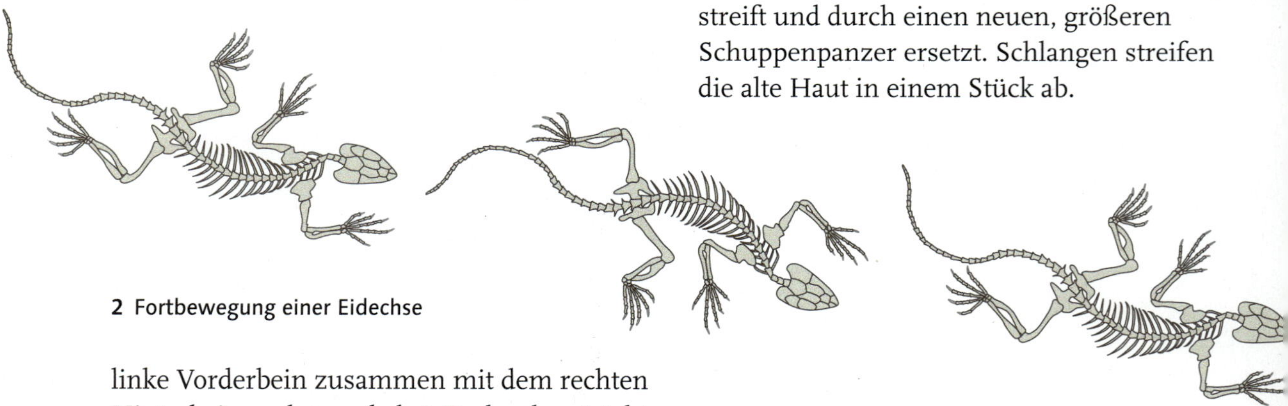

**2** Fortbewegung einer Eidechse

linke Vorderbein zusammen mit dem rechten Hinterbein und umgekehrt. Dadurch entsteht ein schlängelndes Kriechen. Der Name Reptil für *Kriechtiere* leitet sich vom lateinischen Wort reptilis für kriechend ab.

### Temperaturabhängige Aktivität

Reptilien sind wechselwarme Tiere. Sie können kaum Eigenwärme erzeugen. Ihre Körpertemperatur steigt und sinkt mit der Umgebungstemperatur. Die zum Leben notwendige Wärme nehmen sie durch langes Sonnenbaden auf. Nur aufgeheizte Reptilien können sich schnell bewegen. Mit sinkenden Temperaturen verlangsamen sich auch ihre Bewegungen.

### Eine Haut, die nicht mitwächst

Der Körper der meisten Reptilien ist von Hornschuppen bedeckt. Dieser Panzer schützt sie vor Austrocknung und vor Verletzungen. Allerdings wächst dieses Schuppenkleid beim Größerwerden des Tieres nicht mit. Daher wird es im Sommer mehrmals in Fetzen abgestreift und durch einen neuen, größeren Schuppenpanzer ersetzt. Schlangen streifen die alte Haut in einem Stück ab.

### Erkennen der Umwelt

Reptilien orientieren sich hauptsächlich durch den Geruchssinn. Mit ihrer gespaltenen Zunge nehmen sie Duftstoffe aus ihrer Umgebung auf. Durch häufiges *Züngeln* werden diese zu den Geruchssinneszellen im Gaumen gebracht. Auch der Sehsinn ist gut ausgebildet. Die Augen der Reptilien registrieren besonders Bewegungen.

## Die Ringelnatter ist ein Reptil

Die Ringelnatter ist eine ungiftige Schlange. Sie lebt vor allem in und an Gewässern. Man erkennt sie an den beiden gelben Flecken am Hinterkopf. Da ihre Haut nicht mitwächst, müssen sich Schlangen häuten. Sie orientieren sich hauptsächlich über den Geruchssinn. Ihre gespaltene Zunge »züngelt« in kurzen Abständen aus dem Maul.

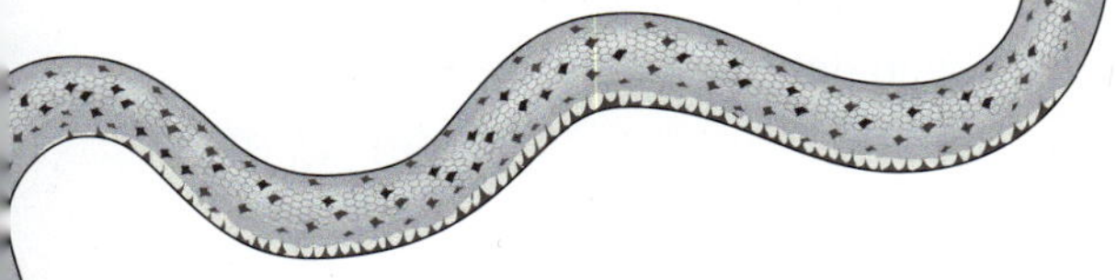

## Fortbewegung ohne Beine: Schlängeln

Schlangen haben keine Gliedmaßen. Ihre Wirbelsäule besteht aus mehreren Hundert Wirbeln, die gegeneinander sehr beweglich sind. Die Rippen sind durch Muskeln miteinander verbunden. Zusätzlich verlaufen zu beiden Seiten auf der Bauchseite kräftige Muskeln. Wenn sich die Rippenmuskeln zusammenziehen, richten sich die Bauchschuppen auf und verkeilen sich im Boden. Jetzt verkürzen sich die seitlichen Bauchmuskeln und ziehen den Körper nach vorne. Dieses Verkürzen erfolgt abwechselnd auf der einen und anschließend auf der anderen Körperseite. Dadurch entsteht das für alle Schlangen typische *Schlängeln.*

## Schlangen schlingen

Schlangen können Beutetiere verschlingen, die deutlich größer als ihr Kopf sind. Dazu öffnen sie ihr Maul besonders weit und hoch. Der Unterkiefer besteht aus zwei Hälften, die mit einem elastischen Band verbunden sind. Beim Verschlingen weichen diese Kieferhälften auseinander und verbreitern so den Schlund. Zudem sind Ober- und Unterkiefer an der Seite durch je einen Knochen miteinander verbunden. Diese können senkrecht aufgerichtet werden, dadurch wird der Schlund so weit geöffnet, dass die Beute hindurchpasst.

**3** Eine Ringelnatter verschlingt einen Fisch.

### In Kürze

Die Zauneidechse gehört zu den Reptilien. Ihre vier Beine sitzen seitlich am Körper. Die Haut ist von Hornschuppen bedeckt. Während des Wachstums müssen sich Reptilien häuten, da der Schuppenpanzer nicht mitwächst. Reptilien sind wechselwarme Tiere. Bei Schlangen sind die Gliedmaßen zurückgebildet.

### Aufgaben

**1** Beschreibe, woran du erkennen kannst, dass Bild 1 ein Zauneidechsenmännchen zeigt.

**2** Nenne drei Merkmale, die die Ringelnatter als Reptil kennzeichnen.

**3** Erläutere, weshalb die Ringelnatter Fische mit dem Kopf voraus verschlingt. Bild 3 kann dir bei der Beantwortung helfen.

**4** Erkläre mit Hilfe des Diagramms in Bild 4, weshalb die Hauptverbreitungsgebiete der Reptilien die warmen Gegenden der Erde sind.

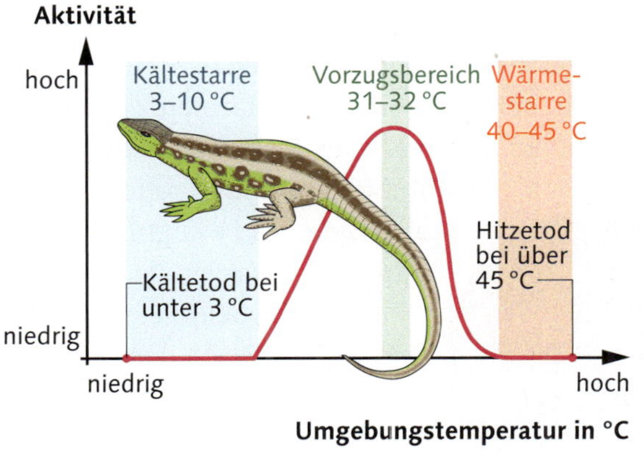


**4** Aktivität von Reptilien bei unterschiedlichen Temperaturen

# Einheimische Reptilien

»Da liegt ein verrostetes Stück Draht mitten auf dem Weg«, sagt Sandra. »Wir heben es auf, damit sich Barfußläufer nicht verletzen«, meint Nicole. Aber als sie sich bückt und nach dem glänzenden Metall greifen will, wird der Draht plötzlich lebendig und bewegt sich schlängelnd ins nahe gelegene Gebüsch. Sandra und Nicole haben den »Draht« mit einer Blindschleiche, einem Reptil, verwechselt.

**1** Ein verrostetes Stück Draht?

## Einteilung der Reptilien

Zu den Reptilien gehören Echsen, Schlangen, Schildkröten und Krokodile. In Deutschland kommen insgesamt 14 Reptilienarten vor. Je nach Region können sie unterschiedliche Färbungen haben.

## Blindschleiche

Blindschleichen sind nicht blind. Der Name leitet sich vom althochdeutschen Wort plint ab, das bedeutet glänzen oder blenden. Trotz ihres Aussehens gehören Blindschleichen nicht zu den Schlangen, sondern zu den Echsen. Wie diese können sie bei Gefahr den Schwanz abwerfen. Bei der Häutung löst sich die Haut in Fetzen. Blindschleichen leben an sonnigen Stellen in Wiesen oder Wäldern. Sie ernähren sich von Schnecken, Regenwürmern und kleinen Insekten. Sie können bis zu 50 Zentimeter groß werden.

## Kreuzotter

Kreuzottern sind Giftschlangen. Man erkennt sie an dem meist dunkel gefärbten Zickzackband auf ihrem Körper. Sie werden etwa 60 Zentimeter groß. Kreuzottern sind Lauerjäger, die bewegungslos auf ihre Beute warten. Ist diese in Reichweite, beißen sie blitzschnell zu. Nach dem Biss warten sie, bis das Gift wirkt, und folgen dann züngelnd der Duftspur, um die Beute zu verschlingen. Ihr Lebensraum sind kühlere Gebiete wie Wälder, Moore und Gebirge. Neben der sehr selten vorkommenden Aspisviper ist die Kreuzotter die einzige heimische Giftschlange.

## Äskulapnatter

Die Äskulapnatter gehört mit etwa zwei Metern Länge zu den größten heimischen, aber auch zu den seltensten Schlangen in Bayern. Sie lebt an warmen und feuchten Standorten wie Auwäldern. Zur Nahrungssuche klettert sie auch auf Bäume. Benannt ist die Schlange nach dem griechischen Gott Äskulap, dem Gott der Heilkunst. Der Äskulapstab, um den sich die Natter windet, ist heute das Symbol der Mediziner und Apotheker.

## Schlingnatter

Die graubraun gefärbte Schlingnatter wird bis zu 80 Zentimeter lang. Sie bevorzugt trockene und warme Standorte wie Waldlichtungen, Waldränder oder Berghänge. Wegen ihres dunklen Rückenmusters kann man sie leicht mit der Kreuzotter verwechseln. Schlingnattern sind aber nicht giftig. Ihre Beute, das sind meist andere Reptilien und Mäuse, umschlingen und ersticken sie.

2 Heimische Eidechsenarten: A Mauereidechse; B Smaragdeidechse; C Waldeidechse

### Eidechsen

Neben der Zauneidechse kommen bei uns die Mauer-, Wald- und Smaragdeidechse vor. Allen gemeinsam ist, dass sie einen langen Schwanz haben und sonnige, meist buschreiche Lebensräume bevorzugen.
Die Mauereidechse hat einen sehr schlanken Körper. Sie wird bis zu 25 Zentimeter lang und ist bräunlich oder grau, mitunter auch grünlich gefärbt. Die Smaragdeidechse ist mit einer Länge von 45 Zentimetern die größte heimische Eidechsenart. Sie ist leuchtend grün gefärbt und hat einen meist bläulichen Unterkopf. Die Waldeidechse gehört zu den kleineren Arten. Sie wird nur etwa 18 Zentimeter groß und ist braun bis grau gefärbt.

### Sumpfschildkröte

Sumpfschildkröten sind die einzige heimische Schildkrötenart. Weil sie im Wasser leben, zählte man sie früher zu den Fischen, deren Fleisch man auch in der Fastenzeit essen durfte. Heute sind sie vom Aussterben bedroht. Sie leben in warmen, stehenden Gewässern.

3 Sumpfschildkröte

### Exkurs **Warnung und Tarnung**

Das Überleben eines Tieres hängt von verschiedenen Umweltfaktoren ab. Eine große Gefahr geht von möglichen Fressfeinden aus. Einige Reptilien sind durch Warnung oder Tarnung vor Fressfeinden geschützt. Die in Amerika lebenden Korallenschlangen signalisieren durch ihre auffallende Färbung, dass sie giftig sind. Die hochgiftigen Klapperschlangen erzeugen bei Gefahr mit ihrer Schwanzrassel Geräusche und machen so auf sich aufmerksam. Der Grüne Baumpython ist eine bis zu zwei Meter große, schlanke ungiftige Schlange. Fast ihr gesamtes Leben verbringt sie in Baumwipfeln. Hier lauert sie, nahezu unsichtbar, auf Beute. Sie kommt in Australien vor.

### In Kürze

In Deutschland leben 14 Reptilienarten. Zu ihnen gehören Echsen, Schlangen und eine Schildkrötenart, die Sumpfschildkröte. Die Blindschleiche ähnelt einer Schlange, zählt aber zu den Echsen.

### Aufgaben

**1** Nenne zwei Merkmale, die die Blindschleiche als Echse kennzeichnen.

**2** Vergleiche die Eidechsen in Bild 2 in einer Tabelle miteinander.

**3** **a** Beschreibe, woran man eine Kreuzotter normalerweise erkennen kann.
**b** Bei manchen Kreuzottern ist dieses Kennzeichen kaum zu sehen. Erkläre.

# Fortpflanzung der Reptilien

Die Mitglieder der Arbeitsgruppe »Terrarium« kümmern sich seit einiger Zeit besonders um die Kornnatter. Vor zwei Monaten hat sie 15 Eier gelegt. In den nächsten Tagen müssten die jungen Kornnattern schlüpfen. Das wollen die Schülerinnen und Schüler möglichst nicht versäumen.

### Kornnatter als Haustier

Kornnattern sind ungiftige Würgeschlangen. Sie können bis zu 1,80 Meter lang werden. Ihre Heimat ist der Süden und Osten Nordamerikas. Bei uns werden sie oft als Haustiere in Terrarien gehalten.

### Rivalenkampf und Paarung

Die Paarungszeit der heimischen Reptilien liegt im Frühjahr. Jetzt werden die Farben der Männchen deutlich intensiver. Die Körperunterseite der Zauneidechsen beispielsweise färbt sich leuchtend grün. Taucht ein anderes Männchen auf, wird es sofort angegriffen. Der Sieger paart sich mit dem Weibchen.
Ein ähnliches Verhalten ist bei Schlangen während der Paarungszeit zu beobachten. Die Männchen versuchen, sich gegenseitig zu umschlingen und niederzudrücken. Dieses Verhalten wiederholen sie so lange, bis einer der Rivalen aufgibt. Jetzt kann sich der Sieger mit einem Weibchen paaren.

**2** Rivalenkampf zweier Kreuzottermännchen

**1** Schlüpfende Kornnatter

### Fortpflanzung durch Eier

Bei der Paarung der Reptilien übertragen die Männchen ihre Spermien in den Körper der Weibchen. Hier werden die Eier befruchtet. Einige Zeit nach dieser inneren Befruchtung legt das Weibchen je nach Reptilienart bis zu 25 Eier mit lederartiger Schale. Zuvor gräbt es für diese Eier an einer sonnigen Stelle eine Grube. Nach mehreren Wochen schlüpfen die jungen Reptilien. Sie sind sofort selbstständig.

### Lebendgebärende heimische Reptilien

Blindschleichen, Waldeidechsen und Kreuzottern sind lebendgebärend. Die Jungen schlüpfen kurz vor der Geburt im Körper der Weibchen aus den Eiern. Da Reptilien meist sonnige Stellen aufsuchen, werden die Eier durch die Sonnenstrahlen im Körper der Mutter erwärmt.

### In Kürze

Bei Reptilien erfolgt die Befruchtung im Körper des Weibchens. Die meisten Kriechtiere legen Eier mit lederartiger Schale im warmen Erdreich ab. Kreuzottern sind lebendgebärend.

## Aufgaben

1. Erkläre, weshalb Eidechsen nicht in der Lage sind, ihre Eier selbst auszubrüten.
2. Kreuzottern können aufgrund der besonderen Art ihrer Fortpflanzung auch in kühleren Gebieten vorkommen. Begründe.

# Kriechtiere kriechen nicht nur

## 1 Spurensuche

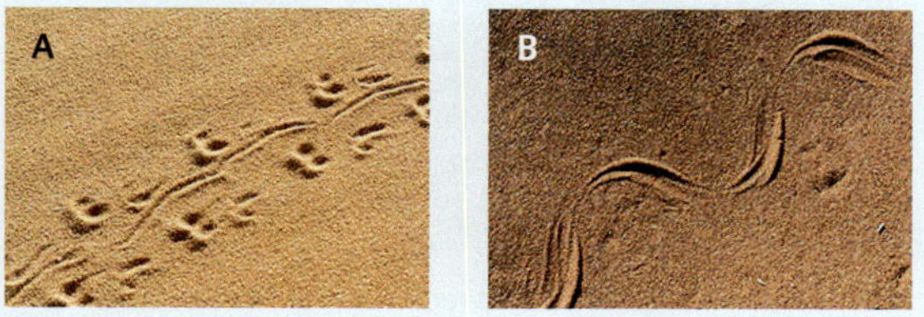


**1 Wer hat hier seine Spuren hinterlassen?**

- **a** Ordne die Abdrücke in Bild 1 einer Schlange und einer Echse zu.
- **b** Erläutere deine Zuordnung.

Beim Schlängeln stoßen sich Schlangen an Steinen oder Pflanzen ab und bewegen dadurch ihren Körper nach vorne.

- **c** Die Spuren in Bild 1 stammen von Reptilien, die an das Leben in der Sandwüste angepasst sind. Erkläre, weshalb sich eine Kreuzotter im feinen Sand weniger schnell fortbewegen könnte.
- **d** In einem Experiment wird die Fortbewegung einer Schlange untersucht. Dazu legt man sie auf eine Glasplatte. Stelle eine Vermutung über das Ergebnis an.

## 2 Schlange oder Echse?

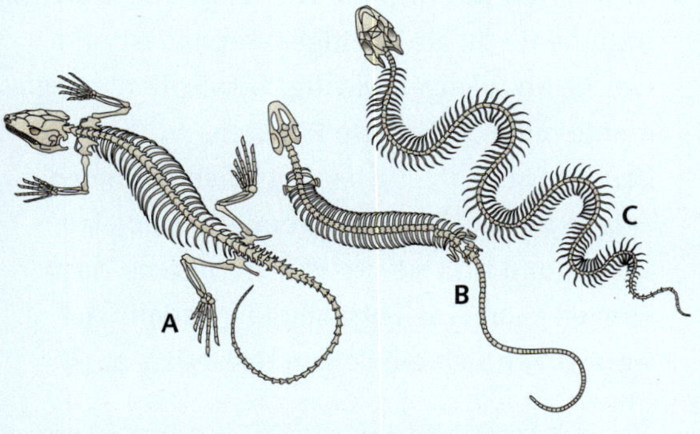


**2 Skelette: A Echse; B Blindschleiche; C Schlange**

- **a** Vergleiche das Skelett der Blindschleiche in Bild 2 mit den beiden anderen Skeletten. Fasse die Ergebnisse in einer Tabelle zusammen.
- **b** Erläutere, ob die Blindschleiche eine Schlange oder eine Echse ist.

## 3 Ein besonderer Schädel

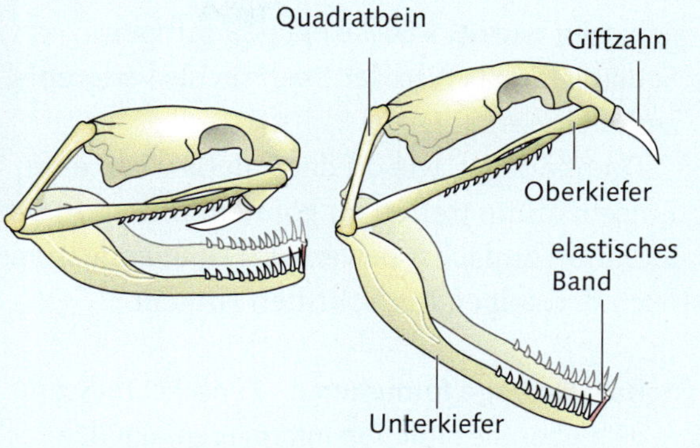


**3 Schädel der Kreuzotter**

Die Kreuzotter hat im Oberkiefer zwei lange, hohle Giftzähne. Mit ihnen beißt sie zu, sodass das Gift in den Körper der Beute gelangt. Das Gift wirkt lähmend und führt zu inneren Blutungen.

- **a** Beschreibe mit Hilfe von Bild 3, wie die Giftzähne zum Beutefang eingesetzt werden.
- **b** Erkläre, weshalb sich die Kreuzotter mit ihren Giftzähnen nicht selbst verletzen kann.
- **c** Erläutere, weshalb Schlangen ihre Beute unzerkaut im Stück verschlingen müssen.
- **d** Schlangen können Beutetiere verschlingen, die deutlich größer sind als ihr Kopf. Beschreibe mit Hilfe von Bild 3, wie es der Schlange gelingt, ihr Maul so zu vergrößern, dass sie auch größere Beutetiere verschlingen kann. Beachte dabei auch das elastische Band, das die beiden getrennten Teile des Unterkiefers verbindet.
- **e** Erkläre, weshalb Schlangen eine im Maul befindliche Beute kaum wieder loslassen können.

Beim Verschlingen der Beute werden die Kiefer der Schlange extrem gedehnt. Insbesondere das Quadratbein spielt dabei eine wichtige Rolle. Nachdem die Beute verschluckt ist, öffnet und schließt die Schlange mehrmals das Maul, sodass es aussieht, als würde sie gähnen.

- **f** Erkläre, weshalb Schlangen diese scheinbaren Gähnbewegungen machen müssen.

# Konflikte bewerten

Einige Schüler unterhalten sich darüber, dass in Nürnberg ein Hund von einer Kreuzotter gebissen wurde. »Diese ekligen giftigen Schlangen haben in der Stadt nichts verloren!«, lautet eine Aussage.

Du überlegst, wie du dazu stehst. Um eine Entscheidung treffen zu können, musst du die Situation zunächst bewerten. Dabei kannst du nach den folgenden Schritten vorgehen:

**1 Konfliktfrage formulieren** Zunächst musst du dich über die Situation informieren, um den Konflikt benennen zu können. Worüber soll entschieden werden? Wen betrifft die Entscheidung? Welche Folgen hat sie?
In unserem Beispiel lautet die Frage: Ist es für Menschen und Haustiere zu gefährlich, wenn Kreuzottern in unseren Städten leben?

**2 Fakten und Meinungen sammeln** Nutze zur Informationsbeschaffung verschiedene Quellen wie Fachbücher oder das Internet. Im Zeitungsartikel in Bild 3 findest du einige Meinungen zur Schlangen-Population in Nürnberg. Gespräche mit deinen Eltern, Freunden oder Experten können weitere Argumente liefern.
Folgende Aussagen wären möglich: Das Gift der Kreuzottern kann tödlich wirken. Kreuzottern fliehen vor dem Menschen. Eine Umsiedlung der Schlangen ist kompliziert und teuer.

| Beschreibende Aussagen ... | Bewertende Aussagen ... |
|---|---|
| beschreiben die Realität | stellen eine persönliche Sichtweise dar |
| beschreiben sachliche Fakten | stellen eine Meinung dar |
| können bestätigt oder widerlegt werden | können nicht bestätigt oder widerlegt werden |
| sind neutral | sind nicht neutral |
| besitzen Grenzen | sind verallgemeinernd |
| Beispiel: Kreuzottern sind sehr selten. Sie stehen auf der Roten Liste der gefährdeten Arten in Bayern. | Beispiel: Ich finde, Schlangen sind eklige Tiere. |

**2** Unterschiede zwischen beschreibenden und bewertenden Aussagen

**1** Manche Menschen fürchten sich vor Kreuzottern.

**3 Ordnen der Argumente** Stelle die gesammelten Fakten und Meinungen in einer Tabelle als Pro- und Kontraliste zusammen. Notiere auch Argumente, die nicht deiner persönlichen Meinung entsprechen.

**4 Unterscheiden der Argumente** Alle Aussagen sind erst einmal gleich viel wert. Manche geben Tatsachen wider, diese sind beschreibend. Andere entsprechen eher einem Gefühl, diese sind bewertend. Oft werden Entscheidungen nicht allein aufgrund von Fakten und Logik getroffen, sondern aufgrund persönlicher Erfahrungen oder „aus dem Bauch heraus". Diesen Unterschied musst du dir bewusst machen. Bei der Unterscheidung der Aussagen kann dir die Tabelle in Bild 2 helfen. Kennzeichne die Aussagen mit zwei verschiedenen Farben.

**5 Gewichten der Argumente** Lege fest, welche Argumente du als wichtiger empfindest und welche als weniger wichtig. Gewichte die Argumente mit 3, 2, 1 oder 0 Punkten.
Bei der Einschätzung der Argumente können Fragen helfen: Sind die Informationsquellen aktuell und sind sie verlässlich? Welche Auswirkungen kann eine Entscheidung haben? Auf wen wirken sich die Folgen besonders aus?

**6 Bewertung formulieren** Zähle die Punkte für Pro und Kontra zusammen. Das Ergebnis gibt dir Auskunft über deine Meinung zur Konfliktfrage. Ermittle zudem, wie viele Punkte du den beschreibenden und den bewertenden Aussagen gegeben hast. Was hat für dich mehr Gewicht?

**Schlangen bevölkern den Hang an der Schleuse Eibach — Hunde gebissen**
An der Schleuse Eibach und dem angrenzenden Waldgebiet hat sich in den vergangenen Jahren eine der größten Kreuzotter-Populationen Bayerns entwickelt. Die sehr gefährdeten und deshalb geschützten Tiere finden hier mit einem Hang zum Sonnen gute Lebensbedingungen. So gut, dass Spaziergänger von einer »gefährlichen Häufung der Giftschlangen« sprechen. Eine Anwohnerin sagt: »Wir sind sehr besorgt über die starke Vermehrung der Kreuzottern. Zum Glück wurde bisher noch kein Kind gebissen. Einige Hunde hat es aber schon erwischt.« Sie sieht einen starken Interessenkonflikt zwischen Kindergartengruppen, Spaziergängern und Hundehaltern auf der einen Seite und Umweltschützern auf der anderen Seite. Sie schlägt vor, einen Teil der Giftschlangen in ein neues Biotop umzusiedeln.
In den vergangenen Jahren behandelte die Tierklinik immer wieder Hunde mit Kreuzotterbissen. Menschliche Todesfälle sind jedoch sehr selten, das Gift von Kreuzottern kann allerdings für Kinder und ältere Menschen bedrohlich werden. Der Landesbund für Vogelschutz hält eine Umsiedlung für wenig sinnvoll. Die Schlangen sind sehr scheu und keinesfalls aggressiv, sie beißen nur zu, wenn sie sich in die Enge getrieben fühlen. Aufmerksamkeit und ruhiges Ausweichen sind wichtige vorbeugende Verhaltensweisen. Naturschützer schlagen vor, die im Grunde optimalen Sonnenplätze der Kreuzottern an der Dammkrone in wegfernere Bereiche zu verlagern, damit es nicht zu plötzlichen, unliebsamen Begegnungen von Menschen, Hunden und Schlangen kommt. Eltern sollten ihren Kindern die Situation erklären und Hundebesitzer ihre Vierbeiner in den betroffenen Arealen anleinen.

3 Nach einem Artikel von Hartmut Voigt für die Nürnberger Nachrichten, 24.05 2013

**7 Meinung begründen** In einer Diskussion solltest du deine Meinung stets durch einen Grund und ein Beispiel untermauern. Ein begründetes Argument könnte lauten: Ich finde es für Menschen und Haustiere nicht zu gefährlich, wenn Kreuzottern in unseren Städten leben. Sie sind sehr scheu und nicht aggressiv, sie beißen nur zu, wenn sie sich in die Enge getrieben fühlen.

**8 Handlungsoptionen nennen** Um die Meinungen und Argumente aller Betroffenen zu berücksichtigen, kannst du dir Alternativen oder Kompromisse überlegen. Eine Möglichkeit wäre die Aufstellung von Hinweisschildern und Informationstafeln, um auf die Gefahren aufmerksam zu machen und Verhaltensregeln aufzuzeigen.

4 Eine mögliche Handlungsoption

## Aufgaben

**1** Lies den Zeitungsartikel in Bild 3.
- **a** Nenne Gründe, weshalb sich die Kreuzotterpopulation in dem genannten Gebiet so gut entwickelt hat.
- **b** Benenne den Konflikt, um den es in dem Zeitungsartikel geht, und formuliere die Konfliktfrage.
- **c** Liste Argumente für und gegen den Erhalt der Kreuzotter-Population in einer Tabelle auf.
- **d** Markiere beschreibende und bewertende Aussagen in deiner Tabelle mit verschiedenen Farben.
- **e** Gewichte die Argumente mit 0 bis 3 Punkten.
- **f** Überprüfe, ob du beschreibende oder bewertende Aussagen höher gewichtet hast.

**2** Ein Warnschild vor Kreuzottern allein schützt nicht vor den Giftschlangen. Entwirf Regeln, wie sich Wanderer in diesem Gebiet verhalten sollen.

**3** Überlege dir weitere Lösungsmöglichkeiten für den Konflikt.

**4** Erläutere die Aussage, die auch in Nürnberg fiel: »Dass der Mensch Rücksicht auf die Kreuzottern nimmt, ist auch gut für andere Tiere.«

# Wirbeltiere im Winter

Daniel hilft seinem Vater beim Umsetzen des Komposthaufens. Plötzlich erschrickt er, denn er ist auf einen Hohlraum gestoßen. Darin liegen mehrere Blindschleichen dicht beieinander.

1 Blindschleichen im Winterquartier

## Wechselwarm oder gleichwarm

Bei wechselwarmen Tieren wie Amphibien, Fischen und Reptilien entspricht die Körpertemperatur in etwa der Umgebungstemperatur.

Im Gegensatz dazu sind Vögel und die meisten Säugetiere gleichwarme Tiere. Sie halten ihre Körpertemperatur stets gleich hoch. Dazu ist Energie notwendig, die sie aus der Nahrung beziehen. Zusätzlich ist ihr Körper durch Fettschichten, Fell oder Federn vor Wärmeverlust geschützt.

## Wechselwarme Tiere fallen in Kältestarre

Erdkröten und Eidechsen benötigen zum Überwintern frostfreie Verstecke. Das können Komposthaufen oder Erdhöhlen sein. Oft findet man hier Gruppen von Lurchen oder Kriechtieren, die zusammen die kalte Jahreszeit überdauern. Während des Winters sinkt die Körpertemperatur dieser Tiere. Zudem verlangsamen sich Atmung, Herztätigkeit und Stoffwechsel. Dadurch sind sie fast regungslos und nehmen keine Nahrung auf. Sie befinden sich in Kältestarre. Grasfrösche und Feuersalamander können Temperaturen bis minus fünf Grad Celsius überleben. Ein Stoff im Blut wirkt wie ein Frostschutzmittel und verhindert das Einfrieren.

## Fische in der kalten Jahreszeit

Fische ziehen sich – je nach Art des Gewässers, in dem sie leben – in wärmere Bereiche zurück. Karpfen suchen sich im Winter tiefe Stellen im Teich. Hier hat das Wasser immer vier Grad Celsius. Nach oben hin wird es kälter. Forellen können in schnell fließenden Gewässern überwintern, da diese auch im Winter nicht ganz zufrieren.

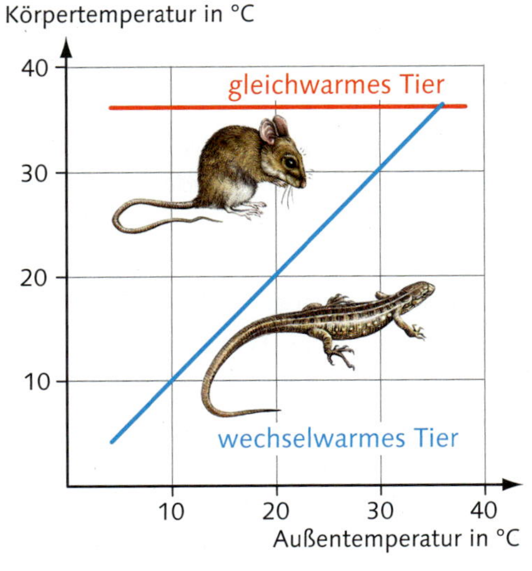


2 Körpertemperatur bei Wechsel- und Gleichwarmen

3 Ein Forellengewässer im Winter

## Säugetiere im Winter

Fledermaus, Haselmaus, Igel und Siebenschläfer gehören zu den heimischen *Winterschläfern*. Das sind Säugetiere, die sich vor dem Winter ein dickes Fettpolster anfressen, von dem sie während des gesamten Winters zehren. Im späten Herbst suchen Winterschläfer ein geschütztes Quartier auf. Das sind meist Kompost- und Laubhaufen oder Erdhöhlen, in denen sie gut isoliert den Winter verbringen können. Zudem sinkt ihre Körpertemperatur auf etwa fünf Grad Celsius ab, die Zahl der Herzschläge und Atemzüge verringert sich sehr stark. Während dieser Zeit erhalten sie die benötigte Energie aus dem Fettpolster. Fällt die Körpertemperatur unter einen bestimmten Wert, erwachen die Tiere für kurze Zeit, um nicht zu erfrieren. Dann werden die Fettreserven besonders stark beansprucht. Werden die Tiere während ihres Winterschlafs gestört, erwachen sie ebenfalls. Im Frühjahr haben die Winterschläfer ihr Fettpolster nahezu aufgebraucht. Zwischen März und April erwachen sie aus ihrem Winterschlaf.

### In Kürze

Die Körpertemperatur wechselwarmer Tiere entspricht in etwa der Umgebungstemperatur. Bei niedrigen Temperaturen fallen sie in Kältestarre. Dabei werden alle Lebensfunktionen stark verringert. Einige Säugetiere halten Winterschlaf. Sie müssen sich vor dem Winter ein Fettpolster anfressen.

### Aufgaben

1 Nenne zwei Möglichkeiten, wie Tiere den Winter überstehen.
2 Erkläre, weshalb Reptilien vor allem in den warmen Gebieten Deutschlands leben.
3 Eine Maus braucht wesentlich mehr Nahrung als eine Eidechse. Erkläre dies mit Hilfe von Bild 2.
4 Begründe, warum Tiere, die öfter in ihrem Winterschlaf gestört werden, verhungern können.

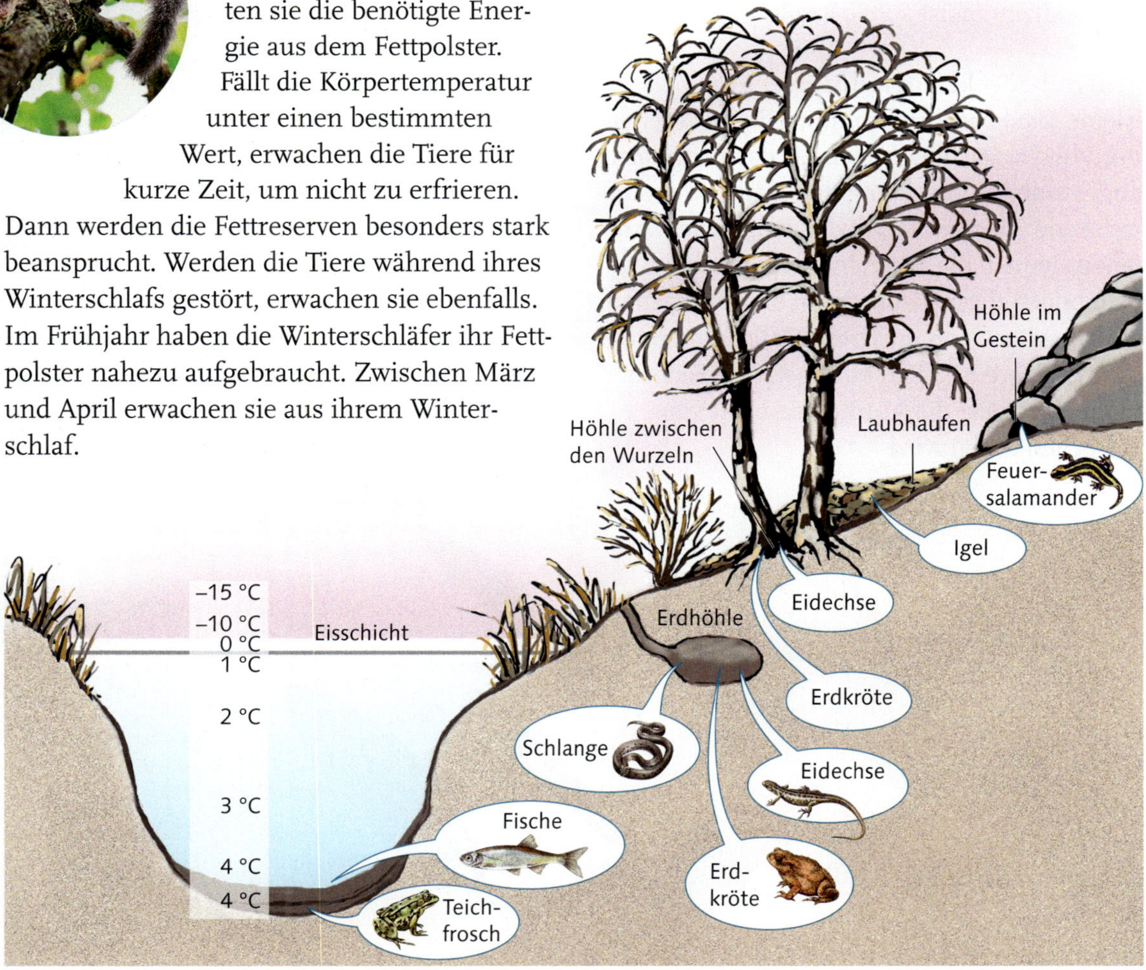


**4** Winterquartiere einiger Tiere

# Merkmale der Vögel

Die Singdrossel ist ein mittelgroßer Vogel. Sie besiedelt Wälder und Hecken, aber auch Parks und Gärten. Ihren lauten Gesang erkennt man leicht: Einzelne Strophen werden meist dreimal wiederholt. Ihre Melodien sind sehr abwechslungsreich. Nur selten überwintern die Tiere bei uns in Bayern. Meist ziehen sie ins wärmere Südeuropa.

**1** Die Singdrossel – ein häufiger heimischer Vogel

### Körperbau der Vögel

Der Vogelkörper ist von einer Wirbelsäule durchzogen und in Kopf, Rumpf und Schwanz gegliedert. Die Vordergliedmaßen sind die Flügel und dienen zum Fliegen. Die hinteren Gliedmaßen sind Beine, die im unteren Bereich mit Hornschuppen bedeckt sind. Die Zehen besitzen meist spitze Krallen.

### Federn bedecken den Körper

Kleine *Daunenfedern* umhüllen den Körper eines Vogels. Darüber bilden die dachziegelartig angeordneten *Deckfedern* eine glatte, wasserabweisende Oberfläche. Mit den langen Schwanzfedern lenken die Vögel im Flug. An den Flügeln bilden die *Schwungfedern* die Tragflächen.

Viele Vögel sind durch ihr Gefieder gut getarnt. Andere besitzen bunt gefärbte Federn, durch die meist die Aufmerksamkeit von Weibchen erregt wird.

### Bau einer Feder

Federn werden genauso wie die Schuppen der Reptilien aus Horn gebildet. Sie bestehen aus der weichen *Fahne* und dem festen *Kiel*. Mit dem unteren Teil, der *Spule*, ist die Feder in der Haut fest verankert. Vom oberen Teil, dem *Schaft*, gehen seitlich Äste aus. Jeder Ast trägt wiederum zwei Typen von Federstrahlen: Die *Hakenstrahlen* enden in kleinen gekrümmten Häkchen, die an den *Bogenstrahlen* eingehängt sind. Durch diese stabile Verbindung entsteht eine feste und gleichzeitig elastische Fahnenfläche. Reißt sie einmal auf, zieht der Vogel die Feder durch den Schnabel und schließt die Lücke so wieder. Federn können sich abnutzen. Während der Mauser werden nach und nach alte Federn abgeworfen und durch neue ersetzt.

**2** Merkmale von Vögeln

3 Ein Vogel im Winter (Thermobild und Schema)

## Regulation der Körpertemperatur

Wie Säugetiere gehören auch Vögel zu den gleichwarmen Tieren. Um die Körpertemperatur hochzuhalten, bedarf es energiereicher Nahrung. Die Temperatur ist jedoch nicht durchgehend konstant. Während sie tagsüber oft über 40 °C liegt, sinkt sie in der Nacht um einige Grad ab. Durch die Stellung der Federn kann die Wärmeabgabe reguliert werden. Während das Federkleid bei hohen Temperaturen eng anliegt, plustert sich der Vogel bei Kälte wie eine Kugel auf. Dadurch entsteht zwischen Körper und Federn ein dickes Luftpolster, das die Wärmeabgabe vermindert. Da Schnabel und Beine federlos sind, ist der Vogel hier kaum isoliert.

### Basiskonzept **Steuerung und Regelung**

Die Singdrossel ist ein gleichwarmes Tier. Bei hohen Außentemperaturen werden die Federn eng an den Körper gedrückt. Das Gefieder bildet nur eine dünne Isolierschicht. Bei Kälte plustert sich der Vogel auf. Zwischen den Federn und dem Körper bilden sich Luftpolster. Auf diese Weise kann der Vogel seine Körpertemperatur unabhängig von der Außentemperatur konstant halten, er steuert sie also. Sinkt im Winter die Temperatur zu stark ab, wandern die Singdrosseln nach Südeuropa.

Lebewesen reagieren auf innere und äußere Veränderungen. Sie halten dadurch bestimmte Zustände durch Regulation aufrecht.

## Starke Muskeln müssen versorgt werden

Beim Fliegen schlägt eine Singdrossel bis zu zehnmal pro Sekunde mit ihren Flügeln. Das ermöglicht die ausgeprägte Flugmuskulatur, die am Brustbein ansetzt. Sie wird ständig mit Nährstoffbausteinen und Sauerstoff versorgt. Vögel nehmen häufig kleine Mengen Nahrung auf und verdauen diese rasch. Sie besitzen also eine sehr hohe Stoffwechselrate. Unverdauliche Reste werden schnell wieder ausgeschieden. Eine Singdrossel nimmt pro Tag etwa zehn Prozent ihrer Körpermasse als Nahrung auf. Auch das Kreislaufsystem ist sehr leistungsfähig. Das Herz vieler Vögel schlägt über dreihundert Mal pro Minute. So wird der Körper gut versorgt.

### In Kürze

Vögel sind Wirbeltiere mit einer weitgehend gleichbleibend hohen Körpertemperatur. Ihr Körper ist von Federn bedeckt, die isolierend wirken. An den Flügeln bilden sie Tragflächen aus. Da beim Fliegen viel Energie umgesetzt wird, besitzen Vögel eine hohe Stoffwechselrate.

### Aufgaben

**1** Beschreibe die Funktionen der unterschiedlichen Federn eines Vogels.

**2** Begründe den Verlauf der Temperaturkurven in Bild 4.

**3** Erläutere die Aussage: »Vögel besitzen eine hohe Stoffwechselrate.«

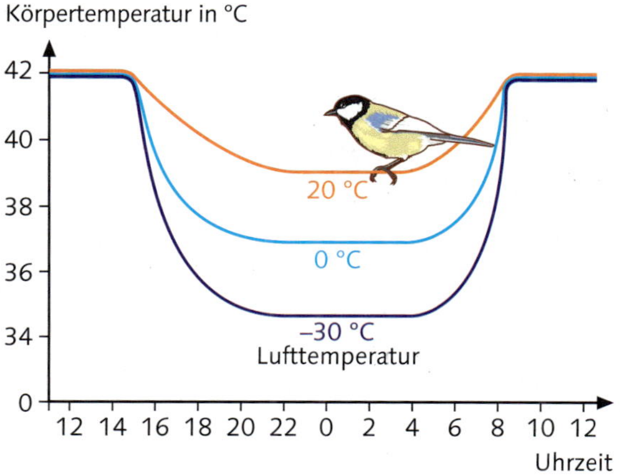

4 Verlauf der Körpertemperatur eines Vogels

# Vögel fliegen

Der Traum vom Fliegen ist wohl so alt wie die Menschheit selbst. In vielen Religionen war es den Göttern vorbehalten, sich durch die Luft zu bewegen. Ab dem 18. Jahrhundert gab es erste Versuche, Fluggeräte zu entwickeln. Oft dienten dabei die Vögel und ihr Flugverhalten als Vorbilder.

1 Deutlich erkennbare Ähnlichkeiten

### Durch die Luft gleiten

Alle flugfähigen Vögel besitzen eine spindelförmige Gestalt. Die Luft gleitet so um das Tier, dass keine Luftwirbel entstehen und sich dadurch wenig Luftwiderstand bildet.

### Ein federleichter Körper

Vögel sind viel leichter als gleich große Säugetiere. So wiegt eine Singdrossel nur etwa 60 bis 90 Gramm, dagegen besitzt eine etwa gleich große Ratte eine Masse von 200 bis 400 Gramm. Die Knochen der Vögel sind hohl. Feine Verstrebungen sorgen für Stabilität. Der Schädelknochen ist hauchdünn, der Schnabel trägt keine Zähne. Einige Knochen werden von *Luftsäcken* durchzogen. Diese Ausstülpungen der Lunge füllen große Bereiche des Vogelkörpers aus.

### Ein effektives Atmungssystem

Vögel atmen sehr schnell. Eine Singdrossel macht etwa 95 Atemzüge pro Minute. Zudem ermöglichen die Luftsäcke, dass sauerstoffreiche Luft sowohl beim Ein- als auch beim Ausatmen durch die Lunge strömt. Beim Einatmen fließt die sauerstoffreiche Luft durch die Lunge und zugleich in die hinteren Luftsäcke. Sauerstoffarme Luft gelangt dabei von der Lunge in die vorderen Luftsäcke. Atmet der Vogel aus, strömt die sauerstoffreiche Luft aus den hinteren Luftsäcken in die Lunge. Die sauerstoffarme Luft der vorderen Luftsäcke wird ausgeatmet. So werden die Muskeln stets mit ausreichend Sauerstoff versorgt.

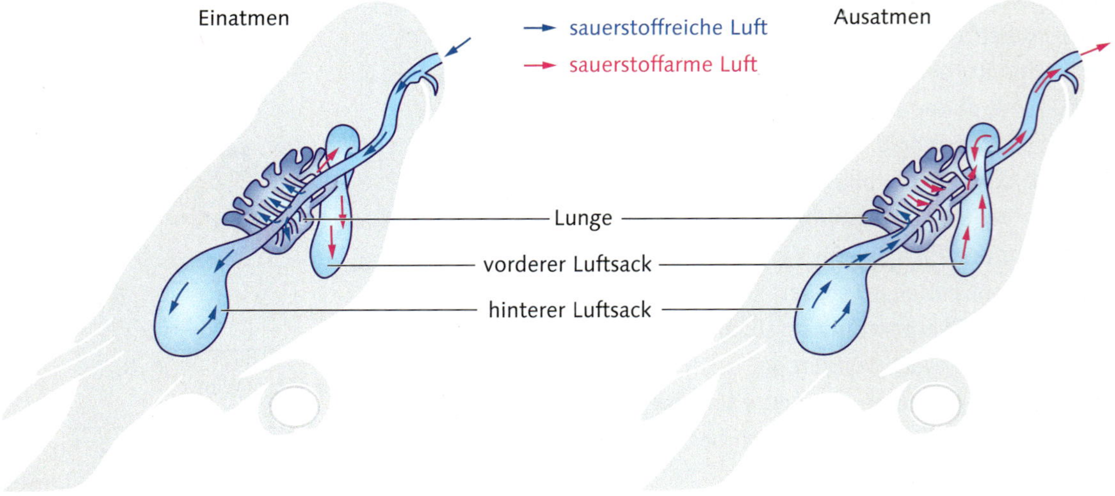


2 Luftsäcke nehmen große Bereiche des Vogelkörpers ein und ermöglichen eine effektive Atmung.

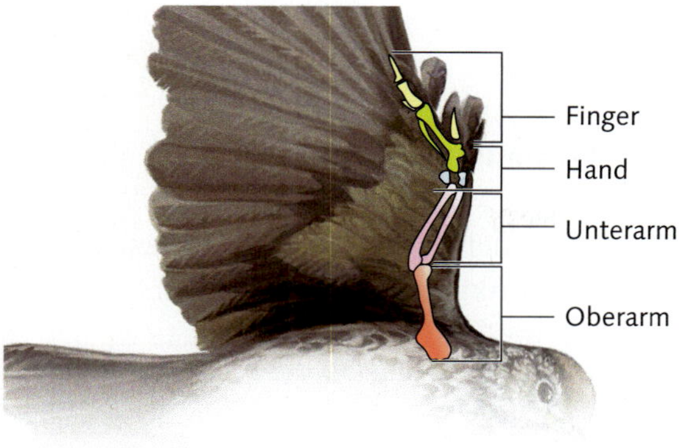


**3** Bau eines Flügels

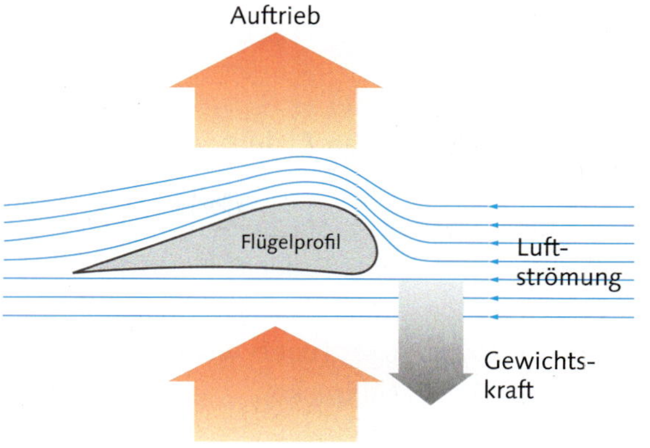


**4** Luftströmungen und Kräfte am Flügel

### Der Flügel – eine Tragfläche

Das Skelett eines Flügels ähnelt im Aufbau dem des menschlichen Arms. Beide bestehen aus einem Oberarmknochen, zwei Unterarmknochen sowie den Hand- und Fingerknochen. Letztere sind bei Vögeln zum Teil verwachsen. Die vorderen Gliedmaßen bilden mit den Schwungfedern das typische gewölbte Flügelprofil und die für das Fliegen notwendigen Tragflächen.

### Fliegen – Arbeit gegen die Schwerkraft

Alle Körper werden durch ihre Gewichtskraft am Boden gehalten. Beim Fliegen müssen Kräfte herrschen, die dieser entgegenwirken. Solche Kräfte werden *Auftrieb* genannt. Sie entstehen, wenn Luft mit hoher Geschwindigkeit am Vogelflügel vorbeiströmt. Die nach oben gewölbte Form des Flügels bewirkt, dass auf der Flügeloberfläche die Luft schneller fließt und der Auftrieb vergrößert wird. Kann ein Vogel nicht aus großer Höhe zum Flug starten, muss er aktiv schnelle Luftströmungen an seinen Flügeln erzeugen. Dazu schlägt er seine Flügel in schneller Folge auf und ab. Durch die Stellung der Federn werden sowohl Auf- als auch Vortrieb erzeugt.

### Flugarten

Beim *Gleitflug* fliegen Vögel scheinbar schwerelos ohne Flügelbewegungen dahin und gleiten dabei nach unten. Der Auftrieb ermöglicht diese energiegünstige Art des Fliegens. Beim *Segelflug* nutzen Vögel die Thermik aus. Das sind Aufwinde, die meist über erwärmten Flächen entstehen oder wenn der Wind an Bergen nach oben gelenkt wird. Hier kreisen Vögel, um höher zu steigen. Beim *Ruderflug* werden die Flügel kräftig auf- und abgeschlagen. Diese Technik wird verwendet, um vom Boden abzuheben oder nach Gleitphasen an Höhe zu gewinnen.

### In Kürze

Vögel sind sehr leicht. Die Knochen sind dünn und hohl, aber stabil. Den Körper durchziehen Luftsäcke, die eine sehr effektive Atmung ermöglichen. Die Flügel bilden Tragflächen, an denen beim Fliegen Auftrieb entsteht. Vögel besitzen verschiedene Flugtechniken.

### Aufgaben

**1** Beschreibe Angepasstheiten des Vogels an das Fliegen. Nenne dabei die entsprechenden Organsysteme.

**2** Beschreibe unterschiedliche Flugformen.

**5** Ruderflug

# Federn, Tragflächen und Auftrieb

## A Untersuchungen an Federn

**Material** Schwanz- oder Schwungfedern, Fertigpräparate aus Federstücken, die mit einem transparenten Klebestreifen auf einem Objektträger fixiert wurden, spitzer Bleistift, Lupe, Mikroskop

1 Taubenfeder, geordnet und ungeordnet

### Durchführung

- Betrachte die Feder mit bloßem Auge und anschließend mit der Lupe.
- Zeige mit Hilfe des Bleistifts, was passiert, wenn ein Vogel einen Ast streift. Bei der Gefiederpflege ziehen die Vögel die Federn durch den Schnabel. Stelle auch dies nach, indem du die Feder zwischen Daumen und Zeigefinger hindurchziehst.
- Wie wird eine Feder repariert? Betrachte dazu das Fertigpräparat im Mikroskop. Finde die Strukturen, die die Federäste zusammenhalten.

### Arbeitsaufträge

1 Beschreibe deine Beobachtungen.
2 Fertige eine beschriftete Übersichtsskizze der Feder an.
3 Erstelle eine Detailzeichnung des mikroskopischen Bildes.
4 Erläutere, warum der Feinbau der Feder dazu geeignet ist, eine »zerrupfte« Feder ganz einfach zu reparieren.

## B Luftströmungen

**Material** mehrere große Federn, Feuerzeug, Kerze, Trinkhalm, Getränkekarton, Flasche

**Achtung:** Brandgefahr! Der Kerze mit der Feder nicht zu nahe kommen!

2 Drei Versuchsanordnungen

### Durchführung

- Stelle den Getränkekarton zuerst längs und dann quer vor eine brennende Kerze. Versuche jeweils, die Kerzenflamme mit dem Trinkhalm auszupusten.
- Stelle nun statt des Getränkekartons die Flasche vor die Kerze. Versuche nochmals die Kerze auszupusten.
- Halte nun mehrere Federn vor die Kerze und wiederhole das Vorgehen.

### Arbeitsaufträge

1 Vergleiche die Ergebnisse der Versuche mit dem Getränkekarton und der Flasche.
2 Erläutere, wie die Luft an gewölbten Flächen und wie an rechtwinkelig angeordneten Flächen vorbeiströmt.
3 Erstelle für beide Untersuchungen eine Zeichnung, die den Verlauf des Luftstroms mit Hilfe von Pfeilen zeigt. Stelle einen Bezug zur Körperform des Vogels her.
4 Vogelflügel bilden eine Tragfläche. Erläutere diese Aussage. Berücksichtige dabei das Ergebnis deiner Versuche. Erstelle hierfür ebenfalls eine Zeichnung des Luftstroms.

## C Auftrieb

**Material** DIN-A5-Blatt, Bleistift, Büroklammern

**Durchführung.**
- Umwickle den Bleistift mit einem Ende des Papiers.
- Halte nun das Blatt Papier wie in Bild 3 gezeigt. Puste über das Blatt hinweg.
- Wiederhole den Versuch mit eingehängten Büroklammern wie in Bild 3.
- Notiere deine Beobachtungen. Wie viele Büroklammern kannst du an das Blatt hängen?

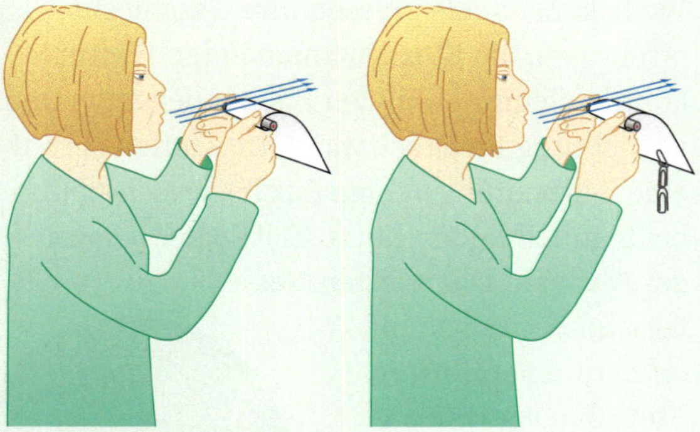

3 Untersuchung zum Auftrieb

**Arbeitsaufträge**

1 Vergleiche das Papierblatt mit einem Vogelflügel.

2 Erkläre deine Beobachtungen.

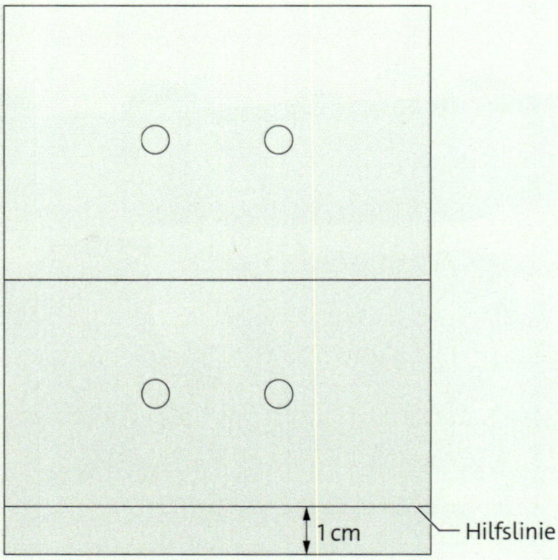


4 Bauanleitung zu Versuch D

## D Bionik: Die beste Flügelform

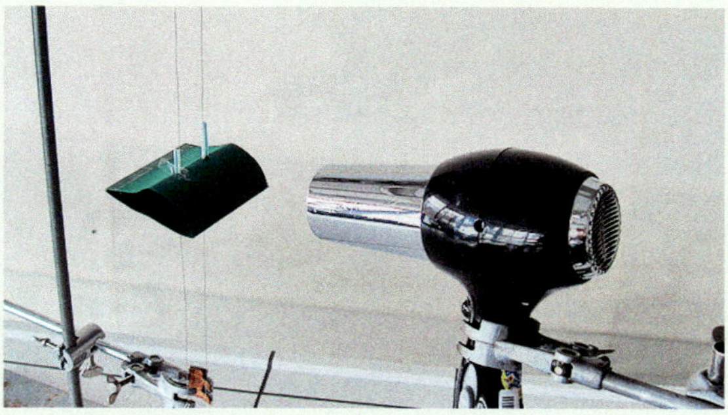

5 Welche Flügelform ist die beste?

**Material** mehrere feste DIN-A4-Blätter, Lineal, Bleistift, Klebestreifen, Trinkhalm, Draht, Stativmaterial, Haartrockner

**Durchführung**
- Falte das Blatt in der Mitte, sodass zwei identische Hälften entstehen. Öffne das Blatt wieder und zeichne eine Hilfslinie ein, die im Abstand von einem Zentimeter parallel zum unteren Rand verläuft. Bohre mit einem Bleistift vorsichtig vier Löcher an den in Bild 4 gekennzeichneten Stellen. Sie sollen etwas kleiner als der Durchmesser des Trinkhalms sein. Falte nun den oberen Papierrand so, dass er sich mit der 1-cm-Hilfslinie deckt. Klebe die Hälften mit Klebestreifen fest. Schneide zwei etwa 3 cm lange Stücke von dem Trinkhalm ab und stecke sie in die vorgebohrten Löcher. Ziehe zwei Stücke Draht durch die Öffnungen des Flügelmodells und spanne sie senkrecht in das Stativ. Erzeuge nun mit Hilfe des Haartrockners eine Luftströmung.
- Baue weitere Formen, wie einen Quader, und teste, ob sie aufsteigen.

**Arbeitsaufträge**

1 Notiere deine Ergebnisse.

2 Die Abbildung zeigt das Flügelprofil eines Modellflugzeugs. Hat das Modell guten Auftrieb? Erläutere deine Aussage mit Hilfe der Ergebnisse des Experiments.

# Fortpflanzung der Vögel

Bereits im Spätwinter kündigen die Vögel mit ihrem Gesang den nahenden Frühling an. Am Morgen beginnen die verschiedenen Vogelarten stets in der gleichen Reihenfolge zu singen. Sie orientieren sich am Sonnenaufgang. Den Vogelgesang hörst du nur in der Brutzeit.

1 Amseln singen nur während der Brutzeit.

**Revier oder Kolonie**

Viele Vogelmännchen besetzen ein Revier. Der Gesang dient dazu, ein Weibchen anzulocken. Gleichzeitig werden die Reviergrenzen markiert und es so gegen andere Männchen verteidigt. Nähert sich ein Konkurrent, wird er bedroht oder sogar angegriffen. In ihrem Revier können die Vögel ungestört von Artgenossen nach Nahrung suchen, ein Nest bauen und darin den Nachwuchs großziehen. Einige Singvögel suchen während der Brutzeit die Gemeinschaft mit Artgenossen. Die Bildung von solchen Kolonien schützt vor Feinden. Bei der Rauchschwalbe schrumpft so die Reviergröße auf wenige Zentimeter. Da sie in ausgedehnten Flügen Insekten erbeutet, ist sie für die Nahrungssuche nicht auf ein umgrenztes Revier angewiesen.

**Paarung und Nestbau**

Vor der Paarung findet bei vielen Vögeln eine Balz statt. Dabei versucht das Männchen, dem Weibchen zu imponieren. Während der Begattung sitzt das Männchen auf dem Rücken des Weibchens. Beide pressen ihre Geschlechtsöffnungen, die Kloaken aneinander. Dadurch können Spermien in den Eileiter gelangen und in Richtung Eierstock wandern. Treffen sie auf eine befruchtungsfähige Eizelle, verschmelzen beide miteinander. Kurze Zeit später beginnt der Nestbau. Die meisten Nester sind nach oben hin offen und napfförmig. Zum Bau verwenden Vögel unterschiedliche Materialien wie Zweige, Halme, Moos oder Lehm. Manche Vögel bauen ihr Nest in Höhlen, andere offen in Bäumen, Sträuchern, Hecken oder auf dem Boden.

2 Reviere von Amseln

3 Schwalben brüten in Kolonien.

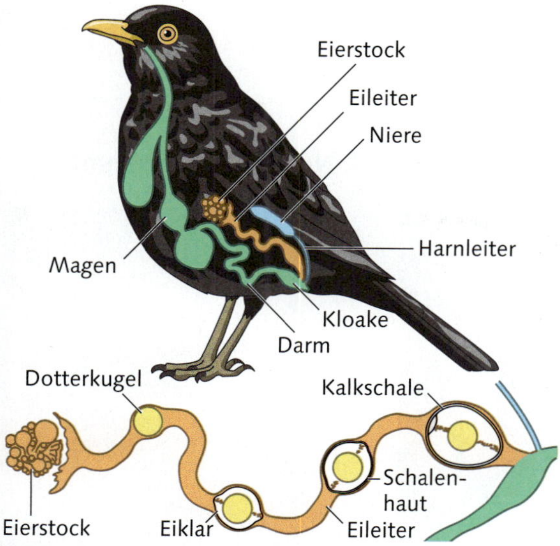


**4** Entwicklung eines Eies im Eileiter des Vogelweibchens

**Entwicklung von Ei und Küken**

Aus der befruchteten Eizelle entwickelt sich ein Ei. Das Küken entsteht aus der *Keimscheibe,* einem zunächst winzigen hellen Fleck auf dem Eidotter. Im mittleren Teil des Eileiters wird das Ei mit Eiklar umhüllt. Im Endabschnitt bildet sich die Kalkschale. Nach dem Legen bebrüten meist die Weibchen die Eier. Um das ganze Ei gleichmäßig auf einer Temperatur von etwa 38 °C zu halten, wird es zusätzlich regelmäßig gedreht. Die Hagelschnüre sorgen dafür, dass der Embryo stets oben liegt. Eiklar und Eidotter versorgen ihn mit Nährstoffen. Durch die poröse Eischale gelangt Sauerstoff in das Ei und die Luftkammer. Ist die Entwicklung abgeschlossen, schlüpft das Küken. Dazu öffnet es die Kalkschale mit dem Eizahn, einem winzigen Höcker auf dem Schnabel.

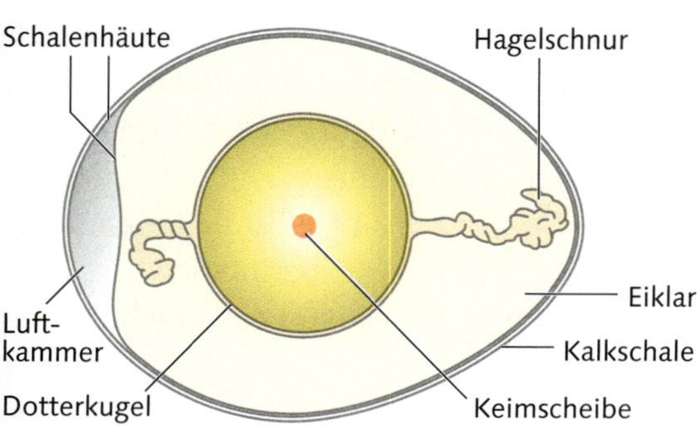


**5** Aufbau eines Vogeleies

**Viele Vögel sorgen für ihren Nachwuchs**

Die Küken vieler Vögel kommen nackt und hilflos auf die Welt. Als *Nesthocker* werden sie noch einige Zeit versorgt. Andere Jungtiere sind kurz nach dem Schlüpfen in der Lage, das Nest zu verlassen und selbstständig nach Nahrung zu suchen. Es sind *Nestflüchter.*

**In Kürze**

Vögel besetzen Reviere oder brüten in Kolonien. Durch die Begattung kann eine Eizelle befruchtet werden. Es entwickelt sich ein Embryo, der von Eidotter und Eiklar ernährt wird.

## Aufgaben

1. Nenne Vorteile eines Reviers.
2. Stelle die Entwicklung von der Begattung bis zum Schlüpfen des Kükens als Flussdiagramm dar.

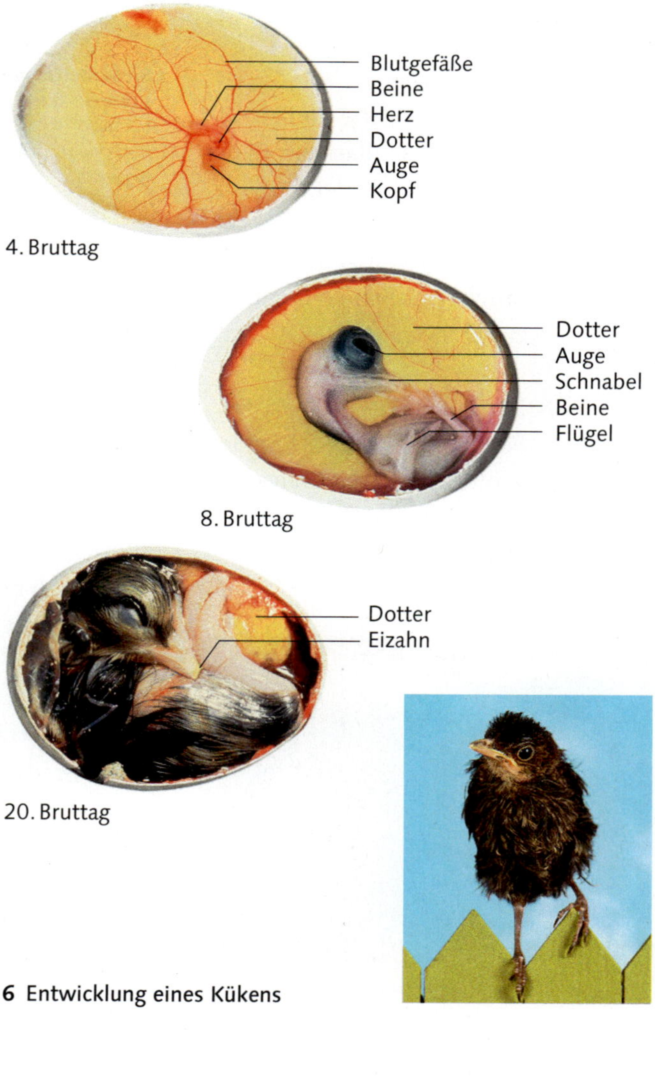


**6** Entwicklung eines Kükens

Praktikum

# Hühnereier untersuchen

## A Blick in ein Hühnerei

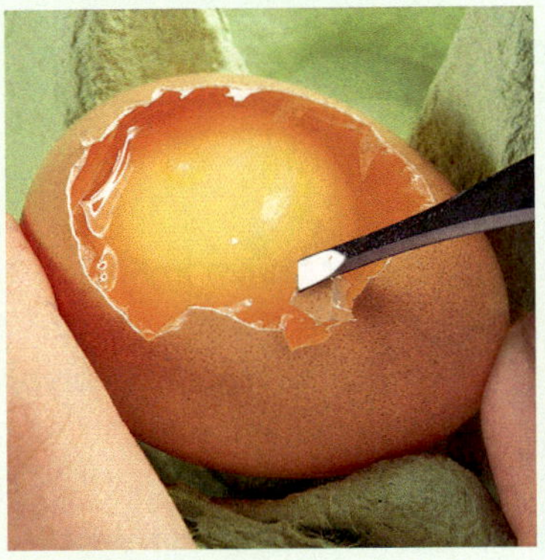

1 Geöffnetes Hühnerei

**Material** frisches Hühnerei, Pinzette, Stück von einer Eierschachtel

### Durchführung

- Zerschneide die Eierschachtel so, dass ein Ei darin gut Halt findet.
- Lege das Ei quer und beginne mit der Pinzette kleine Stücke der Schale herauszubrechen.

### Arbeitsaufträge

1 Fertige eine Zeichnung des geöffneten Hühnereies an.
2 Beschrifte die Zeichnung mit Hilfe von Bild 5 auf Seite 95.

4 Frisch geschlüpftes Hühnerküken

## B Ei ohne Schale

2 Ein Ei, in Essigessenz eingelegt

**Material** Schutzbrille, Glas, frisches Hühnerei, Essigessenz (25%ige Essigsäure)

**Sicherheitshinweis:** Essigsäure ist ätzend. Setze die Schutzbrille auf. Entsorge Reste nach dem Versuch über den Ausguss.

### Durchführung

- Lege das Ei in Essigessenz ein, bis sich die Kalkschale vollständig aufgelöst hat. Das dauert etwa drei Tage.
- Spüle das Ei anschließend gründlich, aber vorsichtig mit Wasser ab.
- Beschreibe das Ei.
- Drehe es entlang der Längsachse und beobachte das Eigelb.

### Arbeitsaufträge

1 Beschreibe deine Beobachtungen.
2 Erläutere die Bedeutung deiner Beobachtung für die Entwicklung des Kükens.

## C Nur ein Ei schwimmt

3 Welches ist das alte Ei?

**Material** frisches Hühnerei, ein etwa vier Wochen im Kühlschrank gelagertes Ei, großes Becherglas mit kaltem Wasser

### Durchführung

- Lege die Eier nacheinander in das Becherglas und beobachte.

Hinweis: Bei der Lagerung von Eiern verdunstet das Eiklar, das zu fast 90 Prozent aus Wasser besteht. Dadurch vergrößert sich die Luftkammer.

### Arbeitsaufträge

1 Nenne konstante, also gleichbleibende und variable, also veränderliche Bedingungen des Experiments.
2 Beschreibe die Ergebnisse des Experiments.
3 Erläutere das Ergebnis.

# Manche Vögel sind anders

1 Pinguin

2 Singdrossel

3 Strauß

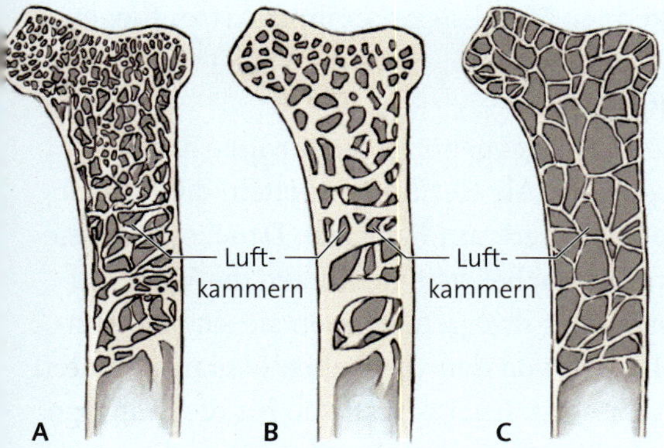


4 Oberschenkelknochen verschiedener Vögel

5 Brutpflege bei Pinguin, Singdrossel und Strauß

Pinguine und Strauße können nicht fliegen. Sie unterscheiden sich stark von der heimischen Singdrossel.

Pinguine besiedeln die südlichsten Küsten Afrikas, Asiens und Südamerikas sowie die Antarktis. Als geschickte Schwimmer ernähren sie sich von Fischen.

Strauße leben in den heißen Regionen Afrikas südlich der Sahara. Sie sind schnelle Läufer und können Geschwindigkeiten von bis zu 70 km/h erreichen. Ihre Nahrung besteht überwiegend aus Pflanzen.

**a** Singdrossel, Pinguin und Strauß sind Vögel. Nenne drei typische Vogelmerkmale, die alle drei Tiere besitzen.

**b** Nenne je zwei Merkmale von Strauß und Pinguin, die sie vom Körperbau eines typischen Vogels unterscheiden.

Bild 4 zeigt die Oberschenkelknochen von Singdrossel, Strauß und Pinguin.

**c** Ordne die Bilder A bis C den verschiedenen Vögeln zu.

**d** Nenne Gründe für deine Entscheidung.

Die Singdrossel legt 3 bis 6 Eier in ein gut gepolstertes, verstecktes Nest. Beim Strauß finden sich 8 bis 12 Eier pro Nest. Die Jungen sind Nestflüchter. Das Weibchen des Kaiserpinguins legt nur ein Ei, das vom Männchen in einer Bauchfalte ausgebrütet wird. Kaiserpinguine bauen keine Nester.

**e** Stelle Vermutungen auf, warum sich die Anzahl der Eier bei den 3 Vogelarten unterscheidet. Berücksichtige bei deinen Überlegungen Nestbau, Klima und mögliche Feinde.

# Vielfalt heimischer Vögel

Auf einem Feld ist ein Fasanenhahn an seiner auffälligen Färbung deutlich zu erkennen. Die Weibchen sind durch ihre braunweiße Sprenkelung gut getarnt. Ursprünglich stammt der Fasan aus Mittelasien. Heute ist er in ganz Mittel- und Westeuropa verbreitet. Möglicherweise wurden die ersten Tiere bereits von den Römern zu Jagdzwecken ausgesetzt. Neben Fasanen leben in Bayern über 200 verschiedene Brutvögel.

**1** Ein farbenprächtiger Fasanenhahn

### Beobachtung von Vögeln

Mit dem Fernglas kann man Vögel häufig gut beobachten. Verbergen sich die Tiere jedoch im Geäst, hört man sie dennoch deutlich und kann sie an ihrer Stimme erkennen.

### Unterscheidungsmerkmale von Vögeln

Auffälligstes Unterscheidungsmerkmal von Vögeln ist ihre Größe. Von der Form des Schnabels lässt sich auf die Ernährung schließen. Insektenfresser besitzen dünne Schnäbel, Körnerfresser kräftige. Einzigartig für jede Art ist die Färbung des Gefieders. Manche Vögel sind wie der Fasan sehr auffällig gefärbt. Andere besitzen ein Tarnkleid. Je nach Lebensraum können sich auch die Füße der Vogelarten stark unterscheiden. Erfahrene Beobachter erkennen Vögel sogar an ihrer Art zu fliegen.

### Singvögel

Die Singvögel gehören zur Gruppe der Sperlingsvögel. Als Nesthocker betteln die Jungen die Elterntiere um Futter an. Dabei sperren sie ihren Schnabel weit auf. Sitzen die Vögel auf Ästen oder Zweigen, können sie sich gut festhalten, da von den vier Zehen eine nach hinten gerichtet ist. Charakteristisch für die Singvögel ist ihr Stimmapparat. Den typischen Gesang ihrer Art müssen die Jungtiere erst lernen.

**2** Häufige Singvögel in Bayern: A Zaunkönig; B Rotkehlchen; C Elster; D Grünfink; E Buchfink; F Gimpel; G Kohlmeise; H Haussperling

3 Blässhühner sind Allesfresser.

4 Haubentaucher jagen tauchend nach Fischen.

## Wasservögel

Als Wasservögel wird eine Gruppe von Vögeln bezeichnet, deren Körper an ihre Lebensweise am oder im Wasser angepasst ist. Ihre Füße besitzen meist Schwimmhäute. Diese Ruderfüße ermöglichen eine gute Fortbewegung im Wasser. Das Fett der Bürzeldrüse wird mit dem Schnabel über das Gefieder verteilt. Dadurch saugt es sich nicht mit Wasser voll, behält so seine isolierende Wirkung und der Vogelkörper kühlt nicht aus. Wasservögel ernähren sich von Pflanzen oder jagen nach Fischen und Kleintieren. Dazu strecken sie den Kopf ins Wasser oder tauchen ganz unter.

## Greifvögel

Greifvögel erkennt man an dem kräftigen Hakenschnabel. Ihre Füße, die Fänge, sind Greifwerkzeuge mit spitzen, dolchartigen Krallen. Beide Augen sind nach vorne gerichtet. Einige Greifvögel halten während des Fluges Ausschau nach Nahrung. Es sind Flugjäger. Dagegen beobachten Ansitzjäger ihr Jagdrevier von einer erhöhten Stelle aus. Haben sie ein Tier erbeutet, werden Haare oder Federn entfernt. Die Beute wird in kleinen Brocken verschlungen. Unverdauliche Reste werden als Gewölle ausgewürgt.

### In Kürze

Vogelarten unterscheiden sich je nach Lebensweise und Lebensraum in ihren Merkmalen.

### Aufgaben

**1** Ordne die Vögel von Bild 2 den Körnerfressern oder Insektenfressern zu.

**2** Nenne je zwei Merkmale von Wasservögeln und Greifvögeln.

5 Häufige Greifvogelarten in Bayern: A Habicht; B Rotmilan; C Mäusebussard; D Sperber; E Turmfalke

# Der Vogelzug

Scharen von Vögeln fliegen durch die klare Nacht. Man kann sie eher hören als sehen und ahnt: Es sind sehr viele. Die Zeit des Vogelzugs hat begonnen. Zu Tausenden verlassen heimische Vögel im Spätsommer und Herbst ihre Brutgebiete bei uns. Den Winter verbringen sie im Süden.

**1** Zugvögel in der Nacht

## Ursache des Vogelzugs

Durch ihr Federkleid sind Vögel vor der winterlichen Kälte gut geschützt. Wenn sie wie die Körnerfresser ausreichend Nahrung finden, können sie den Winter hier verbringen. Aber Schnecken, Würmer und Insekten sind im Winter sehr rar. Vögel, die auf diese Nahrungsquellen angewiesen sind, würden verhungern. Sie folgen einem angeborenen Zugtrieb und fliegen nach Süden.

## Unterschiedliches Zugverhalten

Nach ihrem Zugverhalten teilt man die Vogelarten in drei Gruppen ein: *Standvögel* bleiben ganzjährig in den Brutgebieten und verlassen sie nur selten. Durch den mit dem Klimawandel verbundenen Temperaturanstieg lässt sich beobachten, dass immer mehr Vögel hier überwintern. *Zugvögel* unternehmen Wanderungen über große Strecken in den Süden. Zu den *Strichvögeln* zählt man Vögel, die keine größeren Wanderungen unternehmen, wohl aber den Landstrich wechseln. Zum Beispiel suchen Wasservögel im Winter in wärmeren Regionen nach nicht zugefrorenen Gewässern. Während sich manche Arten alleine auf den Weg in den Süden machen, fliegen andere Vögel in großen Gruppen. Oft fliegen sie dabei in einer V-förmigen Formation und stimmen sogar den Flügelschlag aufeinander ab. So müssen die Tiere deutlich weniger Energie für den Flug aufwenden.

**2** Waldrappe im Formationsflug

## Erforschung des Vogelzugs

Neben der Sichtbeobachtung fangen Forscher von Vogelwarten schon seit über hundert Jahren Vögel und beringen sie. Die leichten Aluminiumringe sind mit einer Nummer versehen und werden am Vogelfuß befestigt. Jede Nummer ist registriert. Wer einen beringten toten Vogel findet, wird gebeten, den Ring unter Angabe des Fundortes an die Vogelwarte zu senden. Die Auswertung vieler Funde ermöglicht es, verschiedene Zugrouten zu beschreiben. Größere Vögel können mit Minisendern ausgestattet werden, deren Signale von Satelliten empfangen werden. Diese Satellitentelemetrie ermöglicht die Erforschung der genauen Wanderwege und -gewohnheiten. Radarmessungen liefern Informationen über die Anzahl der ziehenden Vögel, die Flughöhe und anhand der Flugmuster über die Vogelarten. Diese Daten werden auch genutzt, um Zusammenstöße mit Flugzeugen zu verhindern.

## Orientierung der Zugvögel

Die Richtung und die Dauer des Vogelzugs sind zu großen Teilen angeboren. Der Zeitpunkt des Abflugs wird von einer inneren Uhr gesteuert. Während des Flugs orientieren sich Tagflieger am Stand der Sonne, Nachtflieger an den Sternen. Das Magnetfeld der Erde können manche Vögel ebenfalls zur Navigation nutzen. Landmarken wie Gebirge, große Städte, Seen oder Flüsse dienen den Tieren als weitere Orientierungsmöglichkeiten. Fliegen die Vögel in Gruppen, so lernen die Jungvögel von den Altvögeln beispielsweise geeignete Rastplätze kennen. Andere Vögel wie der Kuckuck fliegen alleine und finden auch beim ersten Mal den Weg ins Winterquartier und zurück zu den Brutplätzen.

## Unterschiedliche Routen

Auf ihrem Flug in den Süden bewegen sich die Vögel auf bestimmten Zugrouten, die nicht immer die kürzesten Wege zu ihren Zielen sind. Um nicht über das offene Meer, über Wüsten oder Gebirge fliegen zu müssen, nehmen sie Umwege in Kauf. Viele Zugvögel nutzen auf ihrem Weg nach Afrika die Westroute über Frankreich, Spanien und Marokko. Die Ostroute verläuft über Südosteuropa nach Griechenland und die Türkei. Einige kleinere Arten überqueren Italien und fliegen direkt über das Mittelmeer.

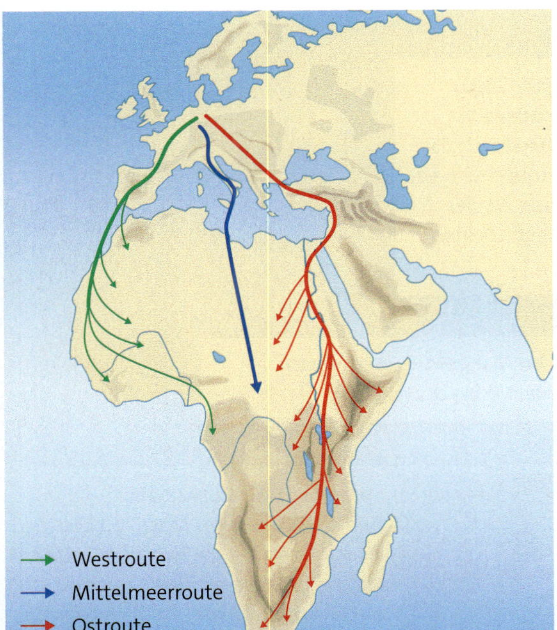

3 Unterschiedliche Zugrouten

4 Große Flüsse sind Orientierungshilfen.

## Auf der Reise lauern Gefahren

Bei der Überquerung von Meeren, Wüsten oder Gebirgen drohen den Tieren vor allem bei schlechtem Wetter große Gefahren durch Erschöpfung und Nahrungsmangel. Weitaus schwerwiegender ist aber in einigen Ländern die Jagd auf Singvögel und die Zerstörung von Gebieten, die die Tiere zur Rast benutzen.

### In Kürze

Der Vogelzug ist die regelmäßige Wanderung von Vögeln zwischen ihrem Brutgebiet und einem weit entfernten Winterquartier. Die Vögel ziehen aufgrund der Nahrungsknappheit während der Wintermonate. Dabei orientieren sie sich an der Sonne, den Sternen, dem Magnetfeld der Erde sowie verschiedenen Landmarken. Viele Verhaltensweisen sind angeboren.

### Aufgaben

1 Nenne Gründe für den Vogelzug.
2 Beschreibe Möglichkeiten, wie der Vogelzug erforscht werden kann.
3 Verfolge auf einer Europakarte von Deutschland aus die Westroute und die Ostroute. Notiere die Länder, die ein Vogel dabei überfliegt.

Exkurs

# Die erstaunliche Reise des Weißstorchs Nr. 14 554

Für die Satellitentelemetrie werden Vögel mit kleinen Sendern versehen. So kann das Zugverhalten über Satellit nachvollzogen werden. Die eindrucksvollen Wanderungen des Storchs mit dem Sender Nr. 14 554 wurden über vier Jahre aufgezeichnet.

**Sommer 2000: Geburt und Aufwachsen** In Olsztyn in Nordpolen (1) schlüpft der Storch und wächst heran. Er wird beringt und mit einem Sender ausgestattet, der die Nummer 14 554 trägt.

**Herbst 2000: Erstmals nach Afrika** Am 7. September bricht der Jungstorch Richtung Südfrankreich auf. (2) Am 7. Oktober wagt er den Flug über das Mittelmeer – in einem Bereich, in dem es weder eine Meerenge noch Inseln gibt – und erreicht nach 26,5 Stunden ununterbrochenem Flug und 752 km Tunesien. (3)

**Winter 2000 bis Sommer 2001: Nordafrika** Den Winter 2000 und den Sommer 2001 verbringt das Tier in Nordafrika. (3) Mitten im Sommer überfliegt der Storch die Sahara und überwintert am Tschadsee in Zentralafrika. (4)

**Sommer 2001 bis Frühjahr 2002: Winterquartier am Tschadsee** Im Frühjahr 2002 verlässt der Storch das Winterquartier und überquert wie bei seinem Hinflug die Sahara. An der marokkanischen Küste legt er einen Zwischenstopp ein. (5)

**Sommer 2002 bis Frühjahr 2003: Spanien** Im Mai geht es weiter nach Spanien, wo der gesamte Sommer und Winter verbracht wird. (6)

**Sommer 2003: Zurück am Geburtsort** Am 30. März 2003 bricht Storch Nr. 14 554 in Richtung Osten auf und fliegt in 30 Tagen quer durch Mitteleuropa wieder nach Nordpolen, wo er den Sommer verbringt. (1)

**Herbst 2003: Zweiter Zug nach Afrika** Am 24. August 2003 startet der Storch und wählt die Ostroute über Rumänien und Bulgarien. Er verlässt Europa am 5. September über den Bosporus in die Türkei. (7) Nachdem er das Mittelmeer überflogen hat, zieht der Vogel über Ägypten und den Sudan an den Tschadsee (4), an dem er einen Monat pausiert. Den restlichen Winter verbringt er im Westsudan. (8)

**Frühjahr 2004: Zweite Rückkehr nach Polen**
Am 1. März 2004 tritt Weißstorch Nr. 14554 seinen Rückflug an. Die erste längere Raststation ist die ägyptische Mittelmeerküste. (9) Am 14. April trifft er wieder in Nordpolen ein. (1)

### Aufgabe

1 Informiere dich im Internet über den Zug von Vögeln, zum Beispiel auf den Seiten des Bundesamtes für Naturschutz oder beim Naturschutzbund. Erstelle ein Protokoll über den Zug eines Vogels deiner Wahl.

2 Miss mit einem Lineal die Strecken, die der Weißstorch zurückgelegt hat. Berechne dann mit Hilfe des Maßstabs, wie viele Kilometer er zurückgelegt hat.

1000 km

# Mit Tabellen arbeiten

Bei der Durchführung von biologischen Untersuchungen wird oft eine Vielzahl von Daten gesammelt. Indem man sie in einer Tabelle ordnet, werden sie übersichtlich dargestellt.

**Aufbau einer Tabelle** Aus den waagrecht angeordneten Zeilen und den senkrechten Spalten ergeben sich einzelne Zellen oder Felder. Diese können Wörter, Zahlen und Abbildungen enthalten. Die oberste Zeile enthält oft die Spaltenüberschriften, die erste Spalte die Zeilenüberschriften. Diese Überbegriffe beschreiben, was in der Spalte oder Zeile aufgelistet ist. Außerdem haben Tabellen eine Tabellenüberschrift oder einen Untertitel.

## A Tabellen auswerten

**1 Sich orientieren** Lies Überschrift und Untertitel der Tabelle. Sie geben Auskunft darüber, zu welchem Thema Informationen in der vorliegenden Tabelle zusammengefasst werden.

**2 Spalten und Zeilen klären** Lies die erste Spalte und die erste Zeile durch. Sie geben an, welche Inhalte in der Tabelle dargestellt werden.

**3 Ablesen** In dem Feld, in dem sich Spalte und Zeile treffen, stehen Informationen zu diesem Punkt. Beachte Maßeinheiten oder Zeitangaben.

**4 Auswerten** Werte die abgelesenen Informationen zur Beantwortung der Frage aus. Sind bestimmte Tendenzen erkennbar? Bestärken oder widerlegen die Daten deine Hypothese?

**5 Zusammenfassen** Fasse nun wesentliche Aussagen der Tabelle in wenigen Worten zusammen. Folgende mögliche Satzanfänge helfen dir dabei:
- Die Werte zeigen, dass …
- Vergleicht man …
- Es werden Informationen über …
- Folgende Aussage kann man treffen …

## B Tabellen selbst erstellen

**1 Thema eingrenzen** Überlege, welche Werte du darstellen willst. Formuliere eine Überschrift.

**2 Inhalte der Spalten und Zeilen festlegen** Lege fest, welche Inhalte in den Spalten und Zeilen stehen sollen. Finde eindeutige Spalten- und Zeilenüberschriften. Das können Tiernamen, Merkmale, aber auch Werte wie Temperatur, Größe oder Masse sein.

**3 Platzbedarf abschätzen** Zähle, wie viele Spalten und Zeilen du benötigst. In der Regel sollten es nicht mehr als sieben sein. Entscheide, ob du die Tabelle im Hoch- oder Querformat anlegen willst. Eine großzügige Darstellung erleichtert das Ablesen. Werden Abbildungen, Skizzen oder längere Texte verwendet, benötigst du große Felder.

**4 Tabelle zeichnen** Verwende zum Zeichnen der Tabelle Bleistift und Lineal. Beginne mit der ersten Zeile und unterteile diese in die benötigten Spalten. Ergänze dann weitere Zeilen.

**5 Eintragen der Informationen** Trage nun die Informationen ein. Verwende unterschiedliche Farben und Schriftarten, wenn es die Auswertung erleichtert.

| | Spalte<br>Gesamtmasse in kg | Flügelmasse in kg |
|---|---|---|
| junge Taube ........ | 0,233 | 0,0015 |
| ausgewachsene Taube | 0,600 | 0,0220 |
| 〃 Krähe | 0,525 | 0,0250 |
| Zeile Reiher .......... | Zelle<br>1,850 | 0,2500 |

**1** Eine Mustertabelle

| Verschiedene Wirbeltiergruppen im Vergleich | | | | | |
|---|---|---|---|---|---|
| **Wirbeltiergruppe** | **Fische** | **Amphibien** | **Reptilien** | **Vögel** | **Säugetiere** |
| Beispiele | | | Eidechse, Ringelnatter | | |
| Körperbedeckung | 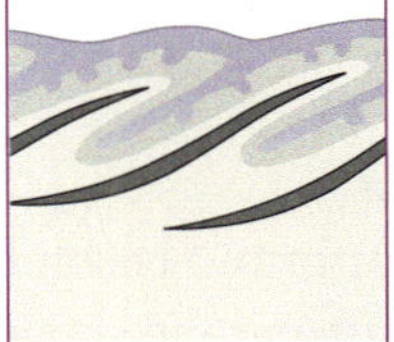 | | | | |
| | | wechselwarm | | | |
| Atmung | | | 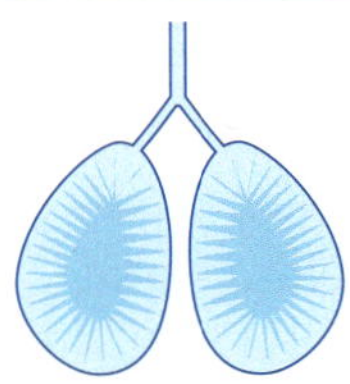 | 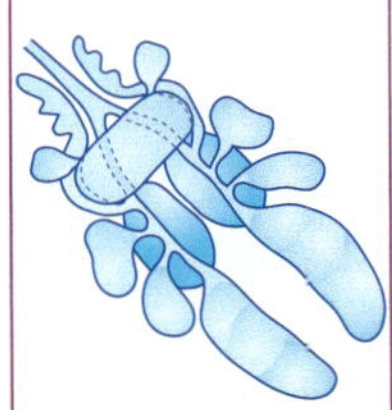 | |
| Fortbewegung | | | kriechend und schlängelnd | | |
| Fortpflanzung und Entwicklung | | | | | innere Befruchtung, Entwicklung im Mutterleib, lebendgebärend, säugen |

**2** Merkmale der verschiedenen Wirbeltiergruppen

## Aufgaben

**1** Übertrage die Tabelle von Bild 2 in dein Heft und ergänze in den leeren Feldern die fehlenden Informationen.

**2** Bei vielen Regeln gibt es Ausnahmen. Kennzeichne vier Felder mit einem *. Nenne oder beschreibe jeweils die biologische Ausnahme.

Exkurs

# Der Natur abgeschaut

Die Größenverhältnisse stimmen zwar nicht. Aber die Ähnlichkeit zwischen den Flügeln des Schwans und denen eines Flugzeugs ist schon faszinierend. Dies ist nur eines von vielen Beispielen, in denen die Natur als Vorbild für technische Entwicklungen dient.

**Bionik – Lernen von der Natur**

Der menschliche Erfindergeist wurde schon immer durch Vorbilder aus der Natur angeregt. Die in Jahrmillionen entstandenen Angepasstheiten ermöglichten es Pflanzen und Tieren unter den verschiedensten Bedingungen zu überleben. Durch Beobachten von Lebewesen und Untersuchen von Organen oder Organsystemen versuchen Wissenschaftler Lösungsideen aus der Natur auf technische Probleme zu übertragen. Diese Wissenschaft nennt man *Bionik*, aus *Bio*logie und Tech*nik*.

**Erste Versuche**

Der Naturforscher Leonardo da Vinci (1452–1519) gilt als einer der ersten Bioniker. Basierend auf Beobachtungen des Vogelflugs und Untersuchungen von Flügeln entwarf er Pläne zum Bau von Flugapparaten mit vom Menschen bewegten Flügeln. Leider war keiner seiner Apparate flugtauglich. Die menschliche Muskelkraft ist viel zu schwach zum Fliegen.

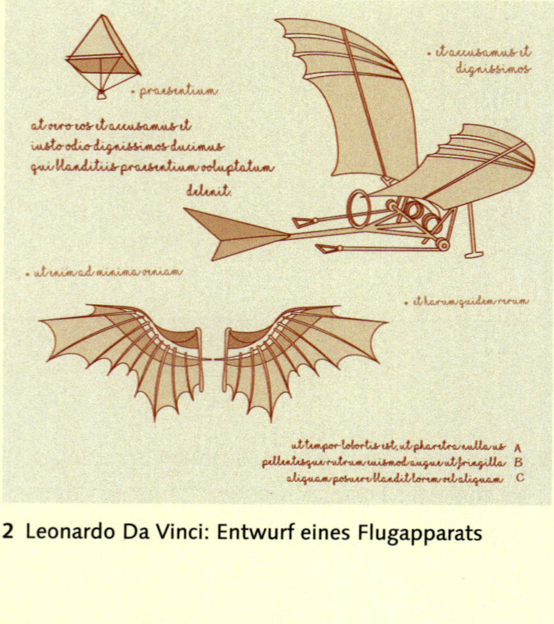

**2** Leonardo Da Vinci: Entwurf eines Flugapparats

**1** Die Natur als Vorbild

**Beispiel Fische**

Haie können aufgrund besonderer Schuppen schnell und kraftsparend schwimmen. Die Schuppen sind zur Schwanzflosse hin ausgerichtet und besitzen kleine, parallel zur Strömung verlaufende Rillen. Dadurch entstehen an der Hautoberfläche viele kleine Wasserwirbel. An einer vollkommen glatten Haut bilden sich zwar weniger, dafür aber deutlich größere Wirbel. Diese würden den Fischkörper beim Schwimmen stark bremsen. Heute beklebt man Schiffsrümpfe und Flugzeuge mit sogenannten »Rebletfolien«, die der Haihaut nachempfunden sind. Flugzeuge und Schiffe werden dadurch schneller und benötigen weniger Treibstoff, da die Folien den Strömungswiderstand in Luft und Wasser verringern. Auch immer mehr Schwimmer tragen bei Wettkämpfen Anzüge mit gerillter Oberfläche.

**3** Haifischschuppen – mikroskopisches Bild

**4** Reifen mit Wabenlamellenprofil

### Beispiel Amphibien
Baumfrösche haben beim Klettern eine sehr gute Haftung an den Untergrund. Diese Fähigkeit weckte die Neugier der Reifenhersteller. Die Bioniker untersuchten den Feinbau der Froschfüße. Dabei entdeckten sie einen Aufbau ähnlich einer Bienenwabe. Die so erzielte Oberflächenvergrößerung ermöglicht den Tieren einen sehr guten Kontakt an den Untergrund. Die nach diesem Vorbild konstruierten Autoreifen mit dem besonderen Profil haben eine sehr gute Bodenhaftung.

### Beispiel Reptilien
Der Wüstensandfisch oder Sandskink gehört zu den Echsen. Er »schwimmt« im und unter dem Sand. Wissenschaftler untersuchten, wie es der kleinen Eidechse gelingt, möglichst reibungsfrei durch den Sand zu gleiten. Auf ihrer Haut verlaufen quer zur Bewegungsrichtung kleinste Schwellen. Sie sind so winzig, dass ein Sandkorn gleichzeitig auf über 100 solcher Schwellen trifft. Diese geben nach und schützen die Haut des Sandfischs vor Abrieb. Mit einer künstlich hergestellten Sandfischhaut könnte man Lager auskleiden, um möglichst reibungsfreie Bewegungen zu erzielen oder kratzfeste Oberflächen herzustellen.

**5** Schiffsbug – der Delfinschnauze nachempfunden

### Beispiel Säugetiere
Auffallend am Delfinkopf sind das schnabelförmige Maul und die steil aufgewölbte Stirn. Beim Schwimmen teilen Schnabel und Stirn das Wasser so, dass die Tiere sehr schnell und ohne hohen Energieaufwand durchs Wasser gleiten. Schiffe, deren Bug dem Kopf eines Delfins nachempfunden ist, fahren deutlich schneller und brauchen weniger Treibstoff als Schiffe ohne diesen Bugwulst.

### Beispiel Vögel
Große Vögel wie Milan oder Kondor spreizen beim Fliegen die Flügelenden auseinander, sodass einzelne Federn abstehen. Dadurch verhindern sie, dass bremsende Luftwirbel entstehen. Eine ähnliche Wirkung erzielen bei Flugzeugen »Winglets« an den Flügelenden.

**6** Winglets – den Vögeln abgeschaut

# Vielfalt von Wirbeltieren

## 1 Unterschiedliche Wirbeltiere

1 Wirbeltiere sehen unterschiedlich aus.

a Alle Tiere in Bild 1 sind Wirbeltiere. Nenne drei Merkmale, die diese Tiere gemeinsam haben.

b Ordne die Tiere der entsprechenden Wirbeltierklasse zu.

c Begründe deine Zuordnung anhand eines auf dem jeweiligen Bild erkennbaren Merkmals.

d Nenne die Wirbeltierklasse, die in Bild 1 nicht vertreten ist.

## 2 Unterschiedliche Fortpflanzung

2 Fortpflanzung bei Wirbeltieren

a Ordne die Eier und die Jungtiere in Bild 2 einander zu.

b Man unterscheidet zwei Arten der Befruchtung. Nenne und beschreibe sie.

c Ordne den fünf Wirbeltierklassen jeweils die passende Befruchtungsart zu.

d Erläutere, was man unter »lebendgebärend« versteht. Nenne zwei Beispiele.

## 3 Unterschiedliche Körperbedeckung

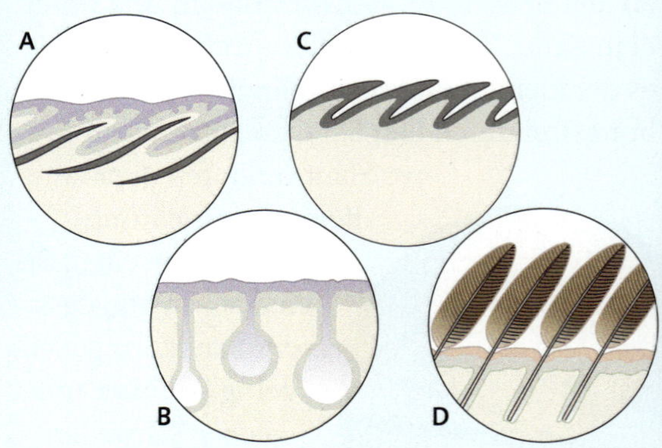


3 Körperbedeckungen bei Wirbeltieren

a Nenne die Aufgaben, die die Körperbedeckung der Wirbeltiere erfüllt.

b Ordne die Körperbedeckungen A bis D den folgenden Tieren zu: Kreuzotter, Amsel, Moorfrosch, Forelle.

c Erkläre, welchen Nachteil es für Amphibien hätte, eine dicke Haut zu haben.

## 4 Unterschiedliche Körpertemperatur

In einem Experiment haben Wissenschaftler im Laufe des Tages die Lufttemperatur sowie die Körpertemperatur von zwei verschiedenen Wirbeltieren gemessen und in einer Tabelle festgehalten.

| Uhrzeit | Temperatur in °C | | |
|---|---|---|---|
| | Umgebung | Tier A | Tier B |
| 08:00 Uhr | 16,0 | 42,0 | 16,5 |
| 12:00 Uhr | 30,5 | 42,5 | 31,0 |
| 16:00 Uhr | 34,0 | 42,5 | 34,5 |
| 20:00 Uhr | 19,5 | 42,0 | 20,0 |

**4 Protokollierte Ergebnisse des Experiments**

- **a** Erstelle aus den Werten in Bild 4 ein Diagramm. Wähle einen passenden Diagrammtyp und begründe deine Wahl.
- **b** Werte das Diagramm aus.
- **c** Ordne den Tieren A und B die entsprechenden Fachbegriffe hinsichtlich ihrer Körpertemperatur zu. Nenne hierzu je ein Tier als Beispiel.
- **d** Erläutere, welches der beiden Tiere man am frühen Morgen nicht beobachten wird.

## 5 Unterschiedliche Atmung

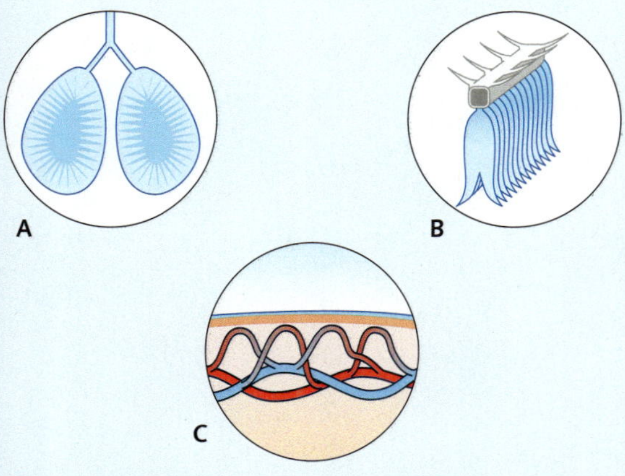


**5 Unterschiedliche Arten der Atmung**

- **a** Benenne die verschiedenen Arten der Atmung in Bild 5. Nenne dazu jeweils ein Wirbeltier, das diese nutzt.
- **b** Amphibien nutzen zwei unterschiedliche Atmungsarten. Erkläre, wann sie die eine und wann sie die andere Atmungsart nutzen.

Die Lösungen zu diesen Aufgaben findest du auf Seite 170.

Auf den Punkt gebracht

# Vielfalt von Wirbeltieren

- Alle Wirbeltiere besitzen ein Innenskelett mit einer Wirbelsäule. Der Körper gliedert sich in Schädel, Rumpf und Gliedmaßen.
- Man unterscheidet fünf Wirbeltierklassen: Fische, Amphibien, Reptilien, Vögel und Säugetiere.
- Durch Körperbau, Fortpflanzungsart, Entwicklung, Körperbedeckung, Atmung und Körpertemperatur sind alle Wirbeltiere an ihren Lebensraum angepasst.
- Reptilien, Vögel und Säugetiere besitzen Lungen. Fische atmen mit Hilfe von Kiemen, Amphibien über die Haut und mit der Lunge.
- Fische, Amphibien und Reptilien sind wechselwarme Tiere. Ihre Körpertemperatur ist von der Temperatur der Umgebung abhängig. Vögel und Säugetiere haben eine gleichbleibende Körpertemperatur. Ihr Federkleid oder das Fell schützt sie vor Wärmeabgabe.
- Die Eier von Fischen und den meisten Amphibien werden außerhalb des Körpers befruchtet. Lurche durchlaufen während ihrer Entwicklung eine Verwandlung, Metamorphose genannt. Reptilien, Vögel und Säugetiere haben eine innere Befruchtung.

# Heimatnahe Ökosysteme

# Leben in Ökosystemen

Rothirsche mitten in der Stadt sind ein eher ungewöhnlicher Anblick. Um einen Rothirsch beobachten zu können, muss man in der passenden Umgebung auf die Suche gehen: Wälder oder Waldrandlagen. Ein Hausspatz dagegen ist leicht in der Stadt anzutreffen.

## Lebensraum

Verschiedene Organismen leben nicht überall auf der Erde, sie kommen jeweils in einem ganz bestimmten Lebensraum vor, dem *Biotop*. Lebensräume können auf natürlichem Wege oder durch den Einfluss des Menschen entstehen. In jedem Biotop herrschen ganz bestimmte Umweltbedingungen wie Niederschläge, Temperatur und die Art des Bodens. Die Tiere und Pflanzen, die im Biotop leben, finden dort ihre Lebensgrundlagen. Dies sind unter anderem Nahrung und Schutz vor Fressfeinden. Außerdem können sie die Entwicklung ihrer Nachkommen sicherstellen.

## Population

Beim Beobachten eines Rothirschs in seinem Lebensraum sieht man häufig weitere Rothirsche. Sie alle stehen miteinander in Wechselbeziehung. Alle Rothirsche gehören derselben Art an. Trotzdem unterscheidet sich jeder Rothirsch ein wenig von den anderen.

**1** Rothirsche in der Stadt?

Jeder Organismus ist ein Einzelexemplar seiner Art, ein *Individuum*. Eine Gruppe von Individuen einer Art, die zur gleichen Zeit ein bestimmtes Biotop bewohnen und sich untereinander fortpflanzen, wird als *Population* bezeichnet.

## Lebensgemeinschaft

Im Wald lassen sich außer Rothirschen viele weitere Tiere wie Eichhörnchen, Spechte, Wildschweine und Mistkäfer sichten. Außerdem findet man dort zahlreiche Pflanzen. Neben Laub- und Nadelbäumen sind dies unter anderem Sträucher und Farne. Zwischen allen Lebewesen im Biotop bestehen Wechselbeziehungen.

**2** Biotop

**3** Biozönose

Rothirsche fressen beispielsweise Jungtriebe von Bäumen. Dieser Verbiss führt oft zum Absterben der Jungpflanzen und damit zu einer Schädigung des Lebensraums der Eichhörnchen. Aufgrund der vielfältigen Beziehungen untereinander bilden die Lebewesen eines jeden Biotops eine eigene Lebensgemeinschaft, die *Biozönose.*

## Ökosystem

Jeder Flussabschnitt, jeder Wald, selbst jede Hecke und jeder Garten hat eine eigene Lebensgemeinschaft. Der Lebensraum und die darin lebenden Organismen bilden zusammen das *Ökosystem.* Biotop und Biozönose kommen niemals isoliert vor, sondern bilden immer eine Einheit: Ohne Lebensraum kann es keine Lebewesen geben. Zwischen benachbarten Ökosystemen findet immer ein Austausch statt. Stockenten suchen beispielsweise in Teichen nach Nahrung, brüten an Land und können fliegend ihren Aufenthaltsort wechseln.

**4** Ökosystem

**5** Organisationsebenen

### In Kürze

Lebewesen kommen innerhalb eines Lebensraums in Lebensgemeinschaften vor. Biozönose und Biotop bilden zusammen das Ökosystem.

### Aufgaben

**1** Nenne die deutschen Begriffe für Biotop und Biozönose.

**2** Beschreibe, was in Bild 1 nicht stimmt. Verwende dabei die Fachbegriffe Ökosystem, Biotop, Biozönose und Individuum.

### Basiskonzept **Organisationsebenen**

Weibliche und männliche Rothirsche bilden getrennte Rudel. Innerhalb eines gemeinsamen Lebensraumes stellen sie die Rothirsch-Population dar. Die Rothirsche teilen ihren Lebensraum mit zahlreichen anderen Tieren und Pflanzen und bilden mit ihnen eine eigene Biozönose. Ein Ökosystem besteht aus dem Verbund von Biotop und Biozönose.

Lebensphänomene lassen sich auf verschiedenen Stufen beobachten: der Stufe des Individuums, der Population, der Biozönose oder des Ökosystems. Diese Stufen bezeichnet man als Organisationsebenen.

# Ökosysteme in der Umgebung

An den Anblick von Tauben in der Stadt haben wir uns längst gewöhnt. Ursprünglich bevorzugten sie jedoch felsige Landschaften. Nach und nach hat sich die Stadttaube ihren neuen Lebensraum erobert. Neben den Plätzen der Innenstadt gibt es weitere Biotope in und um unsere Städte, in denen Tiere und Pflanzen heimisch geworden sind.

**1** Eine Taube in der Stadt

## Die Stadt

Je größer eine Stadt ist, desto mehr Wildtiere leben in ihr. Abfälle bieten ein vielfältiges Nahrungsangebot. Außerdem ist es in Städten wärmer als in der umgebenden Landschaft. Gärten und Grünanlagen dienen als gute Rückzugsmöglichkeiten. Nicht nur Mäuse, Ratten, Marder und Wildschweine sind als Kulturfolger immer häufiger in Wohnsiedlungen unterwegs. In einigen europäischen Großstädten findet man inzwischen mehr als 10 000 unterschiedliche Tier- und Pflanzenarten.

## Der Wald

Mehr als ein Drittel Bayerns ist mit Wald bedeckt. Abhängig von den vorherrschenden Bedingungen wachsen Laubbäume, Nadelbäume oder Mischwälder. Die verschiedenen Baumarten dieser Waldtypen bieten unterschiedlichen Organismen eine Lebensgrundlage.

In Nadelwäldern ist der Boden nur spärlich bewachsen. Pflanzenfresser finden nur wenig Nahrung. Für Insekten und Vögel herrschen dagegen gute Lebensbedingungen. Größeren Tieren bieten Nadelwälder in den Bereichen mit Jungwuchs gute Schlafverstecke.

Die Bodenregion von Laubwäldern ist mit Sträuchern und Kräutern bedeckt, ein guter Lebensraum beispielsweise für Waldspitzmaus, Feuersalamander und Erdkröte.

Wildschwein, Rotwild und Dachs gehören zu unseren größten einheimischen Wildtieren. Sie alle finden im Wald einen geeigneten Lebensraum.

**2** Lebensraum Stadt

**3** Lebensraum Wald

**Die Wiese**
Bei der Wiese handelt es sich um einen Lebensraum, der durch den Menschen geschaffen und erhalten wird. Die Lebensbedingungen in der Wiese sind geprägt durch Mähen oder Beweiden. Aufgrund der Vielfalt an Insekten, Schnecken und Würmern bieten Wiesen vor allem Vögeln und weiteren Insektenfressern viel Nahrung.

**Das Gewässer**
Gewässer sind Lebensräume für Fische, Amphibien und zahlreiche Insekten. Manche Tiere wie Erdkröten, Libellen oder Mücken brauchen Gewässer zur Fortpflanzung und für die Entwicklung ihrer Nachkommen.

Auch viele Reptilien, Säugetiere und Vögel finden am und im Wasser ihre Nahrung. An Gewässer schließen häufig Wiesen oder Wälder an.

**Kulturlandschaft aus Wildnis**
Wälder sind für den Menschen seit Jahrtausenden die am einfachsten zugänglichen Quellen für Energie, Baustoffe und Nahrung.

Die Wälder in ihrer heutigen Form entstanden durch den Einfluss des Menschen aus Urwäldern. Dauerhaft vom Menschen geprägte Landschaften heißen *Kulturlandschaften*.

Eine *Wildnis* ist eine durch den Menschen weitgehend unbeeinflusste Landschaft. Hierzu zählen beispielsweise die in Europa nur noch selten vorkommenden Urwaldreste.

**4** Lebensraum Wiese

**5** Urwald von morgen im Bayrischen Wald

**Lebensräume verändern sich**
Einst wurden Urwälder gerodet und durch schnell wachsende Bäume ersetzt. Es entstanden artenarme Wälder. Sie sind anfällig für Schädlinge und Stürme. Heute ist oft eine Mischwaldwirtschaft mit Bäumen unterschiedlichen Alters zu sehen. Weitere Waldflächen sollen zu künftigen Urwäldern werden. Die größte Waldwildnis entwickelt sich bei uns im Bayerischen Wald.

**In Kürze**
In und um unsere Städte gibt es unterschiedliche Ökosysteme. Sie alle veränderten sich durch den Einfluss des Menschen.

**Aufgaben**

**1** Nenne die Definition für Wildnis.

**2** Ursprünglich aus den Laubwäldern Nordamerikas stammende Waschbären haben sich in deutschen Städten stark vermehrt. Zähle mögliche Gründe hierfür auf.

**6** Lebensraum Fließgewässer

# Sinnvoller Naturschutz?

**1** Windräder in Oberfranken

## Windpark Röslau bedroht ersten oberfränkischen Seeadler

*Im Landkreis Wunsiedel ist aktuell das erste Seeadlerpaar in Oberfranken entdeckt worden. Bayernweit brüten weniger als zehn Paare dieser deutschlandweit seltenen Greifvogelart. »Der genehmigte Windpark Röslau-Nord ist in einer Entfernung von gerade mal zwei Kilometern zum Seeadlerhorst. Er erhöht das Risiko, dass die Adler getötet werden könnten, um ein Vielfaches und darf deshalb nicht mehr weitergebaut werden«, bewertet Dr. Andreas von Lindeiner, Artenschutzreferent des LBV, die Situation.*

*Aus einer Presseinformation des Landesbunds für Vogelschutz (LBV), www.lbv.de, 06.04.2016*

## Die Seeadler sind nicht abgezogen

*Er ist noch immer da, der Röslauer Seeadler. Genauer: das Seeadlerpaar. Es ist nicht abgezogen, nachdem im Frühjahr sein Junges im Alter von nur wenigen Tagen im Nest verendet war. Und so hat sich auch das Konfliktfeld Windkraftnutzung gegen Artenschutz nicht in Luft aufgelöst. Denn: Die Baufirma hat die Arbeiten am Windpark Röslau-Nord nach etwa dreimonatiger Pause wieder aufgenommen.*

*Aus einem Artikel von Christian Heubeck in der Frankenpost, www.frankenpost.de, 11.08.2016*

## Traditionshotel »Kronprinz« bald Geschichte

*Weil Störche im vergangenen Jahr auf dem Dach gebrütet hatten, hatte sich der Abriss des ehemaligen Traditionshotels »Kronprinz« in Wunsiedel verzögert. Nun haben die Arbeiten aber begonnen. An der Stelle des Traditionshotels mitten in der Innenstadt soll nun ein neues Wohn- und Geschäftshaus kommen.*

*Aus einer Nachricht von Christiane Scherm für den Bayerischen Rundfunk, www.br.de, 18.01.2017*

## Arme Störche

*Wie können das die Naturschützer zulassen? Wahrscheinlich halten die gerade auch Winterschlaf. Wenn in ein paar Wochen die Störche aus ihrem Winterquartier zurückkommen, haben die ihren Nistplatz verloren. Und ob es denen auf dem neuen Gebäude gefällt ...*

*Lesermeinung zur Nachricht des Bayerischen Rundfunks, www.br.de, 18.01.2017, Autor: Hermann*

**2** Seeadlerpaar

**3** Storch beim Nestbau

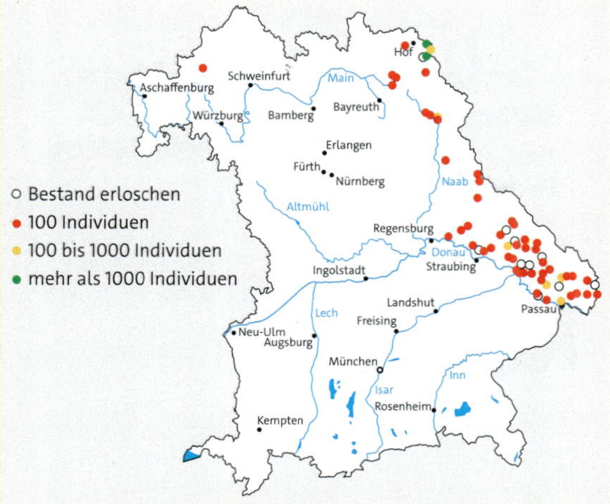


**4** Verbreitung der Flussperlmuschel in Bayern (2011)

## Fast ausgestorben

*In der Roten Liste gefährdeter Tier- und Pflanzenarten Deutschlands wird die Flussperlmuschel als »vom Aussterben bedroht« eingestuft. Da Bayern den Großteil der mitteleuropäischen Bestände beherbergt, liegt hier eine besondere Verantwortung zum Schutz der Art. Flussperlmuscheln kommen nur in sehr kalk- und nährstoffarmen Bächen und Flüssen vor. In Bayern findet man die Art in Gewässern des Bayerischen Waldes, des Fichtelgebirges und des Spessarts. Die Ursachen für den Rückgang der Flussperlmuschel sind vielfältig. Früher gehörten Perlenräuberei und massive Gewässerverschmutzung durch industrielle und häusliche Abwässer zu den Hauptgefährdungsfaktoren. Heute ist der Rückgang überwiegend auf die Zerstörung geeigneter Lebensräume zurückzuführen. Besonders Jungmuscheln reagieren äußerst empfindlich auf Veränderungen wie etwa veränderte Abfluss- und Strömungsverhältnisse durch Begradigungen und Gewässerverbau. Die zur Ansiedlung wichtige Kiesschicht auf dem Gewässergrund wird immer häufiger durch andere Erdschichten bedeckt. Diese gelangen infolge intensiver Nutzung angrenzender Flächen in die Gewässer.*

*Nach: Merkblatt Artenschutz, Flussperlmuschel, Bayerisches Landesamt für Umwelt, 08/2012*

## Tierische Baustopper

*Auch der possierliche Feldhamster hat es zu bundesweiter Berühmtheit gebracht. Zwischen 200 und 650 Gramm schwer ist er, aber bereits zu einem politischen Schwergewicht geworden. Bei Würzburg musste ein Möbelhaus eine ganze Hamsterkolonie umsiedeln, um mit den Bauarbeiten beginnen zu können. Beim Bundesamt für Naturschutz (BfN) sieht man die tierischen Baustopper mit gemischten Gefühlen. Natürlich muss auch bei großen Bauprojekten Rücksicht auf bedrohte Arten genommen werden. So schreibt es das Gesetz schließlich vor. Wie aber einzelne Arten dabei regelrecht instrumentalisiert werden, gefällt BfN-Präsidentin Beate Jessel gar nicht: »Die Art und Weise, wie Wachtelkönig und Co. in vielen Fällen benutzt werden, zieht den Naturschutz eher ins Lächerliche und schadet ihm damit.«*

*Aus: »Ein Knutt ist besser als 100 Wutbürger« von Claudia Ehrenstein, www.welt.de, 25.06.2014*

## Bundesamt für Naturschutz (BfN)

*Von 1998 bis 2005 sind vom Bundesamt für Naturschutz (BfN) bundesweit 24 Bauvorhaben registriert worden, in denen der Feldhamster eine Rolle spielte. In gerade mal einem Fall wurde die Planung gestoppt. Der Naturschutz ist durch diese Debatte fälschlicherweise in die Rolle eines Bremsers des wirtschaftlichen Fortschritts gedrängt worden.*

*Aus: Hintergrund-Info Feldhamster, Bundesamt für Naturschutz, www.bfn.de, 07/2005*

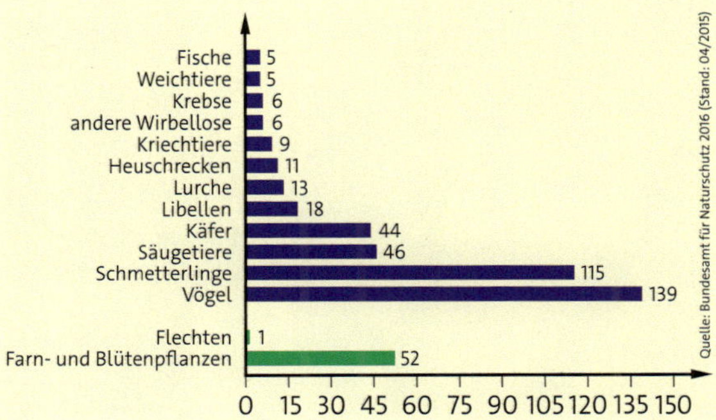


**5** Anzahl streng geschützter heimischer Arten

# Umweltfaktoren wirken auf Lebewesen

»Rätselhaftes Fischsterben im Westsee Bad Staffelstein« – wenn solche Schlagzeilen durch die Medien gehen, fragt man sich sofort nach den möglichen Ursachen.

**1** Zeitungsschlagzeilen

### Umweltfaktoren

Jede Art kann nur dort leben, wo die Umwelt für sie günstige Lebensbedingungen bietet. Diese *Umweltfaktoren* wirken in vielfältiger Weise zusammen.

### Abiotische Umweltfaktoren …

Alle unbelebten Einflüsse, die auf einen Organismus wirken, bezeichnet man als *abiotische Umweltfaktoren*. Sie prägen das Biotop.

### … Licht

Das Licht der Sonne zählt zu den abiotischen Umweltfaktoren. Es ist die wichtigste natürliche Energiequelle der Erde. Pflanzen nutzen die Lichtenergie zur Herstellung von Traubenzucker. Der Wechsel von Tag und Nacht beeinflusst das Verhalten der Tiere. Im Frühling beginnen Vögel morgens mit ihrem Gesang. In der Dämmerung der Sommerabende sind die Mückenschwärme auffällig und Fledermäuse fliegen zwischen den Baumgipfeln.

### … Temperatur

Wichtige Lebensprozesse der Pflanzen werden von der Temperatur beeinflusst. Viele Samen keimen zum Beispiel nur bei bestimmten Temperaturen. Auch das Pflanzenwachstum hängt hiermit zusammen. Tiere zeigen häufig temperaturabhängige Unterschiede in ihrer Aktivität und ihrem Verhalten.

### … Wasser

Für alle Organismen ist Wasser lebensnotwendig. Es ist ein wesentlicher Bestandteil ihrer Zellen. Daneben ist Wasser oft ein wichtiger Umweltfaktor im Lebensraum, beispielsweise im Boden oder in Form von Luftfeuchtigkeit.

**2** Goldammer beim morgendlichen Gesang

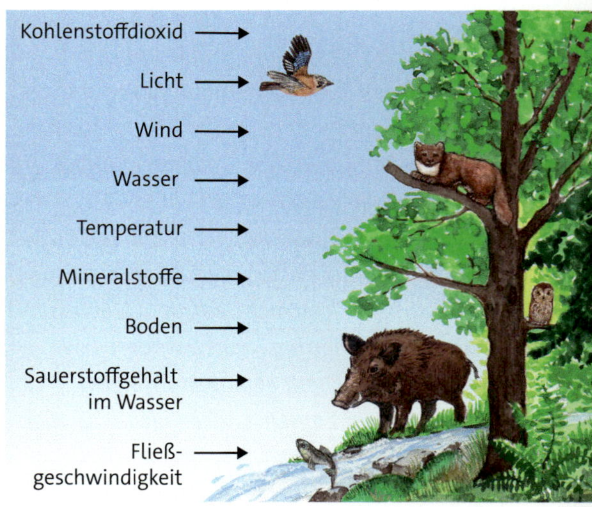


**3** Abiotische und …

## Biotische Umweltfaktoren ...

Alle Einwirkungen auf einen Organismus, die von Lebewesen ausgehen, sind *biotische Umweltfaktoren*. Sie können sowohl innerhalb einer Art als auch zwischen verschiedenen Arten wirken.

### ... Konkurrenten

Organismen mit ähnlichen Ansprüchen an den Lebensraum treten in vielfacher Weise in Konkurrenz. Waldbäume konkurrieren beispielsweise um die Mineralstoffe im Boden, um Wasser, Licht und Raum. Auf diese Weise können nicht unendlich viele Bäume wachsen. Konkurrenz reguliert demnach die Anzahl der Lebewesen einer Population.

### ... Fressfeinde

Wenn ein Fuchs ein Wildkaninchen erbeutet, wird er dieses töten und fressen. Solche Räuber oder Beutegreifer nennt man Fressfeinde. Auch diese regulieren die Anzahl der Lebewesen einer Population, wie beispielsweise Bussarde, wenn sie Mäuse greifen.

### ... Parasiten

Manche Organismen leben als *Parasiten* in oder auf einem artfremden Lebewesen, um diesen *Wirt* als Nahrungsquelle zu nutzen. Parasiten wie Zecken oder Flöhe schädigen dabei ihren Wirt, töten ihn aber nicht.

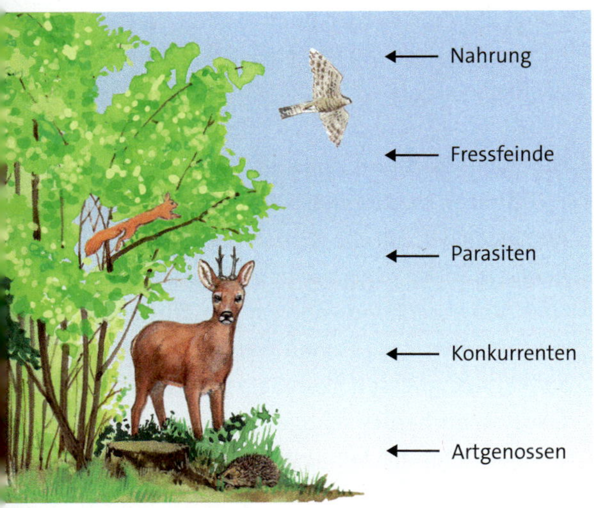


... biotische Umweltfaktoren

**4** Bussarde konkurrieren um die Sitzwarte.

### Umweltfaktoren wirken zusammen

Die meisten Wasserorganismen benötigen eine Mindestmenge von Sauerstoff im Wasser. Da diese von der Temperatur abhängt, gibt es jahreszeitliche Schwankungen. Umweltfaktoren ändern sich im Jahresverlauf und beeinflussen die Organismen. Viele einheimische Säugetiere passen sich zum Beispiel der kalten Jahreszeit durch Winterruhe oder Winterschlaf an.

**In Kürze**

Abiotische und biotische Umweltfaktoren wirken zusammen auf Organismen ein, beeinflussen diese und bilden das Ökosystem.

### Aufgaben

**1** Gib die Definitionen für die Begriffe abiotische und biotische Umweltfaktoren wieder.

**2** Nenne mit Hilfe von Bild 5 einen möglichen Grund für das Fischsterben im Westsee während des sehr heißen Septembers 2016.

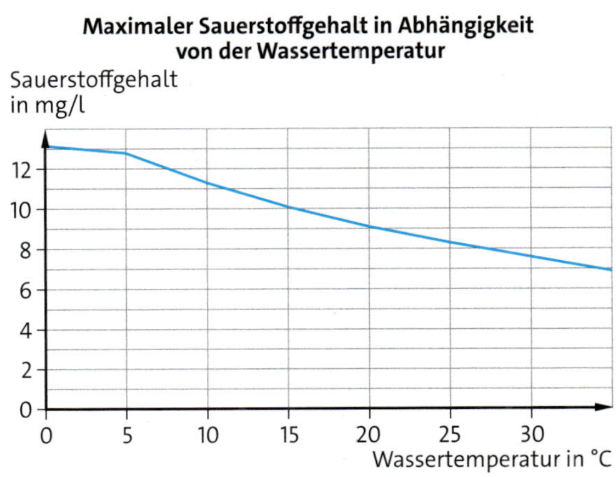


**5** Maximaler Sauerstoffgehalt in einem Gewässer

# Untersuchung eines Ökosystems

In der Umgebung eurer Schule gibt es bestimmt ein Ökosystem, das ihr erforschen könnt. Egal ob Bach, Weiher, Wald oder Wiese, bei der Untersuchung eines Ökosystems können folgende Schritte helfen:

**1 Überblick verschaffen** Gewinnt vor Ort einen ersten Eindruck von der Art des Ökosystems und den angrenzenden Gebieten. Fertigt dazu einen Überblicksbogen an wie in Bild 2 und füllt ihn aus. Besorgt euch eine möglichst genaue Karte der Region. Mit Hilfe der Karte könnt ihr die Größe des Ökosystems abschätzen. Plant ein, Fotos von Pflanzen und Tieren aufzunehmen. Wenn möglich könnt ihr auch Aufnahmen mit dem Smartphone anfertigen.

1 Verschiedene Ökosysteme bei Cham in der Oberpfalz

**Name des Ökosystems:**

**Art des Ökosystems**
□ Wald □ Wiese □ Hecke □ ...
□ Fließgewässer □ stehendes Gewässer
□ natürlich □ künstlich

**Größe**
Länge: Breite: Fläche:

**Umgebung**
Im Norden:
Im Osten:
Im Süden:
Im Westen:

**Untergrund / Bodenbeschaffenheit**
□ Kies / Steine □ Erde □ ...
Anteil, der von Pflanzen bedeckt ist: %

**Nutzung:**

2 Überblicksbogen

**2 Abiotische Faktoren erfassen** Um die Lebensbedingungen für Pflanzen und Tiere zu erfassen, werden abiotische Faktoren gemessen. Welche Faktoren ausschlaggebend sind, ist für jeden Lebensraum unterschiedlich. Überlegt euch im Vorfeld wichtige Faktoren. In einem Wald, einer Hecke und auf einer Wiese spielen die Bodenbeschaffenheit, die Luftfeuchtigkeit, die Lichtintensität und die Windgeschwindigkeit eine wichtige Rolle. Die Temperatur solltet ihr 50 und 150 Zentimeter über dem Boden messen. Bei Gewässern sind neben der Farbe, der Trübung und dem Geruch auch die Temperatur, der Sauerstoffgehalt sowie die Fließgeschwindigkeit wichtige Faktoren.

**3 Biotische Faktoren erfassen ...**
**... Pflanzen bestimmen** Verwendet Bestimmungsbücher, um die Namen der Pflanzen herauszufinden, die in dem Ökosystem typisch sind. Um ausgehend von wenigen Pflanzen eine Aussage über das gesamte Ökosystem treffen zu können, müsst ihr die Gegebenheiten des Ökosystems berücksichtigen und entsprechende Untersuchungsflächen festlegen.

**A** Das Ökosystem ist hinsichtlich der abiotischen Faktoren weitgehend einheitlich: Untersucht eine quadratische Fläche. Ihre Größe hängt vom Ökosystem ab. Auf einer Wiese reicht ein Quadrat von einem Meter Kantenlänge, im Wald sollte die Fläche mindestens zehn mal zehn Meter groß sein. Um die Untersuchungsfläche abzugrenzen, markiert ihr das Quadrat mit Hilfe einer Schnur. Teilt euch in mehrere Gruppen auf, um die unterschiedlichen Bereiche des Ökosystems zu erfassen. Bestimmt möglichst alle Pflanzen innerhalb des Quadrats und schätzt ihre jeweilige Häufigkeit ab. Eine maßstabsgetreue Skizze auf kariertem Papier, auf der die Standorte der Pflanzen in verschiedenen Farben eingezeichnet werden, hilft euch dabei.

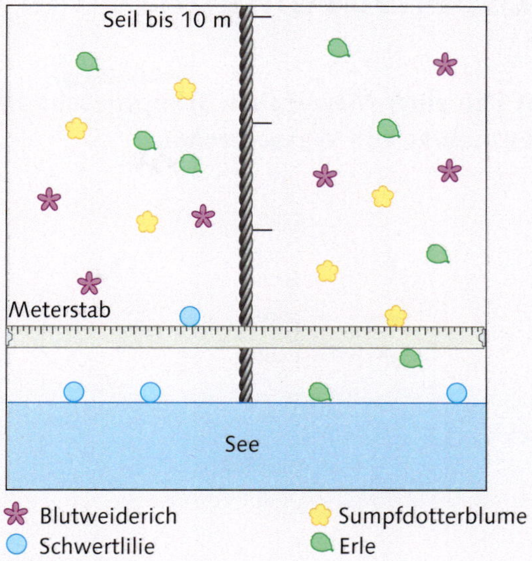


4 Untersuchung eines Seeufers

**B** Das Ökosystem weist große Unterschiede auf oder es geht in ein anderes über, zum Beispiel ein Seeufer:
Bestimmt die Pflanzen links und rechts einer festgelegten Linie. Hierzu spannt ihr ein bis zu zehn Meter langes Seil vom Wasser aus im rechten Winkel in Richtung Uferbereich. Legt einen Meterstab mit zwei Metern Länge quer über die Mitte des Seils und bestimmt alle Pflanzen, die der Meterstab berührt. Diesen Schritt wiederholt ihr in Abständen von ein bis zwei Metern. Auch bei dieser Methode hilft euch die Erstellung einer maßstabsgetreuen Skizze bei der Auswertung.

3 Schülerinnen untersuchen ein Gewässer.

**... Bestandsaufnahme von Tieren** Die exakte Bestimmung von Tieren ist nicht immer einfach. Wichtiger ist, dass ihr die Tiere einer Tiergruppe zuordnen könnt, zum Beispiel Insekten oder Schnecken. Beschreibt den Fundort der Tiere und gebt die Häufigkeit an: selten, regelmäßig, häufig oder massenhaft.

**4 Untersuchungen auswerten** Zurück im Klassenzimmer werden alle Ergebnisse der Untersuchungen zusammengetragen. Nun könnt ihr wichtige Aussagen über das untersuchte Ökosystem ableiten. Für Gewässer kann zum Beispiel die Gewässerqualität ermittelt werden, beim Waldrand kann die Lichtintensität im Vergleich zu den angrenzenden Ökosystemen bestimmt werden. Erstellt Diagramme der Messwerte und wählt geeignete Fotos aus.

**5 Präsentieren** Fasst die Ergebnisse der Untersuchungen auf Plakaten zusammen. In einer Ausstellung im Schulgebäude könnt ihr die Plakate präsentieren.

## Aufgaben

1 Nennt wesentliche Umweltfaktoren, die in dem von euch untersuchten Ökosystem wirken.
2 Untersucht zur Übung ein »Miniökosystem« (20 cm x 20 cm) auf dem Schulgelände.

Praktikum

# Lebensbedingungen in einem Gewässer

## A Bau einer Meyerschen Schöpfflasche zur Entnahme von Wasserproben

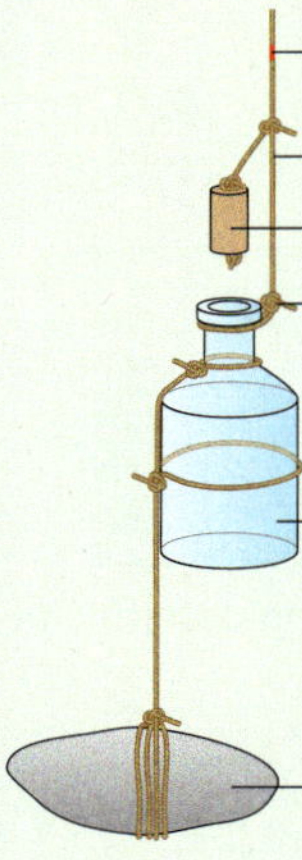


**1** Meyersche Schöpfflasche

**Material** Glasflasche mit passendem Korken, feste Schnur, Stein, wasserfester Stift, langer Nagel

**Durchführung** Bohrt mit dem Nagel vorsichtig ein Loch in den Korken. Fädelt ein kurzes Stück Schnur durch das Loch und verknotet die Schnur mehrfach oberhalb und unterhalb des Korkens. Wickelt nun ein langes Stück Schnur um den Flaschenhals und verknotet es fest. Bindet die Schnur vom Korken so in die lange Schnur ein, dass sich der Korken durch einen Ruck einfach lösen lässt. Wickelt eine weitere Schnur fest um den Flaschenhals, weiter um den Flaschenbauch und am Ende um einen Stein. Verknotet diese Schnur jeweils nach dem Umwickeln. Zeichnet mit dem wasserfesten Stift alle 20 Zentimeter eine Markierung auf die lange Schnur.

### Arbeitsaufträge

1 Beschreibt, wie ihr vorgehen müsst, um mit der Meyerschen Schöpfflasche Wasserproben aus unterschiedlichen Wassertiefen zu entnehmen.

2 Übt den Umgang mit der Schöpfflasche.

## B Bestimmung von Trübung, Färbung und Geruch

**Material** Meyersche Schöpfflasche, 4 Marmeladengläser mit Schraubdeckeln, weißes Papier, Leitungswasser, wasserfester Stift

**Durchführung** Entnehmt mit der Schöpfflasche aus der Mitte eines Gewässers drei Proben: an der Oberfläche, in 1 m Tiefe und vom Gewässergrund. Füllt jede Probe in ein eigenes Marmeladenglas und beschriftet es. Haltet zur Beurteilung der Proben hinter jedes Glas ein Stück weißes Papier. Vergleicht eure Proben mit dem Leitungswasser im vierten Glas. Zum Riechen müsst ihr die Proben vorher etwas schütteln.

### Arbeitsaufträge

1 Notiert eure Beobachtungen in einer Tabelle.

2 Vergleicht eure Ergebnisse mit der Tabelle in Bild 2 und leitet die Gewässerqualität ab.

| Geruch | Farbe | Belastung |
|---|---|---|
| geruchlos | farblos bis schwach bräunlich, aber durchsichtig | nicht belastet |
| leichter Geruch, nicht unangenehm | leichte Trübung, gelblich | mäßig belastet |
| leichter Abwassergeruch | stärkere Trübung, milchig, bräunlich oder grün | stark belastet |
| starker Abwassergeruch oder wie faule Eier | sehr starke Trübung, grauschwarz | sehr stark belastet |

**2** Geruch und Farbe geben Auskunft über die Belastung von Gewässern.

**3** Verschiedene Wasserproben

## C Untersuchung der Schaumbildung

4 Schaum auf einem Gewässer

**Material** 4 Marmeladengläser mit Schraubdeckeln, Leitungswasser, wasserfester Stift

**Durchführung** Entnehmt an verschiedenen Stellen Wasserproben von der Oberfläche. Füllt jede Probe in ein eigenes Marmeladenglas. Achtet darauf, die Gläser nicht bis zum Rand zu füllen. Schüttelt die Proben 30 Sekunden kräftig durch. Öffnet die Gläser und betrachtet den Schaum. Führt auch Geruchsproben durch. Vergleicht eure Proben mit der Leitungswasserprobe.

### Arbeitsaufträge

1 Fertigt ein Protokoll zu diesem Versuch an.
2 Vergleicht eure Ergebnisse mit der Tabelle in Bild 5. Haltet eure Schlussfolgerung im Protokoll fest.

| Schaum | Geruch | Wasserqualität |
|---|---|---|
| Blasen durchsichtig, Schaum verschwindet sofort, auch nach erneutem Schütteln | geruchlos | klares Wasser hoher Qualität |
| Blasen weiß, gelblich bis bräunlich, Schaum ist zäh und hält lange, lässt sich nach Zerfall durch Schütteln kaum wiederherstellen | Geruch nach Erde oder Fisch | natürlicher Schaum (z. B. durch Algen, Pflanzenreste, usw.) |
| Blasen erscheinen regenbogenfarbig, Schaum zerfällt rasch, lässt sich durch kräftiges Schütteln wiederherstellen | Geruch nach Waschmittel oder Parfüm | künstlicher Schaum (z. B. durch Einleitung von Abwasser, Klärwasser, Chemikalien, Gülle) |

5 Unterscheidung von Schaum

## D Messung der Fließgeschwindigkeit

**Material** 2 Pfosten, Maßband, Stoppuhr, Korken

**Durchführung** Legt mit dem Maßband eine Strecke von zehn Metern fest. Am Start- und Endpunkt steckt ihr jeweils einen Pfosten in den Boden. Werft nun den Korken ins Wasser und bestimmt mit der Stoppuhr die Zeit, die er zum Zurücklegen der Strecke zwischen den beiden Pfosten benötigt. Führt mehrere Messungen durch und notiert die Zeiten.

### Arbeitsaufträge

1 Fertigt eine Skizze der Messstrecke an.
2 Bildet den Mittelwert der Messungen.
3 Errechnet die Strömungsgeschwindigkeit in Zentimetern pro Sekunde:

$$\text{Strömungsgeschwindigkeit} = \frac{\text{Strecke in cm}}{\text{gemessene Zeit in s}}$$

4 Die Strömungsgeschwindigkeit legt fest, welche Teilchen im Fließgewässer transportiert werden. Vergleicht eure errechneten Werte mit der Tabelle in Bild 6.

| Bodengrund | Korngröße in mm | Fließgeschwindigkeit in cm/s |
|---|---|---|
| Schlamm | < 0,2 | sehr langsam (< 10) |
| Schlamm, Sand | 0,2–2 | langsam (10–25) |
| Sand, feiner Kies | 2–20 | mittel (25–50) |
| Kiesel | 20–100 | schnell (50–100) |
| Geröll, Felsbrocken | > 100 | sehr schnell (> 100) |

6 Diese Teilchen können transportiert werden.

7 Messung der Fließgeschwindigkeit

Praktikum

# Lebensbedingungen in einem Land-Ökosystem

## A Bestimmung der Bodenart

**Material** etwa 1 Teelöffel Bodenprobe ohne Lebewesen, Wasser

**Durchführung** Feuchte den Boden an, bis er leicht schmierig ist. Lässt er sich zwischen den Händen zu einer bleistiftdicken Wurst rollen, handelt es sich um einen tonigen Boden. Zerreibe den Boden zwischen den Handflächen. Sind in deinen Handrillen Bodenspuren zu sehen, ist der Boden lehmig. Lässt sich die Probe nicht zu einer Wurst rollen, liegt ein sandiger Boden vor. Notiere deine Ergebnisse.

## B Kalkgehalt des Bodens

**Material** 1 Teelöffel Bodenprobe ohne Lebewesen, Petrischale, Pipette, Essigsäure (am besten 25%ige Essigessenz)

**Sicherheitshinweis:** Essigsäure ist ätzend. Setze die Schutzbrille auf. Entsorge Reste nach dem Versuch über den Ausguss.

**Durchführung** Gib die Bodenprobe in eine Petrischale und tropfe mit der Pipette ca. 8 Tropfen Essigessenz darauf. Die Stärke des Aufbrausens gibt dir einen Hinweis auf den Kalkgehalt der Bodenprobe. Nimm hierzu die Tabelle aus Bild 1 zu Hilfe. Notiere deine Ergebnisse.

| Kalkgehalt im Boden | Stärke des Aufbrausens |
|---|---|
| unter 1% | kein Aufbrausen |
| 1%–2% | schwaches Aufbrausen |
| 3%–4% | starkes Aufbrausen, aber nicht anhaltend |
| über 5% | starkes, lang anhaltendes Aufbrausen |

**1** Kalkgehalt bestimmen

## C Wasserhaltefähigkeit des Bodens

**Material** unterschiedliche luftgetrocknete Bodenproben, Plastikflaschen, Schere, Messgefäß, Wasser, Nagel

**Durchführung** Schneide mit der Schere die Flaschenhälse ab und durchbohre die Deckel mit dem Nagel. Fülle die Erdproben gleich hoch in die Flaschenhälse. Stelle diese dann auf die abgeschnittenen Flaschen. Gieße jeweils die gleiche Menge Wasser auf die Proben. Bestimme die Menge des durchgelaufenen Wassers mit Hilfe des Messgefäßes. Je weniger Wasser durchläuft, desto größer ist die Wasserhaltefähigkeit. Notiere und vergleiche deine Ergebnisse.

## D Säuregehalt des Bodens

**Material** Bodenprobe, 2 Gläser, Topf, Heizplatte, Rotkohl, Messer, Wasser, Essigsäure (am besten 25%ige Essigessenz)

**Sicherheitshinweis:** Essigsäure ist ätzend. Setze die Schutzbrille auf. Entsorge Reste nach dem Versuch über den Ausguss.

**Durchführung** Schneide den Rotkohl klein. Lass ihn im heißen Wasser ziehen, bis dieses sich violett verfärbt. Fülle dann zwei Gläser je zur Hälfte mit dem violetten Saft. Gib in ein Glas etwas Essigessenz hinzu, in das andere Glas zwei Teelöffel der Bodenprobe. Warte etwa 30 Minuten. Ist deine Bodenprobe sauer, sollte sich der Saft wie mit Essigessenz pink verfärben. Je saurer der Boden, desto stärker färbt sich der Saft pink. Bleibt er violett, ist die Probe neutral. Andere Verfärbungen zeigen einen Kalkgehalt an.

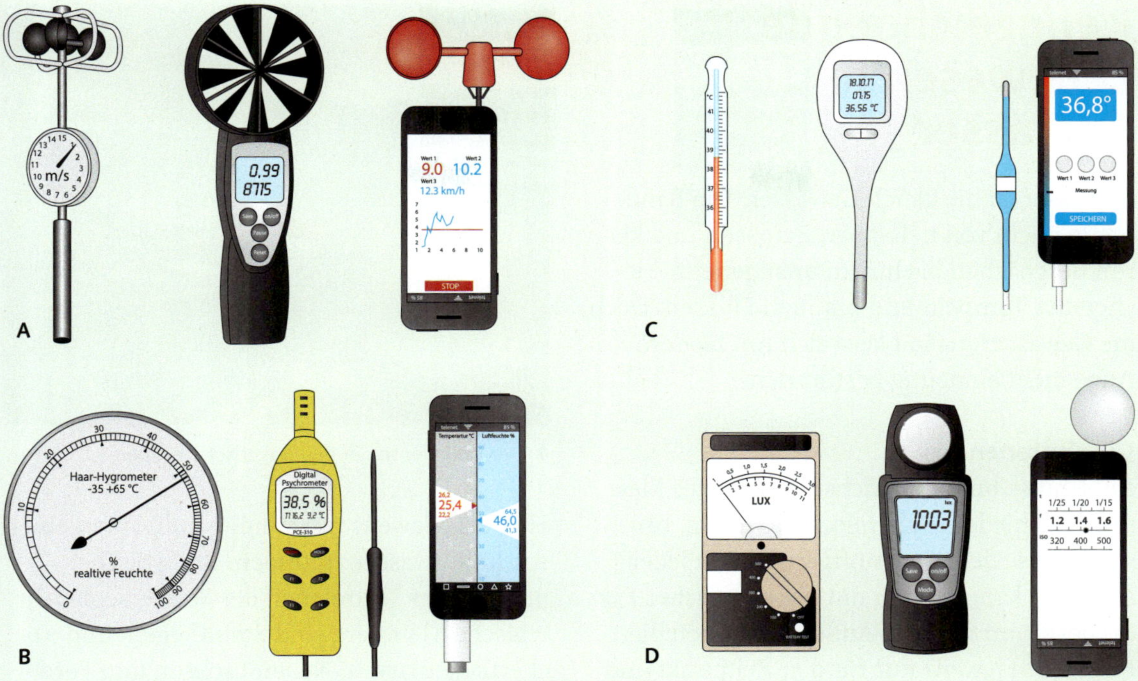


**2** Verschiedene Messgeräte: A Windmessgeräte; B Feuchtigkeitsmessgeräte; C Thermometer; D Lichtmessgeräte

## E Windgeschwindigkeit

**Material** Windmessgerät, z. B. Schalenanemometer oder Windmesser für Smartphone

**Durchführung** Führe die Messung 150 Zentimeter über dem Boden durch. Achte darauf, dass keine Hindernisse wie Zweige oder Bäume im Weg stehen.

## F Luftfeuchtigkeit

**Material** Feuchtigkeitsmessgerät wie Hygrometer oder Messgerät für Smartphone

**Durchführung** Führe die Messung der Luftfeuchtigkeit je etwa 50 Zentimeter über dem Boden durch.

## G Temperatur

**Material** Thermometer oder Thermometer für Smartphone

**Durchführung** Miss die Temperatur an jedem Messpunkt 50 und 150 Zentimeter über dem Boden. Achte darauf, das Thermometer nicht direkt der Sonne auszusetzen.

## H Lichtintensität

**Material** Belichtungsmesser, Luxmeter oder Lichtmessgerät für Smartphone

**Durchführung** Miss die Lichtintensität etwa 50 Zentimeter über der Krautschicht. Vermeide dabei eine Beschattung des Messgeräts durch den eigenen Körper.

## Arbeitsaufträge

1 Führt alle Messungen an 2 genau festgelegten unterschiedlichen Messpunkten durch, zum Beispiel am Waldrand und im Waldinnern.

2 Notiert eure Messergebnisse in einer Tabelle.

3 Erstellt eine Mindmap zu den Lebensbedingungen des von euch untersuchten Ökosystems.

# Kennzeichnende Lebewesen im Gewässer

Gewässer ist nie gleich Gewässer: Die Bandbreite reicht von tiefblauen Bergseen und klaren Bergbächen bis hin zu unangenehm riechenden Tümpeln und braunen Flüssen. Doch die Gewässerqualität lässt sich mit bloßem Auge nicht eindeutig bestimmen.

1 Der Walchensee in den Bayerischen Alpen

## Gütekriterien

Aufschluss bringt zunächst ein direktes Messen verschiedener chemischer Größen, beispielsweise des Sauerstoffgehalts. Mit jeder Messung kann hierbei nur ein abiotischer Faktor bestimmt werden. Außerdem gelten die Messdaten jeweils nur für den Zeitpunkt und den Ort der Probenentnahme.

Eine gute Ergänzung zur Bestimmung der Qualität eines Gewässers ist das Aufspüren seiner Bewohner. Denn Organismen stellen spezielle Ansprüche an ihren Lebensraum. Bestimmte Arten und deren Häufigkeit in einem Gewässer lassen Rückschlüsse auf die Wasserqualität zu. Sie heißen *Zeigerorganismen* oder *Bioindikatoren*.

## Unbelastete Gewässer

Klares, mineralstoffarmes Wasser mit hohem Sauerstoffgehalt ist frei von Schadstoffen. Hier sind jeweils nur wenige Individuen einer Art im Gewässer zu finden. Ein typischer pflanzlicher Vertreter ist der Wasserschlauch, typische Kleintiere sind Steinfliegen- und Köcherfliegenlarven. Neben Lachsen und Forellen lebt dort auch die Flussperlmuschel.

## Mäßig belastete Gewässer

Ist das Gewässer oftmals noch klar, nur von Zeit zu Zeit durch Algenbildung getrübt und weist dabei einen schwankenden Sauerstoffgehalt auf, handelt es sich um ein mäßig belastetes Gewässer. Sehr häufig anzutreffen ist die Feine Armleuchteralge oder das Schwimmende Laichkraut. Viele verschiedene Fischarten, Bachflohkrebse, Flussnapfschnecken und Bachtaumelkäfer sind typische Tiere dieser Gewässer.

2 Zeigerorganismen unbelasteter Gewässer

3 Zeigerorganismen mäßig belasteter Gewässer

**4** Rattenschwanzlarven im Gewässer

### Stark belastete Gewässer

Durch Abwassereinleitungen werden Gewässer mit Mineralstoffen übersättigt. Der Sauerstoffgehalt ist zeitweise sehr gering. Das Wasser ist oft stark getrübt. Dadurch kommt es wiederholt zum Fischsterben der insgesamt wenigen Fische wie Karpfen oder Aale.

In großer Anzahl sind dort Pflanzen und Kleintiere anzutreffen, die mit den schwankenden Bedingungen gut zurechtkommen. Dazu gehören das Ährige Tausendblatt und das Glänzende Laichkraut. Auch Wasserasseln, Rollegel und Stechmückenlarven sind hier häufig.

### Übermäßig belastete Gewässer

Sind Gewässer übermäßig stark verschmutzt, ist der Gewässergrund in der Regel komplett mit Faulschlamm bedeckt. Im Wasser herrscht ein permanenter Sauerstoffmangel. Nur wenige Pflanzen und Tiere können hier leben. Charakteristische Pflanzen sind der Gemeine Tannenwedel, die Wasserpest und der Flutende Hahnenfuß. Rote Zuckmückenlarven, Rattenschwanzlarven und Schlammröhrenwürmer kommen mit übermäßig belasteten Gewässern gut zurecht.

#### In Kürze

Die Tatsache, dass bestimmte Pflanzen und Tiere nur unter bestimmten Bedingungen vorkommen, wird bei der Bestimmung der Wasserqualität genutzt. Solche kennzeichnenden Lebewesen dienen als sogenannte Zeigerorganismen.

### Aufgaben

**1** Übertrage die Tabelle in Bild 6 in dein Heft und ergänze sie.

| Wasserqualität | Bioindikatoren |
|---|---|
| unbelastet | – Steinfliegenlarve<br>–<br>– |
| mäßig belastetes Wasser | |
| | |

**6** Bioindikatoren unterschiedlicher Gewässer

**2** Stelle begründete Vermutungen an, welche Gewässerqualität der Walchensee in Bild 1 aufweist.

**5** Zeigerorganismen stark belasteter Gewässer

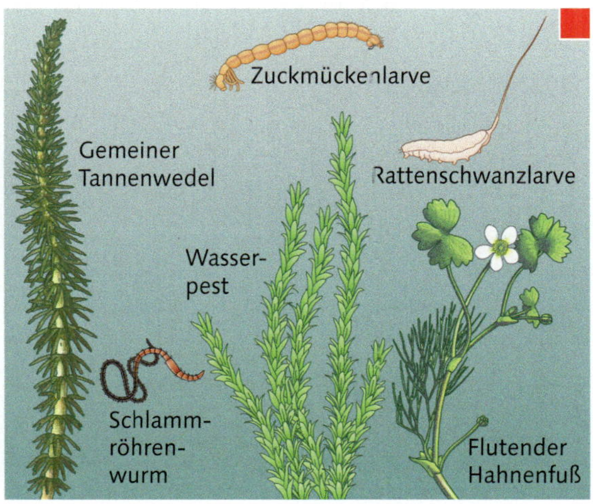


**7** Zeigerorganismen übermäßig belasteter Gewässer

# Kennzeichnende Lebewesen an Land

Beim sonntäglichen Waldspaziergang mit der Familie fällt Charlotte auf, dass der gesamte Waldboden von nur einer einzigen Pflanzenart bedeckt ist. Eine weiße Blütenpracht erstreckt sich, so weit das Auge reicht.

## Zeigerorganismen

Viele Tier- und Pflanzenarten sind an ganz bestimmte Umweltverhältnisse angepasst. Mit anderen Verhältnissen würden sie nicht zurechtkommen. Durch ihr Vorhandensein weisen sie auf Bedingungen wie Bodenfeuchtigkeit oder Lichtverhältnisse hin. Solche Arten sind sogenannte *Zeigerorganismen* oder *Bioindikatoren*.

## Organismen saurer Böden

Der Waldsauerklee ist ein Schattenzeiger, der zudem noch auf saure und mittelfeuchte Böden hindeutet. Auf sauren Böden wachsen außerdem Adlerfarn und Ehrenpreis sowie Kleiner Wiesensauerampfer und Kamille.

Enchyträen zeigen ebenfalls saure Böden an. Diese sind durch das Fehlen von Regenwürmern wichtig für die Zersetzung abgestorbener Pflanzenteile.

**1** Waldsauerklee – so weit das Auge reicht

## Organismen kalkhaltiger Böden

Salbei ist ein Zeigerorganismus für kalkreiche Böden und weist gleichzeitig auf viel Licht hin. Auch die Acker-Glockenblume, der Acker-Senf, der Wiesenknopf und der Klatschmohn wachsen auf Kalkböden.

Häufig anzutreffende Vertreter aus dem Tierreich sind dagegen Schnecken und Regenwürmer. Bodenbestandteile und abgestorbene Pflanzenteile auf dem Boden werden von den Regenwürmern als Nahrung aufgenommen und als humusreiche Kothäufchen wieder ausgeschieden.

**2** Einige Zeigerorganismen saurer Böden: A Ehrenpreis; B Wiesensauerampfer; C Waldsauerklee

**3** Einige Zeigerorganismen kalkhaltiger Böden: A Acker-Glockenblume; B Großer Wiesenknopf; C Acker-Senf

**4** Einige Zeigerorganismen feuchter Böden:
A Schachtelhalm; B Sumpfdotterblume; C Knöterich

**6** Einige Zeigerorganismen mineralstoffreicher Böden:
A Hirtentäschel; B Huflattich; C Vogelmiere

## Organismen feuchter Böden

Ist eine Fläche überwiegend mit Acker-Minze, Gänsefingerkraut, Knöterich, Schachtelhalm, Sumpfdotterblume und Zwergglockenblume bewachsen, leben dort meist auch Asseln. Alle zusammen zeigen einen feuchten Boden an.

## Organismen nasser Böden

Böden, welche die meiste Zeit stark durchnässt sind und immer wieder offene Pfützen aufweisen, beheimaten beispielsweise Binsen, Seggen, Acker-Minze, Gänsefingerkraut und Huflattich. Schnaken legen ihre Eier meist in den nassen Boden. Deshalb sind nicht nur ihre Larven im Boden, sondern auch die Schnakenschwärme über dem Boden entsprechende Bioindikatoren.

**5** Einige Zeigerorganismen nasser Böden: A Segge; B Acker-Minze; C Gänsefingerkraut

## Organismen mineralstoffreicher Böden

Brennnessel, Distel, Weißer Gänsefuß, Hirtentäschel, Huflattich und Vogelmiere wachsen vornehmlich auf mineralstoffreichen Böden. Auch das Vorhandensein von Springschwänzen ist ein guter Hinweis auf derartige Böden.

### In Kürze

Einige Pflanzen und Tiere weisen durch ihr Vorkommen auf bestimmte Umweltbedingungen im Biotop hin. Sie dienen als Zeigerorganismen.

### Aufgabe

**1** Charlotte sucht mit ihren Eltern einen geeigneten Picknickplatz. Dabei kommen sie an eine Lichtung mit vielen Binsen und Seggen.
  **a** Entscheide, ob dies ein geeigneter Platz ist.
  **b** Begründe deine Entscheidung.

**7** Picknick

Praktikum

# Tiere im Wasser

## A Tiere fangen und bestimmen

**1** Selbst gebauter Kescher

**Material** Besenstiel, feines Küchensieb, Panzerklebeband, Schere, weiße Kunststoffschalen oder Becher, weicher Pinsel, Becherlupe

**Durchführung** Verbindet das Küchensieb mit Hilfe des Panzerklebebands fest mit dem Holzstab.

**Arbeitsaufträge**

1 Streicht mit dem Kescher im Uferbereich vorsichtig durch die Wasserpflanzen, um kleine Wassertiere zu fangen. Gebt die Tiere sofort in eine Plastikschale mit genügend Wasser. Verwendet zum vorsichtigen Überführen der Tiere vom Kescher in die Wasserschale einen weichen Pinsel.

2 Bestimmt die Tiere mit Hilfe von Bild 2. Nehmt für sehr kleine Tiere eine Becherlupe zu Hilfe. Notiert Namen und Anzahl der gefundenen Tiere.

**Hinweis:** Alle Tiere sind Lebewesen, auch ganz kleine, die ihr nicht mit bloßem Auge sehen könnt. Behandelt sie achtsam und verletzt sie nicht! Wird Wasser entnommen, müsst ihr es sofort in ein größeres Wassergefäß umfüllen. Achtet darauf, dass immer genügend Wasser in der Schale ist, und dass diese im Schatten steht. Die meisten Wassertiere brauchen Wasser, um atmen zu können, an der Luft ersticken sie. Bringt die Tiere nach der Untersuchung zurück in das Gewässer. Schüttet die Probe vorsichtig und nicht aus größerer Höhe in das Gewässer zurück.

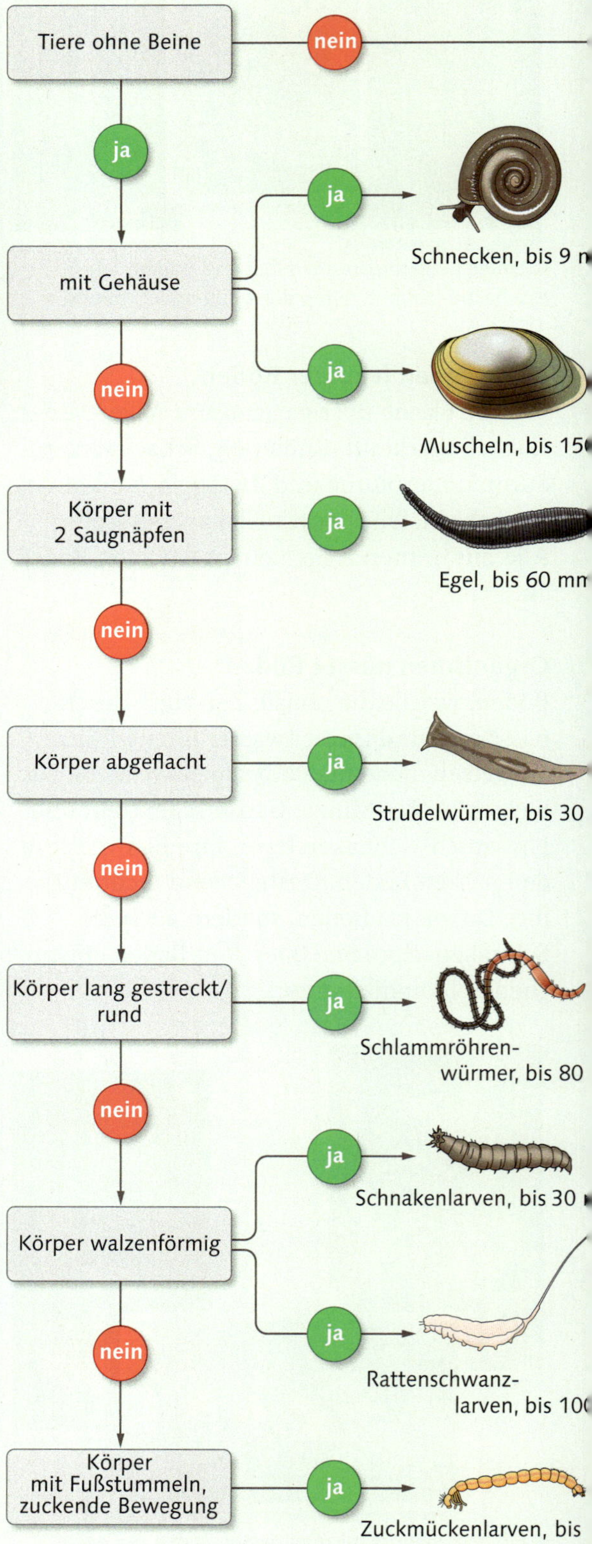


**2** Bestimmungsschlüssel für Wassertiere

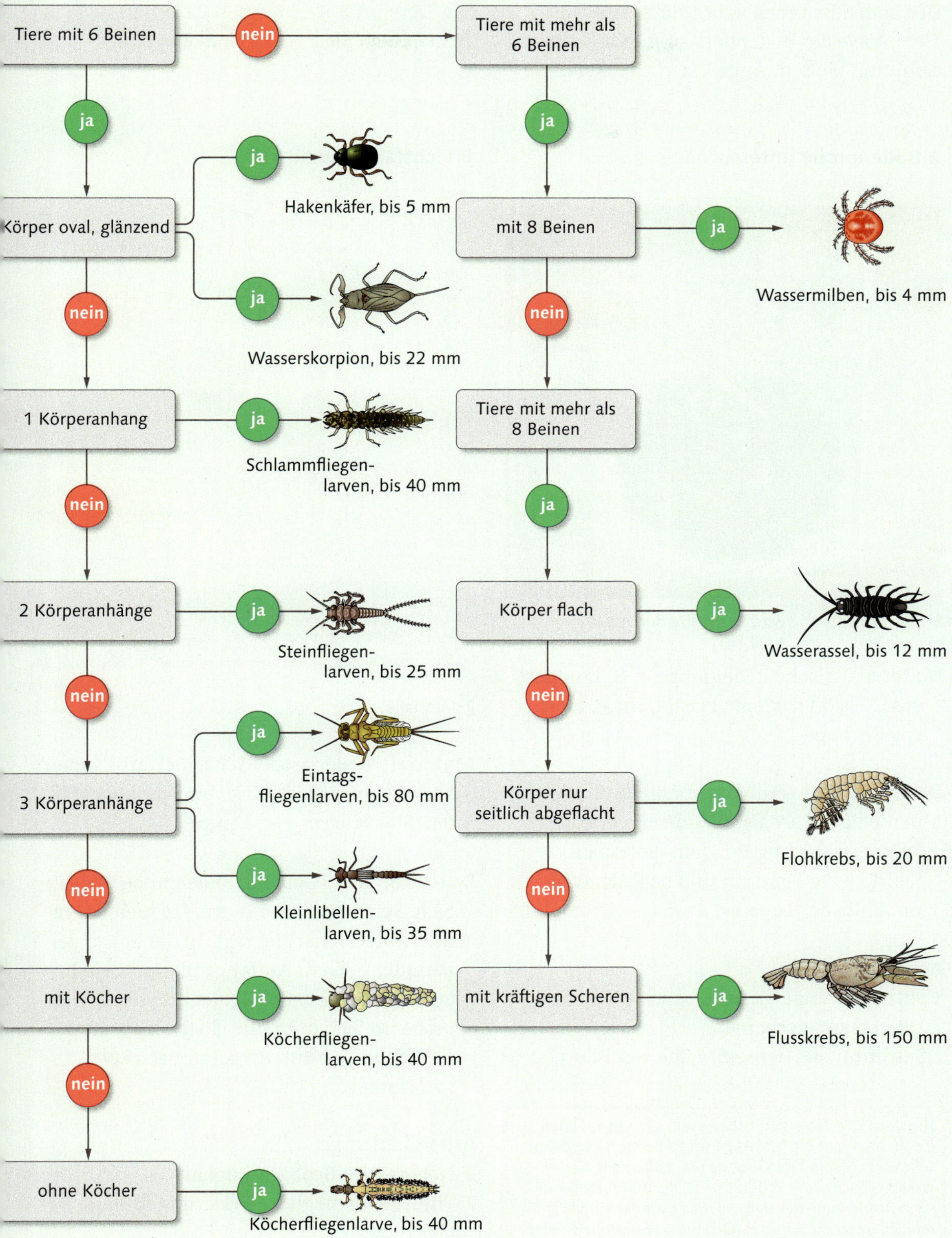
Tiere mit 6 Beinen
nein
Tiere mit mehr als 6 Beinen
ja
ja
Körper oval, glänzend
ja
Hakenkäfer, bis 5 mm
ja
Wasserskorpion, bis 22 mm
nein
1 Körperanhang
ja
Schlammfliegenlarven, bis 40 mm
nein
2 Körperanhänge
ja
Steinfliegenlarven, bis 25 mm
nein
3 Körperanhänge
ja
Eintagsfliegenlarven, bis 80 mm
ja
Kleinlibellenlarven, bis 35 mm
nein
mit Köcher
ja
Köcherfliegenlarven, bis 40 mm
nein
ohne Köcher
ja
Köcherfliegenlarve, bis 40 mm
mit 8 Beinen
ja
Wassermilben, bis 4 mm
nein
Tiere mit mehr als 8 Beinen
ja
Körper flach
ja
Wasserassel, bis 12 mm
nein
Körper nur seitlich abgeflacht
ja
Flohkrebs, bis 20 mm
nein
mit kräftigen Scheren
ja
Flusskrebs, bis 150 mm

Praktikum

# Tiere im und auf dem Boden

Der Boden ist Lebensraum für zahlreiche Tiere. Viele der Bodentiere sind sehr klein und damit mit bloßem Auge kaum zu erkennen. Die Tiere im Boden meiden Licht und Trockenheit. Sie suchen Dunkelheit und Feuchtigkeit.

## A Bodenprobe untersuchen

**1** Eine Bodenprobe wird vorsichtig durchsucht.

**Material** frische Bodenprobe, z. B. Komposterde, Esslöffel, kleine Plastikschale, Holzspieße, Lupe

**Durchführung** Füllt einen Löffel voll Probe in die Plastikschale. Wendet die Bodenkrümel vorsichtig mit dem Holzspieß. Spürt so die Tiere auf und beobachtet sie mit Hilfe der Lupe.

### Arbeitsaufträge

1 Skizziert einige Tiere, die euch besonders interessant erscheinen.
2 Bestimmt die Tiere mit Hilfe von Bild 3.

**Hinweis:** Alle Tiere sind Lebewesen, auch ganz kleine, die ihr nicht mit bloßem Auge sehen könnt. Geht daher sehr vorsichtig mit den Proben um. Behandelt die Lebewesen achtsam und verletzt sie nicht! Bringt die Tiere nach Beendigung der Untersuchung wieder zurück in ihren Lebensraum. Schüttet auch die Bodenprobe wieder vorsichtig zurück an die Entnahmestelle.

## B Lichtfalle bauen

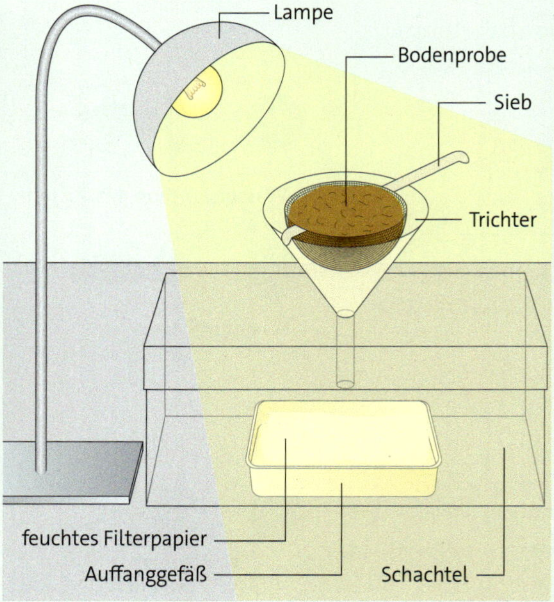


**2** Lichtfalle

**Material** Bodenprobe, Schachtel aus Pappkarton, grobes Sieb, Trichter, Auffanggefäß, feuchtes Filterpapier, Lampe

**Durchführung** Gebt die Bodenprobe in das Sieb. Setzt das Sieb auf den Trichter, der in die dunkle Schachtel ragt. In der Schachtel befindet sich ein Auffanggefäß mit feuchtem Filterpapier. Beleuchtet nun die Bodenprobe im Sieb mit Hilfe einer Tischlampe. Entnehmt das Auffanggefäß nach etwa 10 Minuten.

### Arbeitsaufträge

1 Notiert eure Beobachtungen.
2 Findet eine mögliche Erklärung für eure Beobachtungen.
3 Bestimmt die Tiere mit Hilfe von Bild 3.

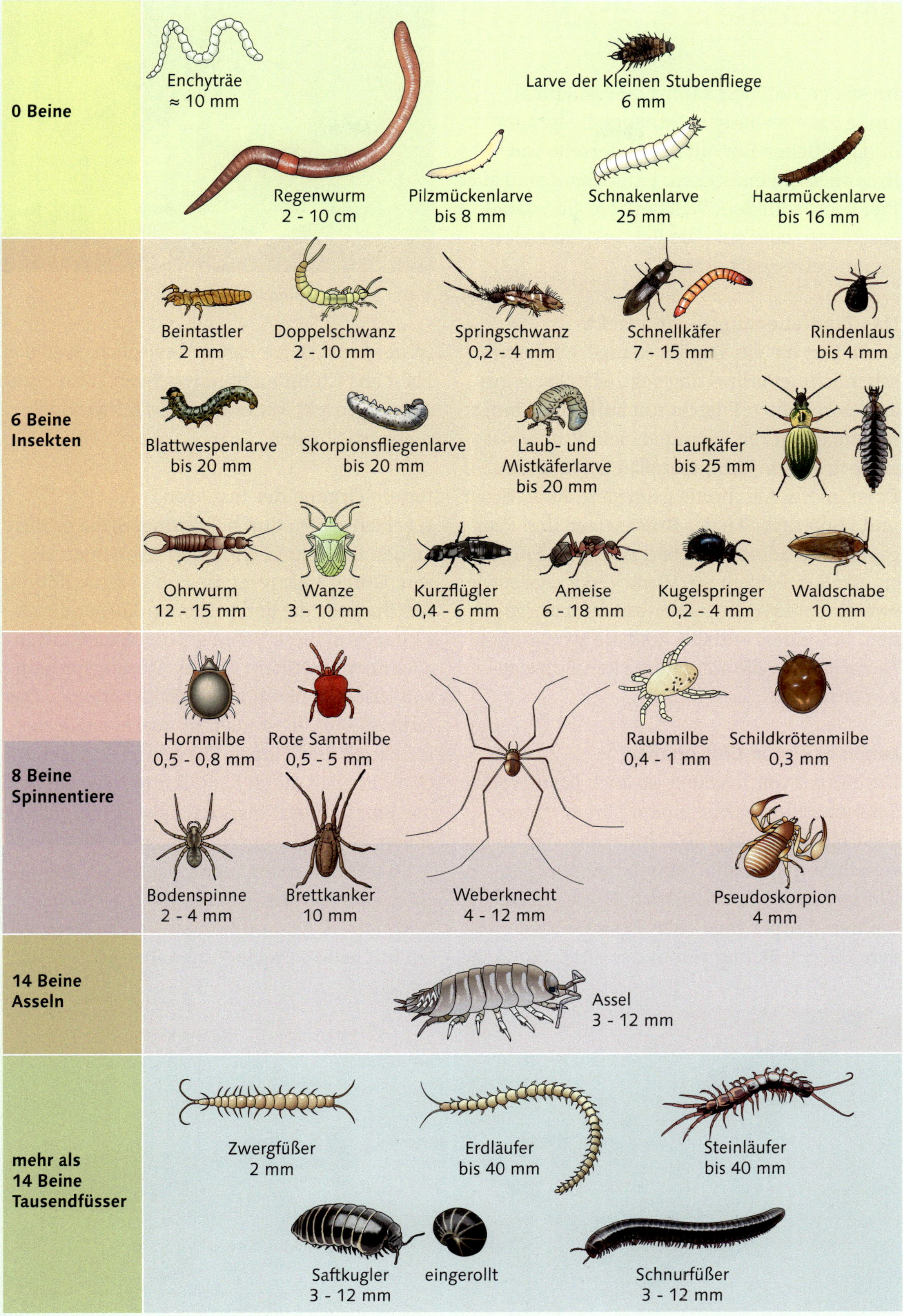


**3** Bestimmungsschlüssel für Bodentiere, geordnet nach der Anzahl der Beine

# Merkmale der Insekten

Im späten Frühjahr kannst du manchmal große Pakete tönnchenförmiger, hellgrüner und geriffelter Eier auf der Unterseite von Brennnesseln entdecken. Eines Tages sind alle Eier verschwunden. Welche Tiere sind daraus geschlüpft, oder sind die Eier gar von anderen Tieren gefressen worden?

**1** Eier an einem Brennnesselblatt

## Das Tagpfauenauge – ein Insekt

Diese Eier hat ein Tagpfauenauge, ein heimischer Schmetterling, abgelegt. Man kann ihn an den rostroten Flügeln mit auffälligen bunten Augenflecken erkennen. Sein Körperbau entspricht dem Grundbauplan der Insekten. Er ist in drei Abschnitte gegliedert: Kopf, Brust und Hinterleib. An der Brust setzen drei Paar gegliederte Beine und oben zwei Paar Flügel an. Am Kopf sitzen die Mundwerkzeuge sowie zwei *Antennen* oder Fühler mit Sinnesorganen. Besonders auffällig sind die zwei großen *Facettenaugen*, die aus zahlreichen Einzelaugen bestehen.

## Leben in einem Chitinpanzer

Der Körper von Insekten, so auch bei diesem Schmetterling, ist von einem harten Panzer aus *Chitin* umgeben. Er schützt das Tier und verleiht ihm Stabilität. Man bezeichnet den Chitinpanzer als *Außenskelett*. Dieses ist in mehrere Körperringe oder *Segmente* untergliedert, die gelenkartig verbunden sind. Dadurch ist der sonst starre Panzer beweglich. Weil die Haut aus Chitin nicht mitwachsen kann, muss sich ein Insekt während seiner Entwicklung mehrmals häuten.

## Innere Organe der Insekten

Insekten atmen durch Öffnungen, die seitlich an den Brust- und Hinterleibsegmenten sitzen. Durch sie strömt die Luft in feine Röhren, die *Tracheen*, die den gesamten Körper durchziehen. Auf diese Weise gelangt Sauerstoff in alle inneren Organe. Dieses Atmungsprinzip von Insekten nennt man *Tracheenatmung*. Das farblose Blut fließt nicht in Adern, sondern frei durch den Körper. Ein röhrenförmiges Rückenherz hält durch Saug-Pump-Bewegungen das Blut in Fluss. Insekten haben einen *offenen Blutkreislauf*.

Das Nervensystem der Insekten verläuft als *Bauchmark* auf der Bauchseite. Im Kopfbereich gibt es Ansammlungen von Nervenzellen mit gehirnartigen Funktionen.

**2** Tagpfauenauge

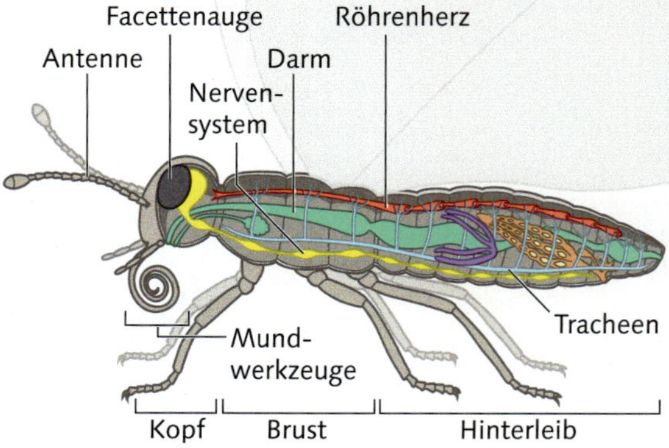


**3** Innerer Bau eines Insekts

## Paarung und Eiablage

Männchen und Weibchen finden meist durch Duftstoffe zueinander, die sie über ihre Antennen empfangen. Bei der Paarung überträgt das Männchen Spermienpakete auf das Weibchen. Nach dieser Begattung sucht sich das Tagpfauenweibchen Brennnesseln und legt dort bis zu 200 befruchtete Eier an der Unterseite der Laubblätter ab.

## Entwicklung vom Ei zum Falter

Nach ungefähr zwei Wochen schlüpfen aus den Eiern *Larven*, die man bei Schmetterlingen als *Raupen* bezeichnet. Die kleinen, behaarten Raupen fressen fast ununterbrochen Laubblätter. Während des Wachstums häuten sie sich mehrmals. Ist eine Raupe ausgewachsen, sucht sie einen geeigneten Platz zur *Verpuppung*. Dazu hängt sie sich kopfüber an einen Stängel, häutet sich zum letzten Mal und die Puppe erscheint. In dieser festen und starren Hülle entwickelt sich in einigen Wochen das ausgewachsene Fluginsekt, der Falter. Dabei findet eine *Metamorphose*, also eine vollkommene Verwandlung der inneren und äußeren Organe, statt. Beim Schlüpfen reißt die Puppenhülle auf und der Falter zwängt sich heraus. Die noch schlaffen Flügel müssen durch Blut aufgepumpt werden und trocknen. Erst dann kann der Falter fliegen.

## Ernährung

Die Mundwerkzeuge der Schmetterlinge funktionieren als Saugrüssel. Damit können sie wie mit einem Strohhalm auch noch aus kleinsten Blütenkelchen Nektar saugen. Dadurch sind sie an spezielle Futterpflanzen angepasst. Beim Fliegen wird der Saugrüssel eingerollt.

### In Kürze

Schmetterlinge sind Insekten. Ihr Körper gliedert sich in Kopf, Brust und Hinterleib. Sie besitzen sechs Beine, vier Flügel und ein Außenskelett aus Chitin. Während ihrer Entwicklung vom Ei zum Falter findet eine vollkommene Verwandlung statt.

### Aufgaben

**1** Beschreibe am Beispiel des Tagpfauenauges den Grundbauplan eines Insekts.

**2** Stelle die Entwicklung des Tagpfauenauges mit Hilfe eines Flussdiagramms dar.

**4** Entwicklung eines Schmetterlings

# Libellen – Insekten am und im Wasser

1 Schlüpfende Libelle

Es ist schon ein Erlebnis, eine Libelle beim Schlüpfen zu beobachten. Langsam kriecht die Libellenlarve aus dem Wasser am Schilfhalm empor. Eine Weile verharrt sie bewegungslos. Dann reißt die Haut auf dem Rücken auf und das Tier beginnt, sich aus seiner Larvenhülle zu befreien. Zerknitterte Häute entfalten sich allmählich zu großen, glasartigen Flügeln. Das fertige Fluginsekt erhebt sich in die Lüfte.

**Libellen – Insekten am Wasser**

Mit der Gliederung in Kopf, Brust und Hinterleib sowie zwei Paar Flügeln und sechs Beinen entsprechen Libellen dem Grundbauplan der Insekten. Besonders auffallend sind der lang gestreckte, bewegliche Hinterleib und die großen, netzartig geäderten durchsichtigen Flügel. Als tagaktive Flugjäger besitzen sie sehr leistungsfähige Facettenaugen, die aus fast 30 000 Einzelaugen zusammengesetzt sind. So können sie andere Insekten rasch erkennen und noch im Flug erbeuten. Den Chitinpanzer der Beuteinsekten knacken Libellen mit ihren kräftigen beißenden Mundwerkzeugen. Libellen sind wahre Flugkünstler. Wie ein Hubschrauber können sie im Steig- oder Sinkflug vorwärts- und rückwärtsfliegen oder auch in der Luft stehen bleiben. Sie leben am Wasser, das ist ihr Jagdrevier. Und auch ihre Fortpflanzung ist an das Wasser gebunden.

**Libellen paaren sich**

Am Ende des Sommers beginnt mit der Paarung der letzte Abschnitt im kurzen Leben einer Libelle. Bei der Paarung sind Männchen und Weibchen über ihre extrem gekrümmten Hinterleibe radartig miteinander verbunden. Dieses *Paarungsrad* bleibt bestehen, bis die Begattung mit der Übergabe des Spermienpakets abgeschlossen ist. Solche Paarungsräder zeigen die Libellen auch im Flug. Die meisten Libellen werfen die befruchteten Eier einfach im Flug ins Wasser. Aus ihnen schlüpfen die Larven.

2 Libelle bei der Eiablage

3 Libellenlarve mit Fangmaske

## Libellenlarven leben im Wasser

Die frisch geschlüpften Larven ähneln den erwachsenen Libellen bereits im Körperbau. Es gibt jedoch auch Unterschiede. Als gefräßige Lauerjäger leben sie am Grund von Gewässern. Ihre Mundwerkzeuge sind zu einer *Fangmaske* umgebildet. Diese wird vorgeschleudert und die zangenförmigen Krallen packen das Beutetier. Vor allem im Wasser lebende Insektenlarven, Kaulquappen, Molchlarven und manchmal auch kleine Fische dienen als Beutetiere. Mit besonderen *Tracheenkiemen* können die Libellenlarven unter Wasser atmen.

**4** Ein Libellenbiotop am Ufer des Chiemsees

## Entwicklung von der Larve zur Libelle

Insekten entwickeln sich vom Ei zum geschlechtsreifen Tier über ein oder mehrere Larvenstadien. Während ihrer Entwicklung zur Libelle häutet sich die Larve mehrfach. Dabei wird sie immer größer und dem erwachsenen Tier immer ähnlicher. Frühestens nach einem Jahr, bei manchen Arten erst nach vier bis fünf Jahren verlässt die Larve das Wasser. Die letzte Häutung erfolgt an einem Schilfhalm, wobei die ausgewachsene Libelle aus der Larvenhaut schlüpft. Diese Art der Entwicklung nennt man *unvollkommene Verwandlung*. Im Gegensatz zur vollkommenen Verwandlung bei Schmetterlingen gibt es bei Libellen kein Puppenstadium, bei dem alle Organe umgewandelt werden.

## Biotopschutz ist Libellenschutz

Libellen sind eine gefährdete Tiergruppe. In Deutschland gibt es 81 heimische Libellenarten, davon stehen über die Hälfte auf der Roten Liste, elf Arten sind sogar vom Aussterben bedroht. Die enge Bindung von Libellen an Gewässer ist der Hauptgrund für die Gefährdung vieler Arten. Naturnahe Kleingewässer und Bachläufe sowie zusammenhängende Moorflächen verschwinden immer mehr aus unserer Landschaft. Die Erhaltung dieser Feuchtbiotope dient zugleich dem Schutz der Libellen. Alle Libellenarten in Deutschland stehen unter Naturschutz.

### In Kürze

Libellen entwickeln sich durch unvollkommene Verwandlung vom Ei zum Fluginsekt. Sie zeigen alle Merkmale eines Insekts. Im Flug jagen sie an Gewässern nach Beutetieren. Die räuberisch lebenden Larven sind an das Leben im Wasser angepasst.

### Aufgaben

**1** Beschreibe die Entwicklung einer Libelle vom Ei zum Fluginsekt.

**2** Vergleiche die vollkommene und unvollkommene Verwandlung von Insekten.

**3** Nenne Gründe, warum viele Libellenarten stark gefährdet sind.

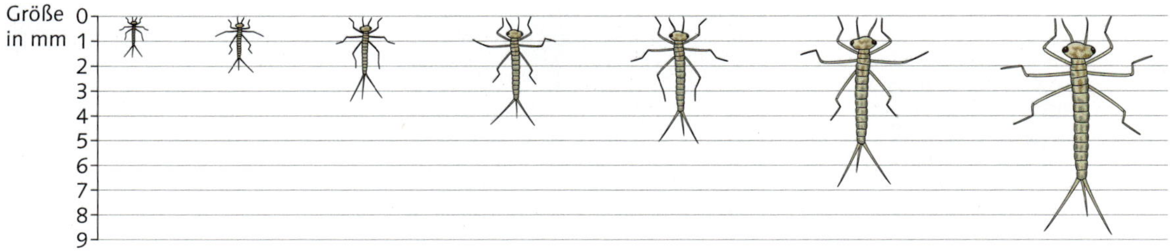


**5** Entwicklung einer Libelle – unvollkommene Verwandlung

# Vielfalt der Insekten

Die Zoologische Staatssammlung in München beherbergt über 25 Millionen Tierpräparate, 90 Prozent davon sind Insekten. Alle Arten werden hier gesammelt und systematisch geordnet. Einmal im Jahr können die Schätze einer der größten Forschungssammlungen der Welt bei einem Tag der offenen Tür bestaunt werden.

**1** Sammlung heimischer Insektenarten

## Insekten überall

Insekten sind die individuen- und artenreichste Tiergruppe. Weit über eine Million verschiedener Arten sind weltweit bekannt. In Bayern gibt es über 25 000 Insektenarten. 80 Prozent aller an Land lebenden Tiere sind Insekten. Seit Millionen von Jahren haben sie nahezu alle Lebensräume im und am Boden, in der Luft und zu Wasser erobert. Im Laufe ihrer Entwicklung zeigten sie Angepasstheiten an unterschiedliche Umweltbedingungen. Je nach Lebensraum, Umweltbedingungen und Lebensweise entstanden ganz verschiedene Insektengruppen.

## Käfer

Ein besonders dicker Chitinpanzer ermöglicht den Käfern das Leben und die Fortbewegung im und vor allem auf dem Boden. Die Vorderflügel sind harte Deckflügel, sie bedecken die dünnen, größeren Hinterflügel. Beim Fliegen werden die Deckflügel wie Tragflächen ausgebreitet, die Hinterflügel dienen dem Antrieb. Mit ihren meist kauend-beißenden Mundwerkzeugen ernähren sich Käfer von Pflanzen, anderen Insekten und Aas. Viele Käferarten sind Nützlinge, da sie sich von Schädlingen ernähren. Der Marienkäfer zum Beispiel vertilgt massenhaft Blattläuse. Der Borkenkäfer dagegen ist ein Schädling, da seine Larven die Rinde von Bäumen zerstören. Alle Käfer durchlaufen während ihrer Entwicklung eine vollkommene Metamorphose.

## Zweiflügler

Zu den bekanntesten Zweiflüglern gehören verschiedene Fliegen- und Mückenarten. Sie haben nur ein einziges Flügelpaar. Die Hinter-

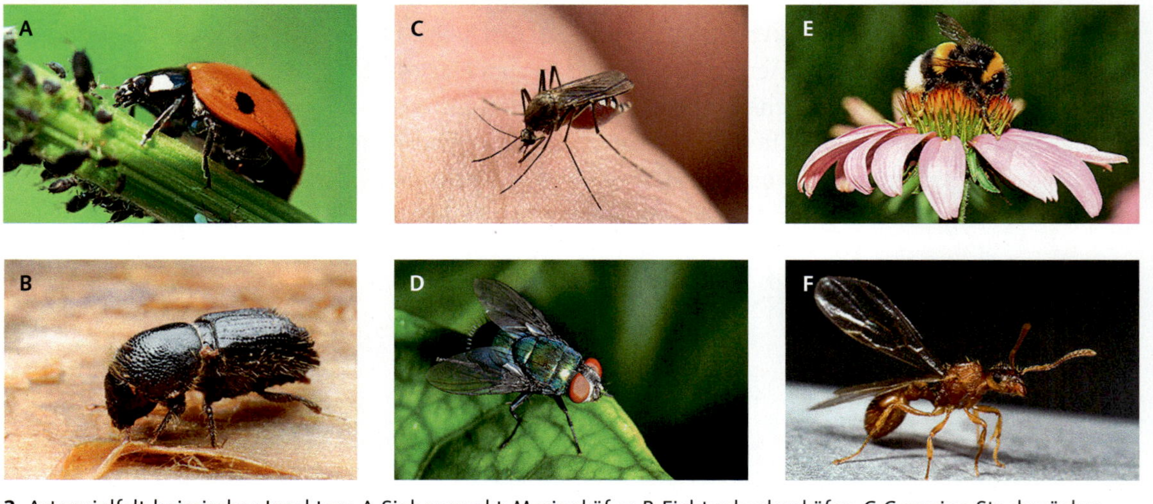


**2** Artenvielfalt heimischer Insekten: A Siebenpunkt-Marienkäfer; B Fichtenborkenkäfer; C Gemeine Stechmücke; D Stubenfliege; E Gartenhummel; F Königin der Roten Gartenameise mit zwei Flügelpaaren

flügel sind zu winzigen Flugstabilisatoren umgebildet. Meist besitzen sie leckende oder stechend-saugende Mundwerkzeuge. Blutsaugende Stechfliegen und Mücken übertragen oft Krankheitserreger. Die Larvenformen sind bei vollkommener Metamorphose vielgestaltig. Fliegenlarven sind beinlose Maden, Mückenlarven und Mückenpuppen entwickeln sich im Wasser.

### Hautflügler

Alle Hautflügler besitzen zwei durchsichtige Flügelpaare. Das hintere ist kleiner und über Häkchen mit dem vorderen Flügelpaar verbunden. Dadurch entsteht auf jeder Seite eine einheitliche Tragfläche. Zu den Hautflüglern gehören vor allem sozial lebende Insekten wie Bienen, Hummeln, Wespen und Hornissen. Viele bilden Staaten. Ameisen sind ebenso Hautflügler, auch wenn nur die Männchen und jungen Königinnen während des Hochzeitsflugs Flügel tragen. Während ihrer Entwicklung durchlaufen sie eine vollkommene Metamorphose, die Larven sind meist Maden.

### Bedeutung der Insekten im Naturhaushalt

Insekten sind wichtige Bestäuber von Blütenpflanzen und ermöglichen so deren Fortpflanzung. Als natürliche Schädlingsbekämpfer hemmen sie die Vermehrung ihrer Beutetiere wie Pflanzenläuse oder Schmetterlingsraupen. Gleichzeitig können sie aber auch selbst Schädlinge sein. Insekten sind ihrerseits wieder Nahrungsquelle für andere Tiere. Als Aasfresser sind sie am Stoffkreislauf der Natur als Zersetzer beteiligt. Ohne Bienen gäbe es

**3** Insekten als Blütenbesucher auf einer Distel

**4** Neue Heimat für Nützlinge – ein Insektenhotel

keinen Honig und kein Bienenwachs, ohne Seidenspinnerraupen keine Naturseide. Insekten liefern somit Nahrungsmittel und sind Rohstoffproduzenten.

### Gefährdung und Schutz von Insekten

Die Anzahl heimischer Insektenarten nimmt ab. Auf der Roten Liste gefährdeter Tiere Bayerns werden über 5 000 Insektenarten geführt. Eine Ursache ist der Rückgang von Lebensräumen wie Feuchtbiotope oder Magerwiesen. Auch die Artenarmut bei Blütenpflanzen durch intensive Landwirtschaft und einseitige Monokulturen tragen zum Artenschwund bei. Schutz und Renaturierung von Biotopen sind somit Artenschutzmaßnahmen für Insekten. Oft hilft die künstliche Erschaffung von Brutplätzen in Form von »Insektenhotels«.

#### In Kürze

Insekten sind die individuen- und artenreichste Tiergruppe. Sie zeigen Angepasstheiten an fast alle Lebensräume. Als biotischer Faktor spielen sie in allen Ökosystemen eine zentrale Rolle. Biotopschutz ist gleichzeitig auch Insektenschutz.

#### Aufgaben

1 Nenne typische Käfermerkmale.
2 Vergleiche Zweiflügler und Hautflügler anhand von je einem Beispiel.
3 Nenne die Bedeutungen von Insekten im Naturhaushalt und für den Menschen.
4 Begründe, dass der Schutz von Biotopen gleichzeitig der Arterhaltung von Insekten dient.

Exkurs

# Bienen als Nutztiere

Beim Besuch eines Imkers kommen die Schülerinnen und Schüler zu den Bienenstöcken. Schon von Weitem ist das Summen der ankommenden Bienen zu hören, die nach der Landung rasch im Innern des Bienenstocks verschwinden. Andere kommen gerade heraus und starten zu neuen Flügen.

**1** Bienen am Einflugloch des Bienenstocks

### Zusammenleben im Bienenstaat

Bienen leben in Gemeinschaften, in *Völkern*, zusammen. Sie gehören zu den Staaten bildenden Insekten. Ein Bienenvolk kann bis zu 70 000 Tiere zählen. Unter natürlichen Bedingungen bauen Bienen ihre Waben aus Wachs, zum Beispiel in alte Baumhöhlen. Die Waben setzen sich aus sechseckigen Kammern, den *Zellen*, zusammen. In ihnen wächst die Brut heran oder sie dienen als Vorratsspeicher für gesammelten Nektar und Pollen. In der Bienenzucht, der Imkerei, stellt der Imker für seine Bienenvölker Holzkästen als Bienenstöcke auf, in diese bauen die Bienen ihre Waben ein.

### Drei Bienenwesen

Die meisten Tiere eines Bienenvolks sind weiblich. Die *Arbeiterinnen* können keine Eier legen, sie sind unfruchtbar. Diese Aufgabe übernimmt allein die Königin, die es pro Volk nur einmal gibt. Sie wird von den *Drohnen*, den männlichen Bienen, begattet. Es gibt nur wenige Hundert Drohnen im Bienenvolk. Sie sind gedrungener und größer als die Arbeiterinnen, haben große Augen, aber keinen Stechapparat.

12–15 mm 15–17 mm 18–22 mm

**2** Honigbienen: Arbeiterin, Drohn und Königin

### Arbeitsteilung im Bienenstaat

Das Zusammenleben so vieler Individuen auf engstem Raum wird durch die Aufteilung der verschiedenen Aufgaben ermöglicht.

Bei den Arbeiterinnen werden, abhängig vom Alter, verschiedene Organe für unterschiedliche Aufgaben aktiv. Dadurch wird die Abfolge der Tätigkeiten geregelt. Dies beginnt mit der Reinigung des Stocks und der Waben als Putzbienen, dann füttern sie die Larven mit Saft aus den Futtersaftdrüsen. Als Baubienen produzieren sie mit Wachsdrüsen das Wachs für neue Waben, in denen aus dem Nektar der Honig heranreift. Schließlich sind sie am Stockeingang Wächterbienen. Den Rest ihres Lebens tragen sie als Sammelbienen Pollen und Nektar ein.

Die Königin legt im Sommer täglich bis zu 2 000 Eier. Die Drohnen leben nur während des Sommers im Stock. Beim Hochzeitsflug begatten sie die Königin. Dann sind sie für das Bienenvolk nutzlos und werden aus dem Stock vertrieben.

### Bienen als Sammlerinnen

Sammelbienen tragen Nektar und Pollen in ihrem Bienenstock. Ihre Hinterbeine sind zu

**3** Baubiene beim Wabenbau

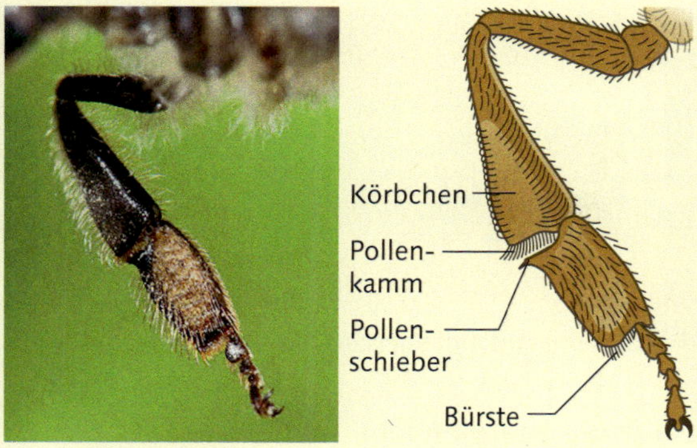


**4** Sammelbein einer Honigbiene

**6** Sammelbiene beim Pollensammeln

Sammelbeinen geformt. Damit können Bienen große Mengen an Pollen transportieren. Zwei Fußglieder sind stark vergrößert und mit Härchen besetzt, die wie eine Bürste wirken. Im Flug streicht die Biene damit über den Körper und schiebt so den Pollen vom Haarkleid. Mit einer Art Kamm des gegenüberliegenden Beines wird der Pollen aus den Bürstenhärchen zusammengekratzt und mit etwas Nektar zu einem Ballen gepresst. Wie gelbe Höschen sitzen diese Pollenballen an den Hinterbeinen.

## Bienen als Bestäuber

Die große Bedeutung der Bienen für die Natur und für den Menschen liegt in ihrer Sammeltätigkeit. Dabei bestäuben sie die Blüten und ermöglichen so deren Fortpflanzung durch Samenbildung. Nur bei schlechtem Wetter fliegen sie nicht. Etwa drei Viertel aller Samenpflanzen werden von Bienen bestäubt. Blühende Obstbäume sind fast ausschließlich auf den Besuch von Bienen angewiesen. In Deutschland schätzt man den jährlichen Nutzwert der Bienen auf etwa vier Milliarden Euro.

| Ernteerträge je Einheit bei: | Bienenbeflug | |
|---|---|---|
| | stark | gering |
| Äpfel | 162,0 kg | 47,0 kg |
| Birnen | 156,0 kg | 45,0 kg |
| Kirschen | 32,0 kg | 1,4 kg |
| Pflaumen | 4,7 kg | 0,8 kg |
| Himbeeren | 0,4 kg | 0,2 kg |

**5** Obsterträge in Abhängigkeit vom Bienenbeflug

## Tragisches Bienensterben

Seit einiger Zeit sterben sehr viele Bienenvölker. Eine Ursache dafür ist ein Befall mit der Varroamilbe, einem Außenparasiten, der bereits die Bienenbrut schwächt, bis die Bienen sterben. Auch der Einsatz von Pflanzenschutzmitteln kostet Millionen von Bienen das Leben. Gibt es weniger Bienen, werden weniger Blüten bestäubt und es gibt weniger Honig und Bienenwachs. Als Nahrungsmittel- und Rohstoffproduzenten haben Bienen auch wirtschaftliche Bedeutung.

## Aufgaben

1 Beschreibe die Arbeitsteilung im Bienenstaat.
2 Ein nasser, kalter Frühling wirkt sich negativ auf die Obsternte aus. Begründe mit Hilfe von Bild 5.
3 Erläutere, weshalb die Sammelbeine der Biene ein Beispiel für das Basiskonzept Struktur und Funktion sind.
4 Erläutere, welche Auswirkungen das Bienensterben haben kann.

**7** Varroamilbenbefall bei Bienen

# Kreislauf der Stoffe

Häufig sieht man am Rand von Wiesen und Äckern Greifvögel auf Pfosten oder Stangen sitzen. Als Ansitzjäger lassen sie sich dort nieder und halten Ausschau nach Beutetieren.

1 Mäusebussard auf einer Sitzwarte

### Die Sonne liefert Energie

Der Mäusebussard jagt Mäuse, um sich und seine Jungvögel zu ernähren. Alle Tiere müssen Nahrung aufnehmen, um zu überleben. In der Nahrung steckt Energie, die sie zum Leben brauchen. Diese Energie kommt ursprünglich von der Sonne. Sie ist Energiespender für alle Lebewesen. Tiere können Sonnenenergie jedoch nicht direkt verwerten.

### Produzenten

Am Anfang fast aller Nahrungsbeziehungen stehen die grünen Pflanzen. Sie können Sonnenenergie in energiereiche Nährstoffe umwandeln. Da sie diese herstellen, nennt man sie *Produzenten*. Sie sind damit die Lebensgrundlage aller Tiere.

### Konsumenten

Ein Feldhase ernährt sich als Pflanzenfresser von Wiesenkräutern. Der Fuchs ist ein Fleischfresser und jagt Hasen. Beide nehmen mit der Nahrung energiereiche Nährstoffe auf und wandeln diese um. Man bezeichnet Tiere daher als *Konsumenten*. Am Beginn von Nahrungsbeziehungen stehen Pflanzenfresser als Konsumenten 1. Ordnung. Darauf folgen Fleischfresser als Konsumenten 2. und 3. Ordnung. Eine Feldmaus ernährt sich von pflanzlicher, aber auch von tierischer Nahrung. Sie ist daher sowohl Konsument 1. als auch 2. Ordnung.

2 Nahrungsbeziehungen in einer Wiese zwischen: A Löwenzahn; B Rispengras; C Rotschwingel; D Storchschnabel; E Eiche; F Feldhase; G Ackerschnecke; H Feldmaus; I Feldheuschrecke; J Wiesenschnakenlarve; K Wiesenschaumzikade; L Kleiner Feuerfalter; M Ackerhummel; N Grauammer; O Goldlaufkäfer; P Blindschleiche; Q Maulwurf; R Wespenspinne; S Mäusebussard; T Regenwurm

## Destruenten

Alle Lebewesen sterben irgendwann. Tote Organismen, abgefallene Blätter und Ausscheidungen von Tieren enthalten immer noch energiereiche Stoffe. Würmern, Insektenlarven, Kleinstlebewesen und Mikroorganismen dient dieses abgestorbene Material als Nahrungsgrundlage. Sie zersetzen es und beziehen daraus Energie. Solche Zersetzer nennt man *Destruenten*, vom lateinischen Wort destruere, das bedeutet zersetzen. Nur was unverdaulich und deshalb nicht verwertbar ist, wie ein Skelett, bleibt länger übrig. Alles andere wird verwertet.

## Kreislauf der Stoffe

Aus den Nahrungsbeziehungen der Lebewesen ergeben sich Stoffkreisläufe. Kohlenstoff ist ein wichtiger Bestandteil von organischem Material. Pflanzen nehmen ihn aus der Luft in Form von Kohlenstoffdioxid und aus dem Boden Wasser auf. Daraus bauen sie mit Hilfe von Sonnenenergie energiereiche Nährstoffe auf. Von diesen ernähren sich direkt die Pflanzenfresser als Konsumenten 1. Ordnung und indirekt auch die Fleischfresser als Folgekonsumenten. Nach ihrem Tod werden alle Lebewesen von Destruenten zersetzt. Dadurch gelangen Mineralstoffe in den Boden und Kohlenstoffdioxid wird frei. Diese Stoffe stehen wieder den Pflanzen zur Verfügung. Der Kreislauf aus Stoffaufbau, Stoffumwandlung, Stoffabbau und erneutem Stoffaufbau ist geschlossen.

**Basiskonzept System**

Die Wiese ist ein Lebensraum, in dem viele Lebewesen in einer Gemeinschaft leben. Sie sind an diesen Lebensraum angepasst. Die Lebensbedingungen der Wiese und alle Lebewesen in ihr wirken zusammen und stehen in wechselseitigen Beziehungen zueinander. Zusammen bilden sie ein System, das System Wiese.

Aber nicht nur der Lebensraum Wiese, sondern auch alle Produzenten, Konsumenten und Destruenten stellen für sich wieder eigene Systeme dar. Jedes dieser Systeme hat eine Systemgrenze. Fehlen ein oder mehrere Teile, funktioniert das System nur eingeschränkt oder gar nicht mehr.

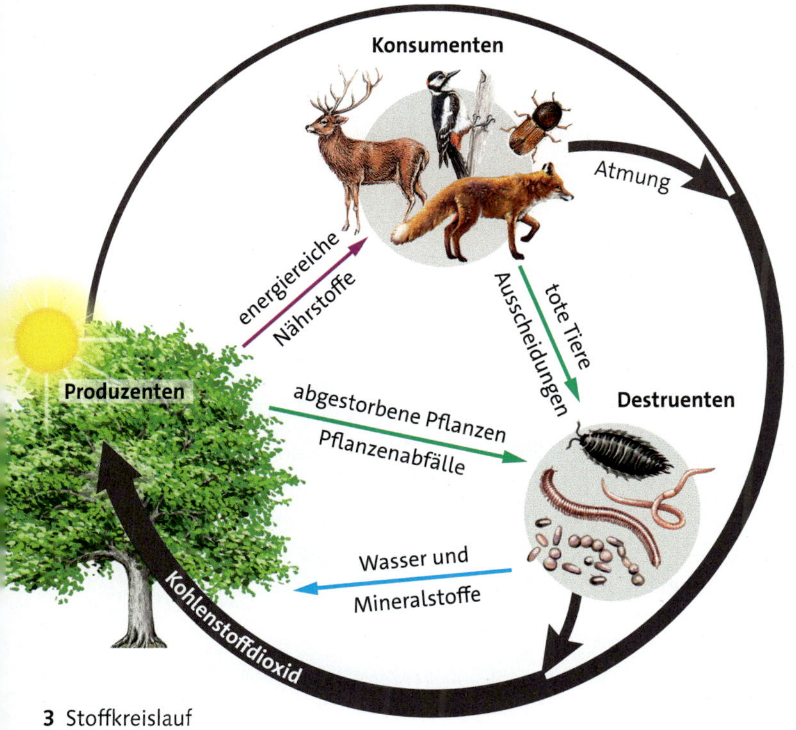


**3** Stoffkreislauf

### In Kürze

Zwischen Produzenten, Konsumenten und Destruenten bestehen vielfältige Nahrungsbeziehungen. Durch ihr Zusammenwirken bilden sich Stoffkreisläufe.

### Aufgaben

**1** Erläutere die Begriffe Produzent, Konsument und Destruent anhand je eines Beispiels.

**2** Beschreibe mögliche Auswirkungen, wenn es im System Wiese keine Destruenten mehr gäbe.

**3** Stelle Vermutungen an, wozu auf Wiesen und Feldern Ansitzstände für Greifvögel angelegt werden.

# Nahrungsbeziehungen

Still liegt der Teich in der Sommersonne da. Du siehst fast keine Tiere. Nur das Summen von Insekten und leises Vogelgezwitscher sind zu hören. Du ahnst aber nicht, welch üppiges Leben sich am und im Teich abspielt.

1 Lebensraum Teich

## Nahrungskette

Im System Teich gilt das Prinzip »Fressen und gefressen werden«. Kaulquappen ernähren sich von Wasserpflanzen und sind zugleich selbst Beute, zum Beispiel von Barschen. Diese werden wiederum von Hechten gefressen. So ergeben sich ausgehend von den Produzenten über die verschiedenen Konsumenten Nahrungsbeziehungen, die man als *Nahrungskette* bezeichnet. Diese beinhaltet mehrere Räuber-Beute-Beziehungen.

## Nahrungsnetz

Tiere haben meist nicht nur eine, sondern verschiedene Nahrungsquellen. Kaulquappen werden von Barschen gefressen, aber auch von Libellenlarven oder Stockenten. Barsche sind Beute von Hechten, aber auch von Graureihern. So werden viele Nahrungsketten zu einem *Nahrungsnetz* verknüpft. Je artenreicher ein Ökosystem ist, desto stärker sind die Nahrungsketten untereinander vernetzt.

## Biomasse und Nahrungspyramide

Der größte Teil der mit der Nahrung aufgenommenen Energie wird von den Lebewesen für Stoffwechselvorgänge benötigt, dabei schließlich in Wärme umgewandelt und nach außen abgegeben. Nur ein geringer Teil der Nahrungsenergie wird als körpereigene Substanz, der *Biomasse*, gespeichert. Ordnet man die Biomassen der Produzenten und Konsumenten in einer Grafik an, entsteht eine *Nahrungspyramide*. Zusammengenommen besitzen die Produzenten auf der untersten Stufe die größte Biomasse. Darauf folgen die Stufen der verschiedenen Konsumenten. Auf der obersten Stufe stehen die Endkonsumenten. Die Anzahl der Lebewesen nimmt von Stufe zu Stufe ab. Gleichzeitig nimmt die Biomasse nach oben hin ab.

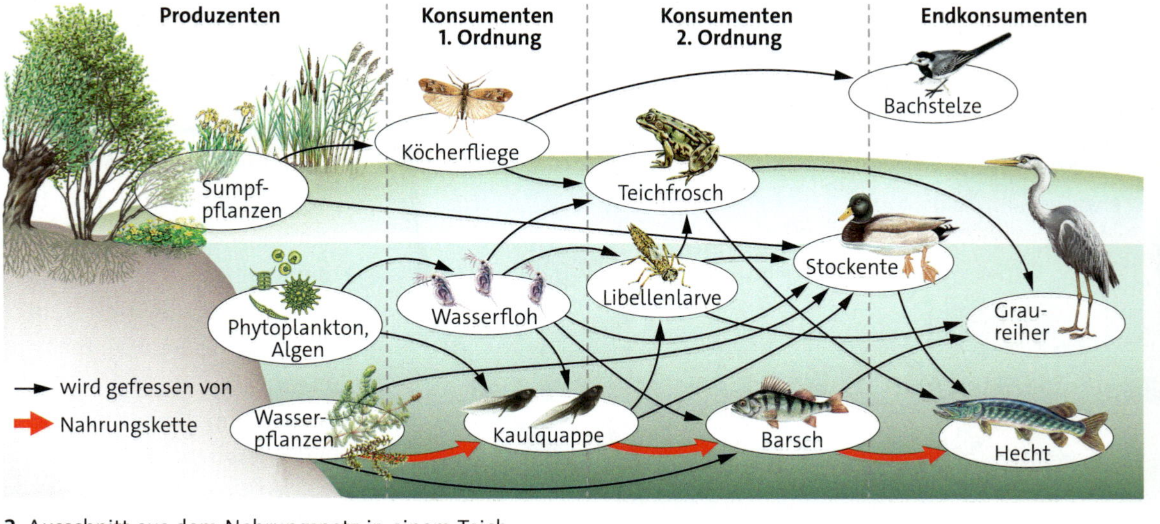


2 Ausschnitt aus dem Nahrungsnetz in einem Teich

**3** Nahrungspyramide aus dem Ökosystem Wald

## Einbahnstraße der Energie

Innerhalb der Nahrungspyramide ist von Stufe zu Stufe immer weniger Energie in Form von Nährstoffen vorhanden. Wenn die Destruenten die Körper toter Lebewesen zersetzen, wird ein Teil der darin enthaltenen Energie als Wärme frei. Zurück bleiben Mineralstoffe im Boden. Energie durchläuft Nahrungsketten also immer nur in eine Richtung, wie in einer Einbahnstraße. Durch die Sonnenenergie werden die Lebensvorgänge in einem Ökosystem in Gang gehalten.

## Biologisches Gleichgewicht

Die Anzahl an Produzenten und Konsumenten in einer Lebensgemeinschaft reguliert sich über einen bestimmten Zeitraum selbst. Das wird als *biologisches Gleichgewicht* bezeichnet. Dieses ist dynamisch, das bedeutet, dass es auf Veränderungen von Umweltbedingungen reagiert.

Insekten sind ein wichtiger Bestandteil von Lebensgemeinschaften. Als Bestäuber garantieren sie den Fortbestand von Blütenpflanzen, den Produzenten. Als Konsumenten sind sie Bestandteil aller Nahrungsnetze. Als Destruenten tragen sie wesentlich zum Stoffkreislauf bei. Häufig ist deshalb das Aussterben oder die Massenvermehrung von Insekten die Ursache für Störungen des biologischen Gleichgewichts in der Natur. Dieses Gleichgewicht ist umso stabiler, je größer die Artenvielfalt ist.

### In Kürze

Zwischen Lebewesen bestehen Nahrungsbeziehungen in Form von Nahrungsnetzen. Eine Nahrungspyramide gibt das Verhältnis der Biomasse von Produzenten und Konsumenten wieder. Das biologische Gleichgewicht ist die selbstständige Regulation der Individuenzahl innerhalb eines Ökosystems.

### Aufgaben

**1** Suche aus Bild 2 drei Nahrungsketten heraus. Benenne die Lebewesen mit den Begriffen Produzent, Konsument 1., 2. oder 3. Ordnung.

**2** Begründe, warum die verfügbare Energie zum Ende einer Nahrungskette immer geringer wird.

**3** Beschreibe die Auswirkungen auf das biologische Gleichgewicht, wenn in einem See alle Hechte als Endkonsumenten abgefischt würden.

**4** Beschreibe die Rolle und Bedeutung der Insekten in einem Nahrungsnetz.

# Ökologische Nische

Spechte machen sich oft lautstark bemerkbar. Vielleicht gelingt es dir, die eine oder andere Spechtart zu beobachten. Alle bewohnen sie denselben Lebensraum, stören sich jedoch gegenseitig nicht. Wie ist das möglich?

1 Grünspecht und Buntspecht

**Lebewesen stehen in Konkurrenz**
In jedem Lebensraum bestimmen die abiotischen Faktoren die Lebensbedingungen für die Lebewesen in diesem Biotop. Für Lebewesen, die im selben Lebensraum leben, entsteht eine *Konkurrenz*. Innerhalb der gleichen Art konkurrieren Lebewesen um Nahrung, Lebensraum, Sexualpartner und Brutplätze. Verschiedene Arten haben zwar unterschiedliche Ansprüche an ihre Umgebung, trotzdem besteht auch hier Konkurrenz um Nahrung und Lebensraum. Man unterscheidet also innerartliche und zwischenartliche Konkurrenz.

**Vermeiden von Konkurrenz im Wald**
In einem Wald leben oft mehrere Spechtarten auf relativ engem Raum. Neben Aussehen und Körperbau unterscheiden sie sich auch in ihren Fressgewohnheiten. Der Buntspecht sucht seine Nahrung meist an Ästen der Baumkrone. Mit seinem Schnabel hackt er Löcher in die Rinde und holt mit seiner langen, harpunenartigen Zunge Käferlarven heraus. Der Grünspecht dagegen ist häufig am Boden anzutreffen, wo er mit seiner klebrigen, löffelartigen Zunge unter anderem Ameisen und deren Larven sammelt. Die beiden Spechtarten konkurrieren also nicht um die gleiche Nahrung. So ist es möglich, dass sie im selben Lebensraum nebeneinander leben können, ohne sich zu stören.

**Vermeiden von Konkurrenz im und am See**
An einem Gewässer leben verschiedene Vogelarten auf engem Raum zusammen. Durch die unterschiedliche Art des Nahrungserwerbs und verschiedene Brutorte vermeiden sie zwischenartliche Konkurrenz. Stockenten gründeln im Flachwasser und nehmen mit ihrem Schnabel Wasserpflanzen, Weichtiere und Insekten auf. Ihre Nester bauen sie am Boden des Schilfgürtels. Tafelenten dagegen brüten auf versteckten kleinen Inseln im Schilfgürtel. Sie können bis zu vier Meter tief tauchen und ernähren sich von Schlammschnecken, Muscheln, Würmern und Insektenlarven. Sehr ähnlich ist die Nahrung von Reiherenten. Da

2 Ein Beispiel für ökologische Nischen: Nahrungsspektren von A Buntspecht; B Grünspecht

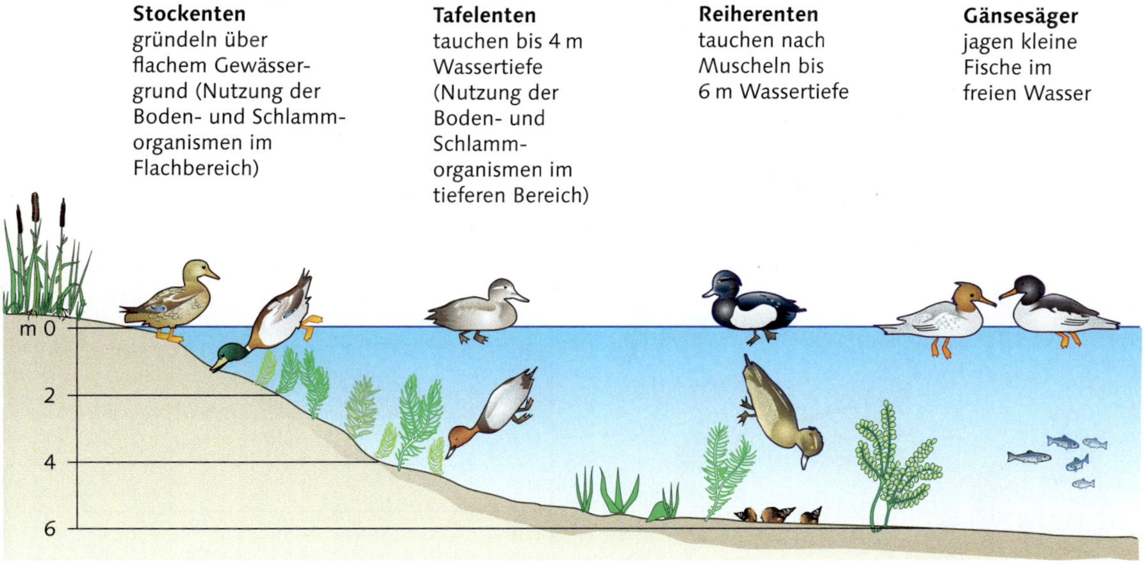


**3** Ökologische Nischen im See: Unterschiedliche Tauchtiefen von Wasservögeln

sie aber bis zu sechs Meter tief tauchen können, finden sie ihre Nahrung außerhalb der Reichweite von Tafelenten. Der ebenfalls zur Familie der Entenvögel gehörende Gänsesäger macht im Freiwasser Jagd auf kleine Fische, dabei kann er bis zu zehn Meter tief tauchen. Auf unseren heimischen Gewässern ist der Gänsesäger nur im Winter zu sehen. Seine Brutgebiete liegen hoch im Norden. Als Höhlenbrüter brütet er an Land.

**Jede Art hat ihre Nische**

Lebewesen teilen sich ihren Lebensraum auf. Sie zeigen Angepasstheiten an verschiedene Ernährungsarten oder besitzen unterschiedliche Aktivitätszeiten. Sie paaren sich und brüten zu unterschiedlichen Zeiten oder an unterschiedlichen Orten. So werden alle Bereiche eines Ökosystems von verschiedenen Lebewesen auf unterschiedliche Art und Weise genutzt. Dadurch verringert sich die Konkurrenz zwischen den Arten. Diese Spezialisierung einer Art bezeichnet man als ihre *ökologische Nische*. Jede Art bildet eine andere ökologische Nische aus. Eine ökologische Nische ist kein Raum, sondern beschreibt die Gesamtheit aller Beziehungen einer Art zu ihrer Umwelt. Dazu gehört auch die Wirkung der Art auf ihre Umwelt.

**Basiskonzept Angepasstheit**

Lebewesen besitzen unterschiedliche Angepasstheiten an ihren Lebensraum durch Besetzen von ökologischen Nischen. Verschiedene Faktoren wie Ernährung und Tages- oder Nachtaktivität sowie Feuchtigkeit, Temperatur und Bodenbeschaffenheit spielen hier eine Rolle. Durch Angepasstheiten in Bau und Funktion und der damit verbundenen Spezialisierung können Arten ohne Konkurrenz im selben Lebensraum nebeneinander existieren.

**In Kürze**

Verschiedene Arten, die denselben Lebensraum besiedeln, unterscheiden sich in ihren Beziehungen zu biotischen und abiotischen Umweltfaktoren voneinander. Die Gesamtheit dieser Beziehungen einer Art zu ihrer Umwelt ist ihre ökologische Nische.

**Aufgaben**

**1** Beschreibe mit Hilfe von Bild 2, wie Konkurrenz bei Bunt- und Grünspecht vermieden wird.

**2** Beschreibe, wie bei Wasservögeln ökologische Nischen entstehen.

**3** Erläutere die Bedeutung von ökologischen Nischen für das Zusammenleben von Lebewesen in einem Lebensraum.

# Der Wald – ein Ökosystem

## 1 Nahrungsbeziehungen

1 Lebewesen im Ökosystem Wald

**a** Notiere mit Hilfe der Lebewesen in Bild 1 möglichst viele einzelne Nahrungsketten.

**b** Schreibe die Namen der Lebewesen wahllos auf ein DIN-A4-Blatt. Füge sechs weitere Pflanzen und Tiere des Ökosystems Wald hinzu. Verbinde sie biologisch sinnvoll durch Striche miteinander, sodass ein möglichst engmaschiges Nahrungsnetz entsteht.

Im Bayerischen Wald wurden vor mehr als 100 Jahren die letzten Wölfe und auch Luchse ausgerottet. Daraufhin wuchsen in diesen Waldgebieten deutlich weniger Nadel- und Laubbäume.

**c** Suche nach einer Erklärung hierfür. Trage dazu in dein Nahrungsnetz zusätzlich den Wolf ein.

Durch die Schaffung von Nationalparks erholen sich die Wälder allmählich wieder.

**d** Erläutere, auf welche Maßnahmen dies zurückzuführen sein könnte. Verwende die Begriffe »Nahrungskette« und »biologisches Gleichgewicht«.

## 2 Räuber-Beute-Schema

In einem Waldgebiet wurden zehn Jahre lang die Zahl der Buntspechte je Hektar sowie die Zahl der vom Borkenkäfer befallenen Bäume bestimmt. In der Tabelle in Bild 2 sind die Ergebnisse dieser Untersuchung zusammengefasst:

| Untersuchungsjahr | Befallene Bäume | Spechte je Hektar |
|---|---|---|
| U 1 | 2000 | 0,40 |
| U 2 | 3200 | 0,35 |
| U 3 | 3000 | 0,50 |
| U 4 | 2500 | 0,78 |
| U 5 | 1000 | 0,65 |
| U 6 | 1200 | 0,67 |
| U 7 | 5000 | 1,08 |
| U 8 | 4000 | 1,10 |
| U 9 | 4500 | 0,90 |
| U 10 | 10300 | 1,35 |

2 Zahl der befallenen Bäume und Spechte im Vergleich

**a** Stelle die ermittelten Werte in Form eines Liniendiagramms dar. Die Vorlage in Bild 3 soll als Muster dienen. Verwende zwei unterschiedliche Farben.

**b** Begründe die beiden Kurvenverläufe.

**c** Erläutere, welcher Zusammenhang zwischen der Anzahl der befallenen Bäume und der Anzahl der Spechte besteht.

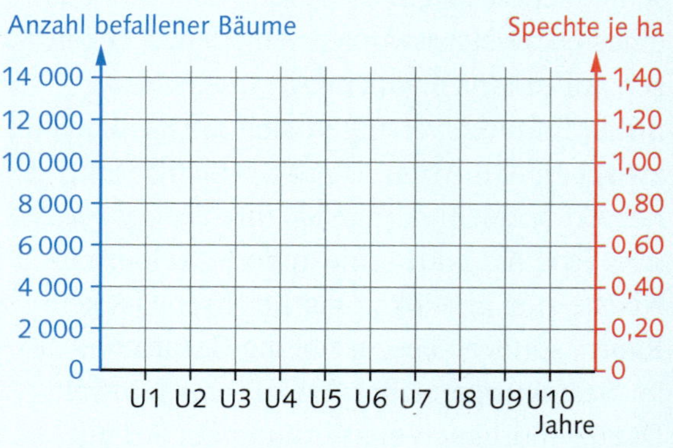


3 Muster für das Liniendiagramm

## 3 Nahrungspyramide

**4** Ernährungsebenen in einer Nahrungspyramide

**a** Benenne die Ernährungsebenen mit den Fachbegriffen der Nahrungskettenglieder.

**b** Begründe die unterschiedliche Anzahl der Lebewesen in den Ernährungsebenen.

**c** Begründe, weshalb auch reine Fleischfresser auf die Existenz von Pflanzen angewiesen sind.

**d** Erkläre die Notwendigkeit großer Jagdreviere für Tiere an der Spitze der Nahrungspyramide.

**e** Begründe, warum die in der Nahrung enthaltene Energie in der Nahrungspyramide nach oben hin abnimmt.

## 4 Ökologische Nische

**5** Waldkauz und Kohlmeise leben im selben Stockwerk des Waldes.

**a** Stelle Vermutungen an, wie die beiden Tiere eine gegenseitige Konkurrenz vermeiden.

**b** Begründe, weshalb es keine zwei verschiedenen Arten mit gleichen Lebensansprüchen gibt, die dieselbe ökologische Nische beanspruchen.

## 5 Energienutzung aus der Nahrung

Von der mit der Nahrung aufgenommenen Energie können Lebewesen unterschiedlich viel nutzen.

| Genutzte Energie | für die Atmung | für den Aufbau von Körpersubstanz | Ausscheidung über Kot |
|---|---|---|---|
| **Erdkröte**  | 35 % | 45 % | 20 % |
| **Ratte**  | 80 % | 2 % | 18 % |

**6** Energienutzung aus der Nahrung

**a** Vergleiche die Energienutzung für Atmung und Wachstum bei Erdkröte und Ratte.

**b** Begründe die unterschiedliche Energienutzung der beiden Tiere. Beachte dabei die unterschiedlichen Merkmale der Tiere, zum Beispiel Größe, Verhalten, Ernährungsweise und Stellung in der Nahrungspyramide.

## 6 Regulation innerhalb einer Art

In einem abgegrenzten Lebensraum regelt sich die Anzahl der Tiere auch innerhalb einer Art.

**a** Erläutere dies mit Hilfe von Bild 7. Beginne folgendermaßen: »Je größer die Anzahl der Tiere ist, desto …«

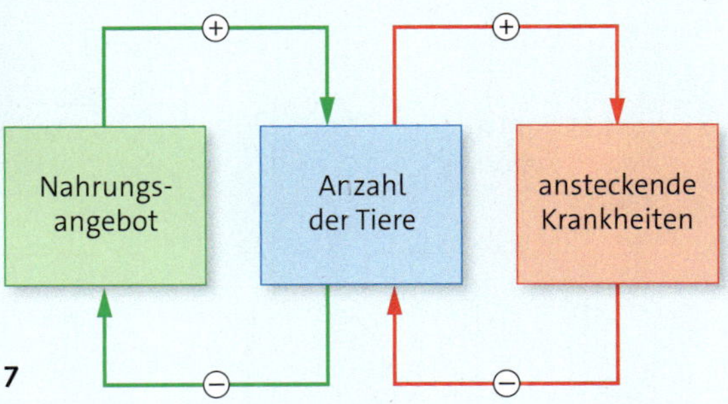


**7**

**b** Übertrage diesen Regulationsmechanismus auf ein konkretes Tierbeispiel aus dem Ökosystem Wald. Nutze dazu Bild 1.

# Bestimmung von Bäumen …

In einem Wald, aber auch auf deinem Schulhof oder dem Heimweg kannst du unterschiedliche Pflanzen sehen. Um herauszufinden, um welche Pflanzenarten es sich handelt, kannst du einen Bestimmungsschlüssel verwenden.

**Material** Bestimmungsschlüssel, Notizblock, Stift

**Durchführung**

**A** Suche 5 verschiedene Laub- oder Nadelblätter.

**B** Fertige je eine biologische Zeichnung an.

**C** Bestimme, zu welchen Baumarten die Laub- oder Nadelblätter gehören, und schreibe die Artnamen neben deine Zeichnungen.

**Arbeitsaufträge** Stelle deine Blätter mit der dazugehörigen Baumart deinen Mitschülern vor.

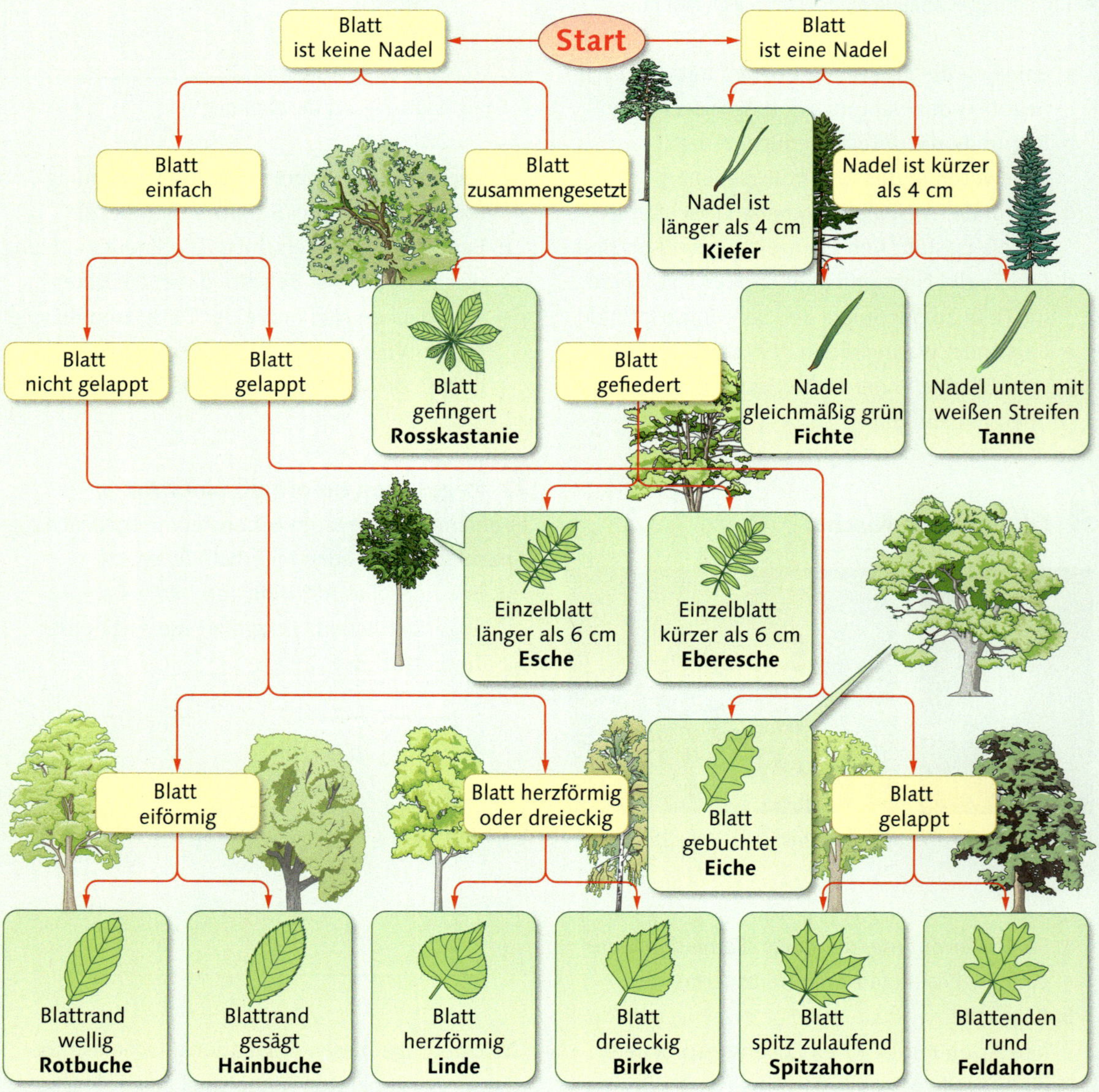


**1** Bestimmungsschlüssel heimischer Bäume

# … und Wiesenblumen

**Hinweis:** Pflanzen sind Lebewesen. Nimm nur Pflanzen mit, die in großer Anzahl vorhanden sind. Es gilt die 1:20-Regel: Von 20 gleichen Pflanzen am Standort solltest du höchstens eine entfernen.

### Arbeitsaufträge

1 Bestimme mit Hilfe des Bestimmungsschlüssels sieben verschiedene Pflanzen mindestens bis zum Familiennamen (in Bild 2 blau unterlegt).

2 Pflücke die Pflanzen und fertige Herbarbögen an, oder fotografiere sie und erstelle Steckbriefe.

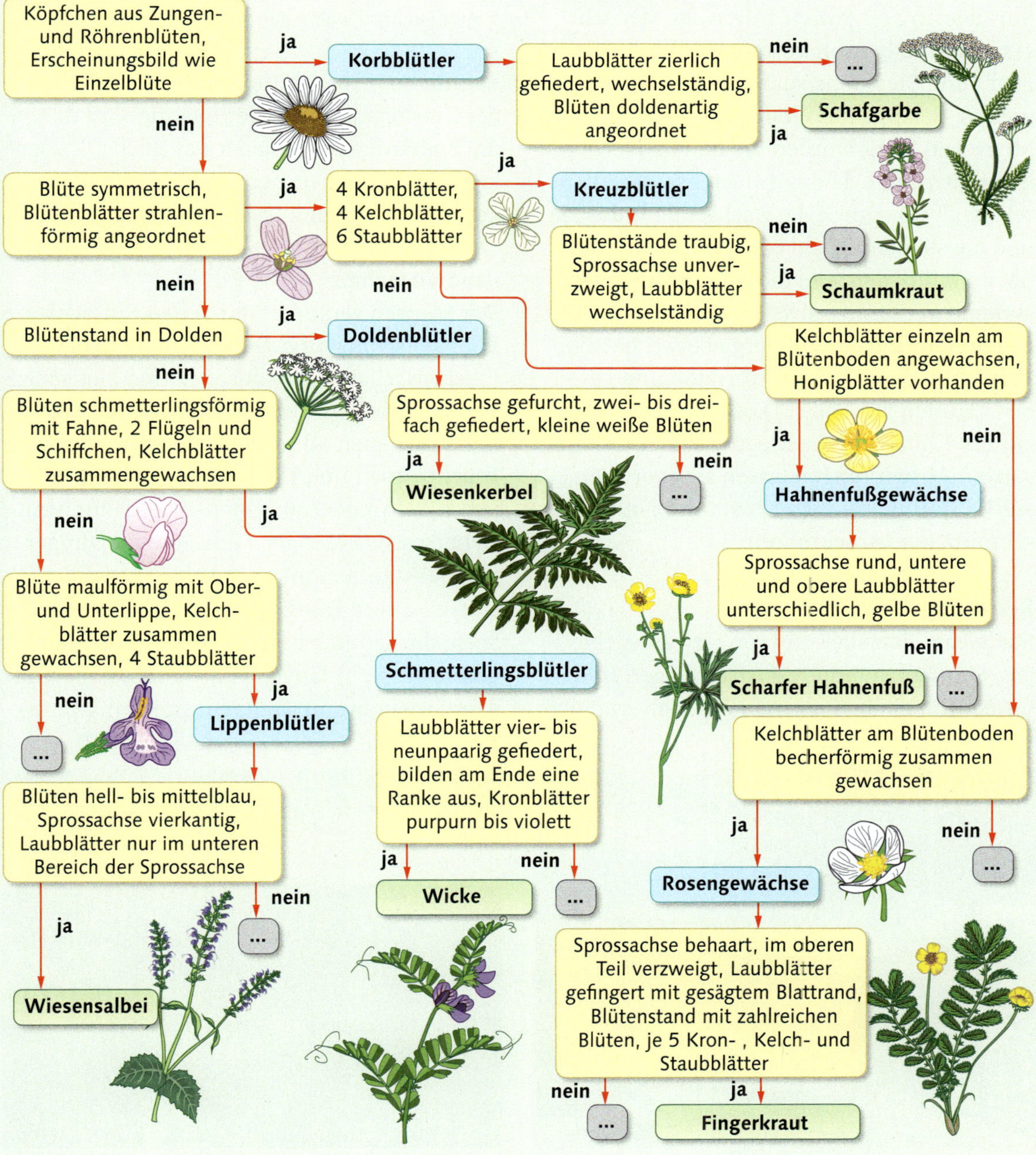


2 Bestimmungsschlüssel heimischer Wiesenpflanzen

# Eingriffe in Ökosysteme

Eine Autobahn endet im Nichts. Hier sollte eigentlich weitergebaut werden. Doch Bürgerproteste, Klagen von Naturschutzbehörden und Umweltverbänden führten zunächst zu einem Baustopp. Der Bau einer Autobahn bedeutet einen massiven Eingriff in die Natur.

1 Autobahnbau wurde gestoppt.

### Der Mensch verändert Ökosysteme

Vor über 10 000 Jahren wurde der Mensch sesshaft und begann durch Ackerbau, Viehzucht und Siedlungsbau in die Natur einzugreifen. Solange nur eine geringe Anzahl von Menschen lebte, wurden die Rohstoffvorräte nicht übernutzt, da das Nahrungsangebot ausreichend war. Durch die wachsende Industrie und die steigende Zahl der Bevölkerung auf über 7 Milliarden sind diese Eingriffe in Ökosysteme immer massiver geworden. Der steigende Nahrungs- und Energiebedarf hat die Vernichtung von Rohstoffvorräten und Lebensräumen zur Folge. Dies hat Auswirkung auf das Klima und die Biodiversität. Diese negativen Auswirkungen lassen sich vor allem auf Bebauung, Landwirtschaft und Luftverschmutzung zurückführen.

### Bebauung

Städtebau, Erschließung von Gewerbegebieten, Straßenbau und Industrieanlagen sind immer mit einem enormen Flächenverbrauch natürlicher Lebensräume verbunden. Neben der Zerstörung wertvoller Biotope wird durch die Bodenversiegelung der natürliche Wasserkreislauf gestört, da der geschlossene Boden kein Wasser mehr aufnehmen kann.

### Landwirtschaft

Der Mensch verändert durch den Einsatz von Pflanzenschutz- und Düngemitteln in der Landwirtschaft die abiotischen und biotischen Verhältnisse von Ökosystemen. Durch Monokulturen gehen oft wertvolle Biotope wie Feuchtwiesen und Heckenlandschaften verloren. In der modernen Intensivtierhaltung entstehen riesige Mengen Gülle, die als Dünger auf die Äcker kommen. Durch Regen gelangt ein Teil dieses Düngers in Bäche, Flüsse und Seen, die dadurch belastet werden. Auch ins Grundwasser gelangen Güllebestandteile und damit irgendwann auch in unser Trinkwasser.

2 Bodenversiegelung durch Bauwirtschaft

3 Großflächiger Maisanbau

### Luftverschmutzung

Industrie, Verkehr und Haushalte erzeugen große Mengen an Abgasen und Schadstoffen. Ein Teil dieser Schadstoffe reagiert noch in der Luft mit Regenwasser und ergibt säurehaltigen Regen, der Organismen schädigt. Die Zunahme von Treibhausgasen wie Kohlenstoffdioxid in der Atmosphäre fördert den Klimawandel. Dieser bedeutet eine Veränderung der abiotischen Verhältnisse in Lebensräumen mit gravierenden Auswirkungen auf die Biozönose und das gesamte Ökosystem.

### Artensterben

Die Zerstörung natürlicher Lebensräume führt zum Rückgang oder gar zum Aussterben von Arten. Denn das Nahrungsangebot wird geringer oder Nahrungsquellen fallen aus. Brut- und Nistplätze werden knapp. Anpassungen an veränderte Umweltbedingungen können in kurzer Zeit nicht erfolgen. Der Verlust der Biodiversität hat mittlerweile die größte Auswirkung auf Ökosysteme.

### Schutzmaßnahmen

Umweltschutz umfasst viele verschiedene Maßnahmen: den Erhalt oder die Wiederherstellung von Biotopen, zum Beispiel von Flusslandschaften; die Ausweisung von Schutzgebieten und die Wiederansiedelung von Tieren wie Luchs und Wolf; die Förderung der ökologischen Landwirtschaft und die verstärkte Nutzung regenerativer Energiequellen wie Sonne, Wind und Wasser. Auch Müllvermeidung und Recycling von Wertstoffen schonen die Rohstoffvorräte und tragen zum Erhalt von Lebensräumen bei. Alle diese Maßnahmen dienen dem Biotopschutz und damit der Erhaltung der Biodiversität.

**4** Stark gefährdete Tiere in Bayern: A Wechselkröte; B Luchs; C Wildkatze; D Moosjungfer

**5** Biotopschutz ist ein Beispiel für Naturschutz

**Basiskonzept Biodiversität**

Der Mensch greift auf vielfältige Weise in Ökosysteme ein. Dadurch werden Lebensräume verändert oder gar zerstört. Dies wirkt sich negativ auf die Artenvielfalt aus. Diese ist aber einer der wichtigsten Stabilitätsfaktoren für Ökosysteme. Durch den Ausfall von Nahrungsketten werden Nahrungsnetze geschwächt. In der Folge wird das biologische Gleichgewicht in den Ökosystemen gestört, das System wird instabil und verliert die Fähigkeit zur Selbstregulation.

Biotopschutz ist somit unbedingt notwendig, um die Biodiversität in Ökosystemen zu erhalten.

**In Kürze**

Der Mensch greift in die Natur ein und verändert Ökosysteme. Der damit verbundene Verlust der Biodiversität führt zur Destabilisierung der Ökosysteme. Der Schutz von Lebensräumen trägt zur Erhaltung der Biodiversität bei.

### Aufgaben

1 Nenne drei Bereiche, in denen der Mensch in Ökosysteme eingreift.
2 Beschreibe den Zusammenhang zwischen Biotopschutz und Artenschutz.

Teste dich

# Heimatnahe Ökosysteme

## 1 Leben in Ökosystemen

1 Hochmoor

**a** Der Siebenstern ist die typische Pflanze des Fichtelgebirges. Neben zahlreichen Vertretern dieser Blume kommen im Zeitelmooser Hochmoor auch Wollgras, Moorbirke, Moorfrosch und Schwarzstorch vor. Ordne die Lebewesen, ausgehend von einem Siebenstern, den Organisationsebenen Individuum, Population, Biozönose und Ökosystem jeweils zu.

**b** Du sollst als Hausaufgabe Tiere und Pflanzen eines wohnortnahen Ökosystems untersuchen und entscheidest dich für die Pflasterritzen des Gehsteigs vor der Schule. Deine Mitschüler sind der Meinung, das sei kein Ökosystem, da das Pflaster von Menschen verlegt wurde und daher nicht natürlich sei. Formuliere ein Argument, das du der Behauptung entgegensetzen kannst.

**c** Nenne mögliche Gründe dafür, dass in großen Städten meist auch sehr viele Wildtiere leben.

**d** »Als Aquarium wird ein mit Wasser gefülltes Behältnis zur Haltung von Fischen und anderen Wasserlebewesen wie wirbellose Tiere bezeichnet. Eine geeignete Technik sorgt für ausreichend Licht und Sauerstoff. Aquarien enthalten neben Wasserpflanzen meist auch einen Untergrund aus Kies.«
Übertrage den Text in dein Heft. Unterstreiche alle biotischen Faktoren mit einem grünen Stift und alle abiotischen Faktoren mit einem roten Stift.

## 2 Kennzeichnende Tiere und Pflanzen

**a** Im Frühling bilden die Blüten der Küchenschelle violette Tupfer auf den Wiesen zwischen den Kalkfelsen der Fränkischen Schweiz. Stelle Vermutungen an, welche weiteren Pflanzen dort wachsen könnten.

**b** Im Schulgarten entdeckst du wild wachsenden Wiesensauerampfer und Kamille. Daneben pflanzt du Küchenschellen an, die aber sehr schnell eingehen. Nenne einen möglichen Grund hierfür.

**c** Du gehst im Sommer an einen nahe gelegenen Badesee. Große Bereiche der Wasseroberfläche sind bedeckt vom flutenden Hahnenfuß. Im Wasser tummeln sich viele rote Zuckmückenlarven an den Pflanzen der Wasserpest. Entscheide, ob es sich um einen geeigneten Badesee handelt. Begründe deine Entscheidung.

## 3 Merkmale der Insekten

2 Entwicklungsstadien des Mehlkäfers

**a** Nenne die verschiedenen Stadien der Entwicklung eines Mehlkäfers. Gib den Fachbegriff für diese Art der Verwandlung bei Insekten an.

**b** Die Entwicklung einer Libelle verläuft anders als die eines Mehlkäfers. Beschreibe die wesentlichen Unterschiede.

**c** Beschreibe die typischen Merkmale eines Insektenkörpers.

**d** Insekten spielen eine entscheidende Rolle im Naturhaushalt. Erläutere diese Aussage.

## 4 Kreislauf der Stoffe

- **a** Nenne die Art der in Bild 3 dargestellten Nahrungsbeziehung.
- **b** Ordne den einzelnen Gliedern Begriffe gemäß ihrer Stellung in der Nahrungspyramide zu.
- **c** Erläutere, welche Stufe der Nahrungspyramide die meiste Biomasse enthält.
- **d** In Bild 3 sind die Destruenten nicht enthalten. Beschreibe beispielhaft die Aufgabe der Destruenten und ihre Bedeutung für den Kreislauf der Stoffe.
- **e** Wenn in der Nahrungsbeziehung in Bild 3 ein Glied vollkommen fehlen würde, bei welchem Glied hätte dies die größten Auswirkungen? Begründe.

**3** Nahrungsbeziehung in einer Wiese

## 5 Nahrungsbeziehungen

In einem Ökosystem besteht eine enge Wechselbeziehung zwischen Räuber und Beute, zum Beispiel zwischen der Anzahl der Mäusebussarde und der von Mäusen im Lebensraum Wiese.

- **a** Beschreibe, was Bild 4 zeigt.
- **b** Werte das Diagramm in Bild 4 aus.
- **c** Erläutere anhand von Bild 4, wie sich ein biologisches Gleichgewicht einstellt.

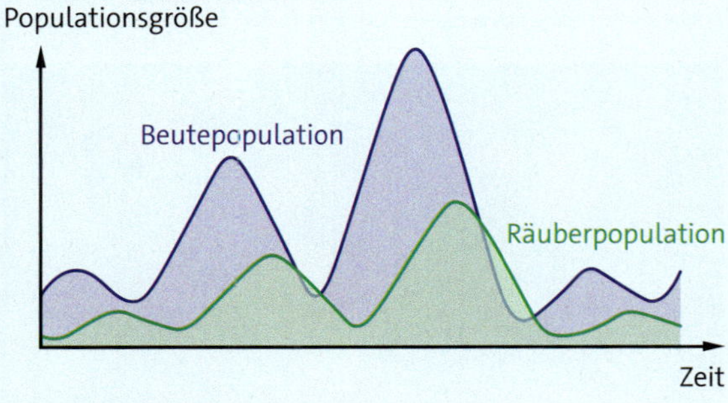


**4** Räuber-Beute-Diagramm

Die Lösungen zu diesen Aufgaben findest du auf Seite 171.



# Heimatnahe Ökosysteme

- Organismen einer Art stellen innerhalb eines Biotops eine Population dar. Diese Population teilt ihren Lebensraum mit anderen Lebewesen. Zusammen bilden sie eine Biozönose. Ein Ökosystem besteht aus Biotop und Biozönose.
- Auf jeden Organismus wirken abiotische und biotische Umweltfaktoren ein. Alle Lebewesen zeigen Angepasstheiten an die Umweltverhältnisse in ihrem Lebensraum.
- Insekten kommen in allen Lebensräumen in großer Artenvielfalt vor. Sie tragen als Bestäuber wesentlich zur Fortpflanzung der Blütenpflanzen bei.
- In jedem Ökosystem bestehen vielfältige Nahrungsbeziehungen in Form von Nahrungsnetzen. Je artenreicher ein Biotop ist, desto dichter sind diese Nahrungsnetze und desto stabiler ist das biologische Gleichgewicht. Durch das Zusammenwirken von Produzenten, Konsumenten und Destruenten entstehen Stoffkreisläufe in Ökosystemen.
- Durch Bebauung, Landwirtschaft und Luftverschmutzung greift der Mensch in alle Ökosysteme schädigend ein. Durch besondere Schutzmaßnahmen müssen Lebensräume und damit die Artenvielfalt erhalten werden.

# Die Basiskonzepte der Biologie

## Basiskonzepte

Biologie ist die Wissenschaft von den Lebewesen. Kennzeichen von Lebewesen sind eigenständige Bewegung, Reizbarkeit, Fortpflanzung, Wachstum und Entwicklung, Stoffwechsel und ein Aufbau aus Zellen. In einem Ökosystem bilden Tiere und Pflanzen eine Lebensgemeinschaft, in der sie durch vielfältige Beziehungen miteinander verknüpft sind. Das Wissen in der Biologie ist geradezu unüberschaubar. So unterschiedlich die verschiedenen Beobachtungen auch sind, oft lassen sie sich auf ähnliche Grundprinzipien zurückführen.

Basiskonzepte sind grundlegende Regeln oder Prinzipien in der Biologie, die dabei helfen, in der großen Vielfalt biologischen Wissens einen roten Faden zu finden. Mit ihrer Hilfe gelingt es leichter, Zusammenhänge zu erkennen, den Überblick zu behalten und auf Fragen gezielte Antworten zu finden.

## Variabilität

Alle Lebewesen besitzen typische Merkmale. Eine bestimmte Kombination von Merkmalen macht uns zu Menschen und eine Schnecke zur Schnecke. Bei allen Ähnlichkeiten der Menschen im Vergleich zu Schnecken, gibt es doch individuelle Unterschiede. Die Einzigartigkeit bei Menschen ist uns vertraut. Aber auch jedes Tier und jede Pflanze ist ein Individuum. Manche Merkmale sind angeboren, andere entwickeln sich durch Umwelteinflüsse.

Vergleicht man die Merkmale und Eigenschaften verschiedener Individuen, so sind Unterschiede beobachtbar. Dies bezeichnet man als Variabilität.

Seite 11

## Entwicklung

Aus dem Keimling in einer Eichel entsteht unter entsprechenden Bedingungen ein zartes Pflänzchen. Über mehrere Hundert Jahre kann daraus ein riesiger Baum wachsen. Kröten wandern meist in den Teich zurück, in dem sie geboren wurden, und laichen dort ab. Die Eier entwickeln sich zu Kaulquappen und schließlich zu ausgewachsenen Kröten.
Auch Ökosysteme entwickeln sich. Ein Teich kann im Laufe der Zeit verlanden. Neben diesen langsamen Entwicklungen können plötzliche Ereignisse – sogenannte Katastrophen – Ökosysteme sehr schnell verändern. Typische Katastrophen sind Lawinen, Überschwemmungen, Sturm oder Brand.

Entwicklung ist ein zeitlicher Prozess, in dessen Verlauf sich Lebewesen oder Ökosysteme verändern. Entwicklungsprozesse von Lebewesen sind häufig mit Wachstum verbunden. Ökosysteme sind oft sehr stabil. Entwicklungen verlaufen meist langsam. Katastrophen können die Entwicklung erheblich beeinflussen.

Seite 27

## Reproduktion

Bei der Reproduktion oder Fortpflanzung entsteht eine neue Generation. Dies kann geschlechtlich oder ungeschlechtlich erfolgen. Bei der ungeschlechtlichen Fortpflanzung besitzen die Nachkommen und die Eltern identische Erbinformationen. Man kann sie sowohl bei Pflanzen wie der Erdbeere als auch bei Tieren wie der Blattlaus beobachten.
Bei der geschlechtlichen Fortpflanzung wird eine weibliche von einer männlichen Keimzelle befruchtet. Die Nachkommen besitzen Erbinformationen beider Elternteile. Dabei können völlig neue Merkmale entstehen.

Lebewesen sind fähig zur Fortpflanzung oder Reproduktion, dabei geben sie Erbinformationen an die Nachkommen weiter.

Seite 33

## Struktur und Funktion

Die Früchte von Löwenzahn und Linde besitzen Flugeinrichtungen. Mit ihrer Hilfe werden die Samen vom Wind über eine gewisse Strecke getragen und können in einiger Entfernung zur Mutterpflanze keimen.
Die Haut von Reptilien besteht aus Hornschuppen. Sie schützt vor Feinden, vor allem aber ist sie ein Verdunstungsschutz. Vögel sind viel leichter als andere gleich große Säugetiere. Das liegt vor allem an ihren Knochen, die eine viel dünnere Knochenrinde besitzen. Nur durch den besonderen Bau oder die Struktur der Samen, der Reptilienhaut oder der Vogelknochen kann die jeweilige Aufgabe oder Funktion erfüllt werden. Kennt man die Funktion einer Struktur, kann man ihren Aufbau leichter erklären. Kennt man die Struktur, kann man ihre Aufgabe oft ableiten.

Der Aufbau oder die Struktur einer Zelle, eines Organs oder eines Organismus bestimmt, ermöglicht oder erleichtert deren Aufgabe oder Funktion.

Seite 61

## Information und Kommunikation

Im Frühling färbt sich die Brust von Stichlingsmännchen leuchtend rot. Das ist ein Zeichen dafür, dass sie fortpflanzungsbereit sind. Storchenpaare begrüßen sich durch Klappern. Der Feuersalamander zeigt durch seine Färbung an, dass er nicht genießbar ist.
Der Geruch des Flieders ist nicht nur für uns Menschen angenehm. Er lockt Insekten auf die Blüten, die die Pflanze bestäuben.
Informationen werden nicht nur zwischen Individuen einer Art, sondern auch zwischenartlich oder zwischen Tieren und Pflanzen ausgetauscht.

Lebewesen nehmen Informationen auf, speichern und verarbeiten sie und kommunizieren.

Seite 75

## Steuerung und Regelung

Kohlmeisen sind Standvögel, die man in Bayern das ganze Jahr über beobachten kann. Auch im Winter können sie genügend Nahrung aufnehmen, um ihren Körper auf über 40 °C zu erwärmen. Dagegen verbringen Blindschleichen den Winter in einer Kältestarre. Sie ziehen sich in kleine Erdhöhlen zurück. Ihre Körpertemperatur sinkt bis nahe an den Gefrierpunkt, jedoch nicht darunter.
Im Ökosystem Wiese schwankt die Zahl der Feldmäuse von Jahr zu Jahr erheblich. Auch die Anzahl der Jäger der Mäuse, der Mäusebussarde, schwankt. Betrachtet man die Zahlen beider Arten über einen längeren Zeitraum, so schwanken sie um einen Mittelwert. Der Bestand reguliert sich selbst.

Lebewesen können bestimmte Zustände so steuern, dass diese konstant bleiben. Sie sind in der Lage, auf Veränderungen zu reagieren. In einem Ökosystem sind viele Prozesse miteinander verflochten, sodass das Ökosystem erhalten oder konstant bleibt. Diese Prozesse steuern sich selbst.

Seite 89

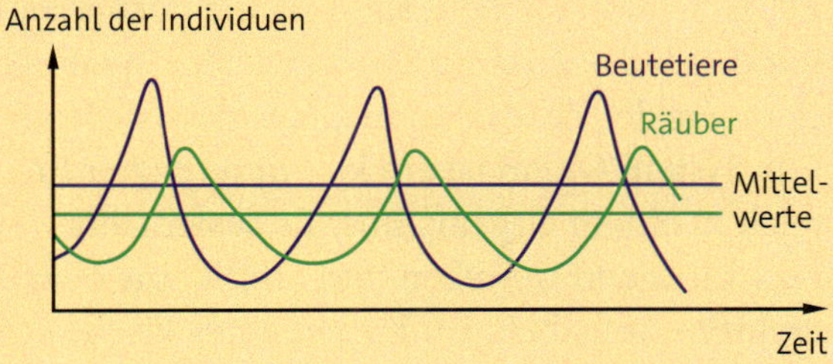


## Organisationsebenen

Mit der Verschmelzung von Eizelle und Spermium und der anschließenden Vereinigung der beiden Zellkerne beginnt ein neues Leben. Aus einer einzigen Zelle entwickelt sich ein vollständiger Organismus.
Fische besitzen Kiemen, mit denen sie Sauerstoff aus dem Wasser aufnehmen können. Reptilien sind Lebewesen, die warme Lebensräume bevorzugen. Daher kann man sie auch in Dörfern und Städten antreffen. Entlang eines Flusses findet man unterschiedliche Ökosysteme mit verschiedenen Tieren und Pflanzen.

Lebensphänomene lassen sich auf verschiedenen Organisationsebenen wie der Zellen, Organe, Organismen und Ökosysteme erklären.

Seite 113

## System

Ein Lebewesen oder ein Ökosystem kann nicht mit wenigen Worten beschrieben werden. Deshalb hilft es manchmal, wenn man – wie bei einem Modell – vereinfacht.
In der Biologie kann man vieles als System betrachten, wenn es sehr stark vereinfacht wird. Systeme besitzen eine Systemgrenze und mehrere Systemelemente. Ein System besitzt eine ganz spezielle Funktion, die es nur ausüben kann, wenn alle Elemente des Systems richtig zusammenarbeiten.
Biologische Systeme sind offen, das heißt, sie stehen immer in Kontakt mit der Umwelt, ihrer Umgebung oder mit anderen Systemen.

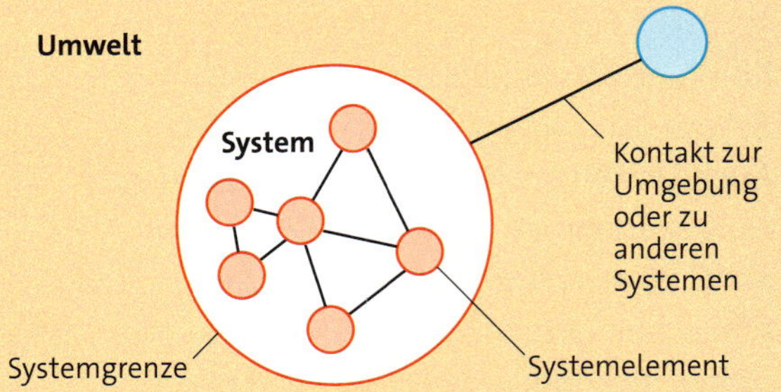


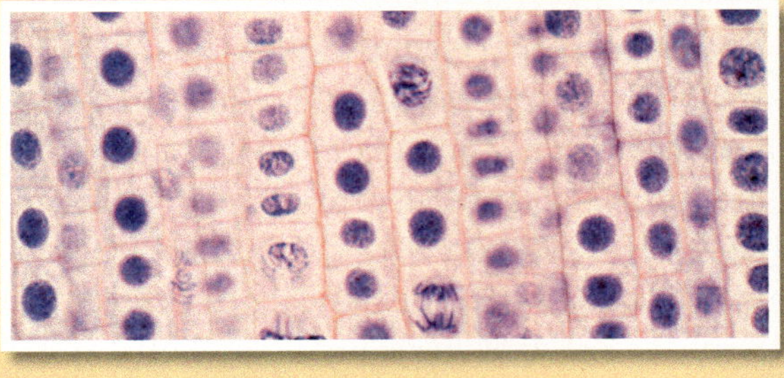

Jede Zelle ist ein System. Sie ist nach außen abgegrenzt und enthält viele Elemente wie den Zellkern. Kein Element kann alleine existieren, nur durch das Zusammenwirken aller Systemelemente der Zelle ist es möglich, dass sie lebt. Das System Organ ist ein klar umgrenzter Bereich in einem Organismus. Es besteht aus verschiedenen Geweben und erfüllt eine oder mehrere Aufgaben. Im Körper eines Fisches sind mehrere Organe wie Augen, Kiemen oder Schwimmblase zu erkennen. Eine Pflanze besteht aus den Grundorganen Wurzel, Sprossachse und Laubblatt. Mehrere Organe mit ähnlichen Aufgaben bilden ein Organsystem. Die Atmungssysteme von wasser- und landlebenden Tieren unterscheiden sich sehr stark. Eine Blüte besteht aus mehreren Organen wie Staubblättern und Stempel. Sie bilden zusammen ebenfalls ein Organsystem.
Ein Lebewesen ist ein System. Es besteht aus vielen Elementen und ist durch seine Körperoberfläche nach außen abgegrenzt. Lebewesen bilden Elemente eines Ökosystems. Landökosysteme und Gewässer bieten Lebensraum für unterschiedliche Lebewesen.

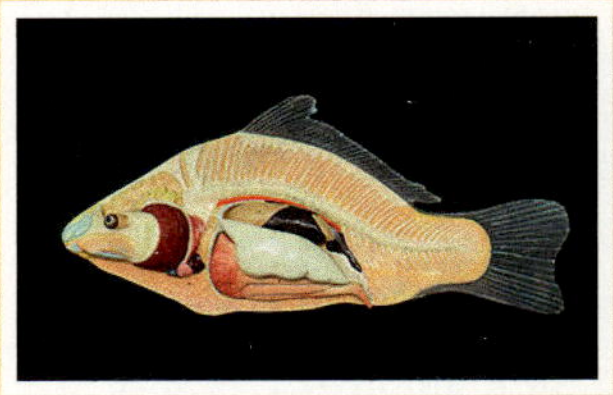

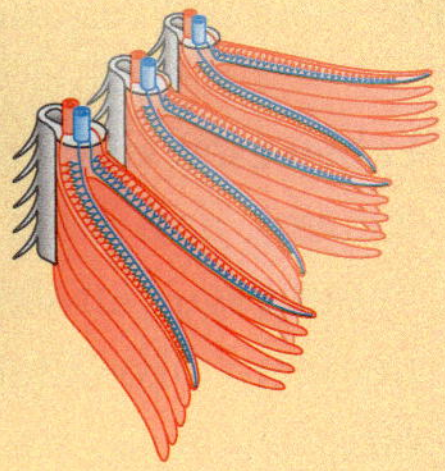

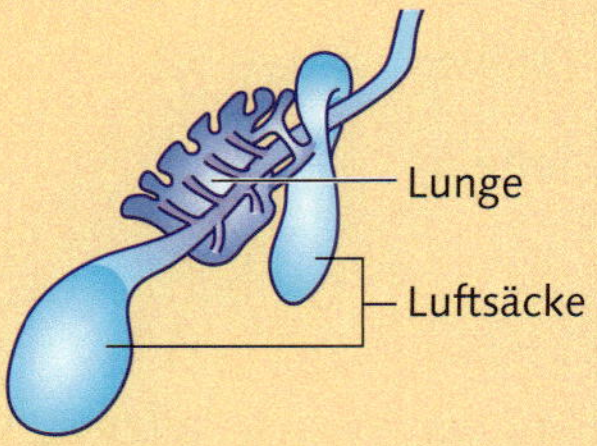

Systeme in der Natur sind beispielsweise Zelle, Organismus, Ökosystem und Biosphäre. Diese Systeme gehören verschiedenen Systemebenen an.

Seite 143

## Angepasstheit

Die Facettenaugen einer Libelle bestehen aus bis zu 30 000 Einzelaugen. Libellen sind an die Jagd im Flug angepasst. Der Aufbau ihrer Augen ermöglicht das Fixieren und Ergreifen der Beute auch im schnellen Flug.
Der Sonnentau ist eine fleischfressende Pflanze, die beispielsweise in den Mooren im Chiemgau vorkommt. Moorböden sind sehr arm an Mineralstoffen. Die Blätter des Sonnentaus sind mit kleinen Härchen besetzt, die eine klebrige Flüssigkeit absondern. Landet ein Insekt auf einem solchen Blatt, so bleibt es kleben. Die Pflanze kann nun das Beutetier verdauen und so Mineralstoffe aufnehmen. Der Sonnentau ist auf diese Weise an mineralstoffarme Standorte angepasst.

Lebewesen sind bezüglich Bau und Funktion an ihre Umwelt angepasst.

Seite 147

## Biodiversität

In Deutschland leben über 400 verschiedene Wirbeltierarten. Eines der kleinsten bayerischen Wirbeltiere ist die Zwergmaus mit einer Länge von 50 bis 70 Millimetern und einer Masse von 7 bis 12 Gramm. Die wahrscheinlich längsten Wirbeltiere Bayerns sind Welse, die eine Länge von fast drei Metern erreichen können.
In Bayern gibt es eine Fülle unterschiedlicher Ökosysteme: von hochalpinen Bereichen über das Voralpengebiet bis hin zu den Waldgebieten der nordbayerischen Mittelgebirge. Diese Vielfalt ist einzigartig.
Viele Tiere und Pflanzen sind vom Aussterben bedroht, weil die Ökosysteme zerstört werden. Dadurch ist die Vielfalt in Gefahr. Es liegt in der Verantwortung des Menschen, die Grundlagen für die Vielfalt zu erhalten.

Auf der Erde gibt es eine große Vielfalt an Lebewesen und Ökosystemen. Diese biologische Vielfalt wird als Biodiversität bezeichnet.

Seite 153

# Immer aktuell: Methoden der Biologie

## Beobachten

- Beobachtungsobjekt auswählen
- Fragen sammeln, davon eine auswählen
- Hypothesen, also Vermutungen, überlegen
- Vorgehen für Beobachtung planen
- Beobachtung durchführen
- Beobachtungen notieren, z. B. als Protokoll
- Zeichnungen oder Fotos einfügen
- Beobachtungen auswerten, also deuten
- Anfangsfrage beantworten
- Ergeben sich neue Fragen?

## Vergleichen

- Beobachtungsobjekt anhand von Kriterien mit anderen Objekten vergleichen
- Unterschiede und Gemeinsamkeiten notieren, z. B. in einer Tabelle

| | Lindenblatt | Ahornblatt |
|---|---|---|
| Farbe | grün | grün |
| Form | herzförmig | fünfzackig |
| Rand | kleine Zacken | große Zacken |
| Stiel | grün | rötlich |
| Härchen | Unterseite | keine |

**1** Vergleich zweier Laubblätter

## Mikroskopieren

- Objekttisch mit dem Grobtrieb ganz nach unten fahren, kleinste Vergrößerung einstellen, dann Objektträger mit Präparat auflegen
- Objekttisch mit dem Grobtrieb nach oben fahren, bis sich Deckglas und Objektiv gerade noch nicht berühren
- durch das Okular schauen und den Objekttisch mit dem Feintrieb langsam nach unten fahren, bis das Bild scharf ist
- interessante Stelle in die Mitte des Bildes schieben
- Objekttisch mit dem Grobtrieb nach unten fahren und die nächste Vergrößerung einstellen, dann wieder hochdrehen
- durch das Okular schauen und Bild mit dem Feintrieb scharf stellen

## Protokoll anfertigen

- Namen der Beteiligten und Datum der Durchführung notieren
- Thema oder Frage als Überschrift wählen
- Hypothese, also Vermutung, formulieren
- Materialien stichpunktartig auflisten
- Durchführung des Experiments beschreiben
- Beobachtungen notieren, evtl. Zeichnungen, Diagramme, Tabellen oder Fotos verwenden
- Beobachtungen auswerten, um die Hypothese zu bestätigen oder zu widerlegen und die Anfangsfrage zu beantworten

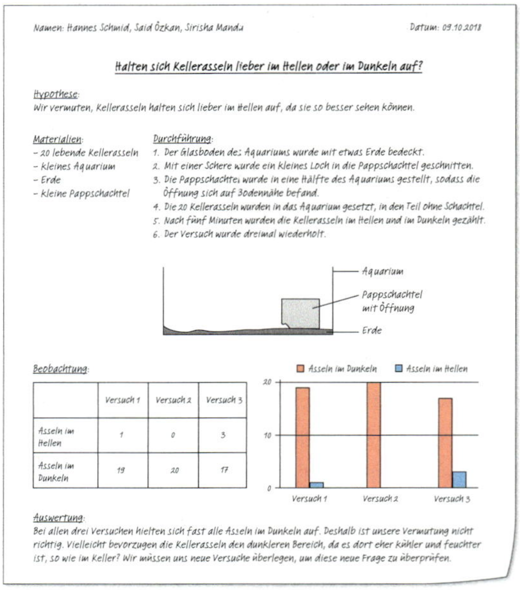

Namen: Hannes Schmid, Said Özkan, Sirisha Mandu — Datum: 09.10.2018

Halten sich Kellerasseln lieber im Hellen oder im Dunkeln auf?

Hypothese:
Wir vermuten, Kellerasseln halten sich lieber im Hellen auf, da sie so besser sehen können.

Materialien:
- 20 lebende Kellerasseln
- kleines Aquarium
- Erde
- kleine Pappschachtel

Durchführung:
1. Der Glasboden des Aquariums wurde mit etwas Erde bedeckt.
2. Mit einer Schere wurde ein kleines Loch in die Pappschachtel geschnitten.
3. Die Pappschachtel wurde in eine Hälfte des Aquariums gestellt, sodass die Öffnung sich auf Bodennähe befand.
4. Die 20 Kellerasseln wurden in das Aquarium gesetzt, in den Teil ohne Schachtel.
5. Nach fünf Minuten wurden die Kellerasseln im Hellen und im Dunkeln gezählt.
6. Der Versuch wurde dreimal wiederholt.



Beobachtung:

| | Versuch 1 | Versuch 2 | Versuch 3 |
|---|---|---|---|
| Asseln im Hellen | 1 | 0 | 3 |
| Asseln im Dunkeln | 19 | 20 | 17 |



Auswertung:
Bei allen drei Versuchen hielten sich fast alle Asseln im Dunkeln auf. Deshalb ist unsere Vermutung nicht richtig. Vielleicht bevorzugen die Kellerasseln den dunkleren Bereich, da es dort eher kühler und feuchter ist, so wie im Keller? Wir müssen uns neue Versuche überlegen, um diese neue Frage zu überprüfen.

**2** Beispiel für ein Versuchsprotokoll

## Biologische Zeichnungen anfertigen

- Papier, Bleistift, Radiergummi zurechtlegen
- Objektnamen, Vergrößerung, Datum und deinen Namen auf dem Zeichenblatt notieren
- geeignete Stelle des Objekts auswählen
- Objekt mittig auf das Zeichenblatt zeichnen
- klare, durchgezogene Linien zeichnen
- beide Augen offen halten, um gleichzeitig zu zeichnen und zu mikroskopieren
- Zeichnung mit Fachbegriffen beschriften, Bezugslinien mit dem Lineal ziehen

**Einen Steckbrief erstellen**
- Fragen überlegen, um Oberbegriffe zu finden, z. B. für ein Tier: Name, Größe, Fortbewegung, Ernährung, Fortpflanzung, Nutzung
- Informationen aus Büchern oder im Internet sammeln, um die Fragen zu beantworten
- Informationen und ein geeignetes Bild auswählen, um Kennzeichen und Besonderheiten treffend zu beschreiben
- Text-Bild-Anordnung auf einem Notizblatt skizzieren
- Steckbrief erstellen: kurze, stichpunktartige Texte formulieren, Bild hinzufügen

**Wie Biologen Erkenntnisse gewinnen**
- Fragen sammeln, davon eine auswählen
- Hypothese formulieren
- Erkenntnismethode auswählen: Beobachten, Vergleichen, Experimentieren oder mit Modellen arbeiten
- Vorgehen planen und durchführen
- Beobachtungen protokollieren
- Beobachtungen auswerten, um die Hypothese zu bestätigen oder zu widerlegen und die Anfangsfrage zu beantworten
- Fehler notieren, evtl. erneut durchführen oder anderes Vorgehen planen

**Arbeiten mit Diagrammen**

**A Diagramme auswerten**
- Diagrammüberschrift und Bildunterschrift geben Auskunft über das Thema
- Kreis- und Säulendiagramme geben Häufigkeitsverteilungen an, Liniendiagramme zeigen einen Verlauf
- Achsenbeschriftungen verdeutlichen, was dargestellt ist, z. B. Messwerte
- Legende gibt Auskunft über die Bedeutung von Symbolen oder Farben
- Werte ablesen, indem für einen bestimmten Wert auf der x-Achse der dazugehörige Wert auf der y-Achse gesucht wird
- abgelesene Werte auswerten, z. B. um die Aufgabenstellung zu beantworten

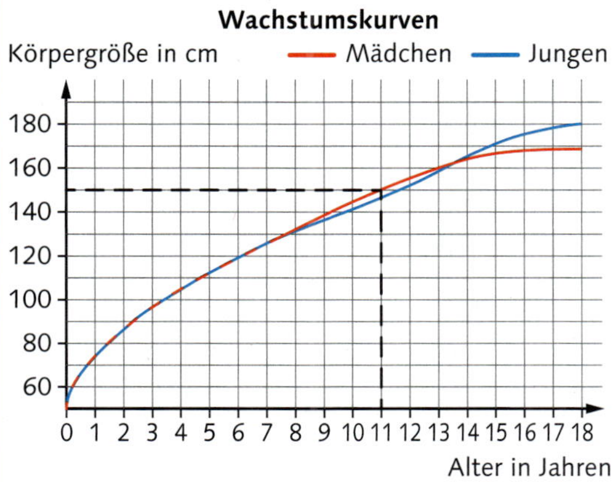


**3** Liniendiagramm zur durchschnittlichen Körpergröße von Jungen und Mädchen

**B Ein Säulendiagramm erstellen**
- Daten durch Beobachtungen oder Messungen sammeln, dabei zusammengehörige Daten ordnen und in eine Tabelle übertragen
- Achsen auf einem DIN-A4-Papier zeichnen und beschriften, x-Achse für bekannte Größen, y-Achse für gemessene Werte
- Achsen so einteilen, dass die kleinsten und die größten Werte Platz finden und die Unterschiede deutlich werden
- Messwerte von der Tabelle in das Diagramm übertragen, Teilstriche für die Zwischenwerte auf der y-Achse erleichtern die Orientierung
- Legende erstellen

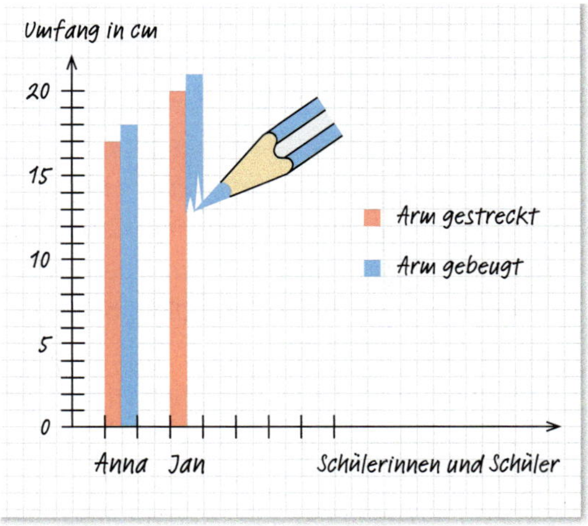


**4** Erstellung eines Säulendiagramms

## Arbeiten mit Modellen

### A Mit Strukturmodellen arbeiten

- Modell betrachten, voneinander unterscheidbare Teile beschreiben
- den Teilen des Modells die entsprechenden Fachbegriffe zuordnen
- Modell und Original vergleichen, dabei die Teile des Modells den entsprechenden Teilen des Originals zuordnen und übereinstimmende sowie abweichende Details nennen
- durch Benennen der Modellbestandteile sowie ihrer Funktion Gelerntes überprüfen

### B Mit Funktionsmodellen arbeiten

- Anleitung lesen, um einen Überblick über den Aufbau des Modells zu erhalten, die einzelnen Teile eindeutig zuordnen zu können und die Bedienung des Modells zu erfahren
- Modell nach Anleitung ausprobieren und beobachten, was geschieht
- Beobachtungen beschreiben

### C Modelle kritisch betrachten

- Modell betrachten, um die Modellart zu erkennen, z. B. Strukturmodell oder Funktionsmodell
- Modell und Original vergleichen, dabei die Teile des Modells den entsprechenden Teilen des Originals zuordnen und Gemeinsamkeiten und Unterschiede nennen
- Modell anhand verschiedener Kriterien beurteilen, z. B. Größe, Vollständigkeit, Darstellung wichtiger Elemente, Verzicht auf unwichtige Details, Zuordnung von Modellbestandteilen zum Original
- Funktionsweise diskutieren: Kann das Modell helfen, Aufbau oder Funktion des Originals zu beschreiben und besser zu verstehen? Vorteile und Nachteile des Modells nennen

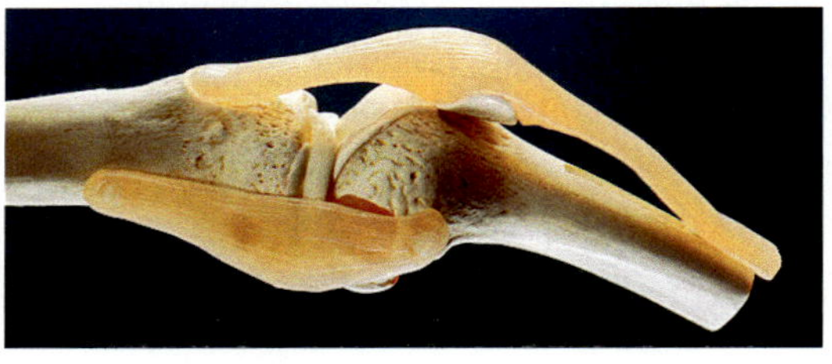

**5** Strukturmodell eines Kniegelenks

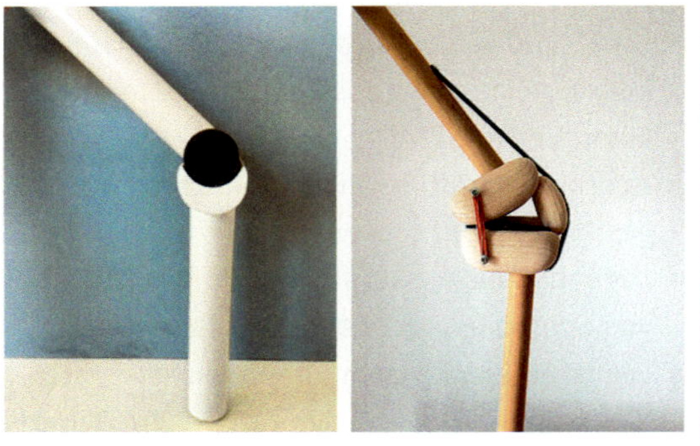

**6** Zwei Funktionsmodelle zum Kniegelenk

## Die eigene Meinung vertreten

- Informationen aus verschiedenen Quellen sammeln, z. B. aus Büchern, dem Internet, oder auch die Meinung anderer erfragen
- Argumente ordnen, die für oder gegen einen Standpunkt sprechen, z. B. in einer Tabelle
- Argumente einteilen nach beschreibend, das sind Fakten, oder bewertend, diese beruhen eher auf einem Gefühl
- Argumente nach deiner persönlichen Einstellung gewichten
- Argumente begründen, indem sie durch einen Grund und mit einem Beispiel untermauert werden

| Dafür (Pro) | Dagegen (Kontra) |
|---|---|
| Ein Helm kann vor lebensgefährlichen Verletzungen am Kopf schützen. | Eine Helmpflicht macht Radfahren unbeliebt. Radfahren ist jedoch gesund. |
| Wenn die Verletzung am Kopf ist, dann ist sie schnell lebensbedrohend. | Den Helm mit sich herumzutragen ist lästig. |
| Meine Eltern fühlen sich besser, wenn ich einen Helm trage. | Meine coole Frisur wird zerdrückt, wenn ich einen Helm trage. |

**7** Beschreibende (blau) und bewertende (gelb) Argumente für und gegen das Tragen eines Fahrradhelms

**Eine Quelle auswählen**
- Überblick verschaffen durch Lesen der Überschriften, Texte kurz überfliegen; bei Abbildungen gibt die Beschriftung Auskunft darüber, ob sie zu einem Thema passen
- überprüfen, ob die Quellen Antworten auf W-Fragen liefern: Wer? Wie? Was? Wo? Wann? Warum?
- Eigenschaften der Quellen einschätzen durch Betrachtung unter verschiedenen Kriterien, z. B. Verständlichkeit, Informationsgehalt, Eindeutigkeit
- geeignete Quellen auswählen, die sich gegenseitig ergänzen, um Vollständigkeit zu gewährleisten

**Einen Text erschließen**
- Überblick verschaffen: Überschrift des Textes, Gliederung in Abschnitte, Hervorhebung von Wörtern, Abbildungen
- Fragen stellen, die mit Hilfe des Textes beantwortet werden sollen
- Text abschnittsweise lesen, dabei die Fragen beantworten und wichtige Wörter markieren
- Inhalt zusammenfassen durch Notieren von Schlüsselwörtern, zusammengehörende Informationen ordnen
- Wiederholung durch nochmaliges Lesen der Notizen, ggf. auch laut vorlesen
- Informationen aus verschiedenen Quellen zusammenfügen

**8** A Aquarell von Albrecht Dürer; B Feldhase; C Wildkaninchen

**Tiere bestimmen**
- beobachten des zu bestimmenden Tieres in seinem Lebensraum oder im Zoo, alternativ kann auch ein Foto oder eine Zeichnung verwendet werden
- Merkmale des zu bestimmenden Tieres notieren, z. B. in einer Tabelle, und mit den Merkmalen bekannter Tierarten vergleichen
- zuordnen des Tieres zu der Tierart, mit der es die meisten Merkmale gemeinsam hat

**Einen Experten befragen**
- Fachleute suchen, z. B. in der Nachbarschaft, im Telefonbuch oder im Internet
- Fragen sammeln und ordnen, um daraus einen Fragebogen zu erstellen
- Rollen festlegen: wer stellt die Fragen, wer protokolliert, wer fotografiert
- höfliche Begrüßung des Experten, dieser soll sich zuerst kurz selbst vorstellen
- Fragen stellen, zuhören und Antworten notieren, bei Unklarheiten nachfragen
- am Ende der Befragung beim Experten bedanken und verabschieden
- Antworten auswerten durch Besprechung in der Klasse, Schlussfolgerungen für zukünftige Befragungen ziehen
- Plakat mit den Ergebnissen anfertigen oder Bericht für die Schülerzeitung oder die Internetseite der Schule schreiben

## Entscheidungen treffen

- Konflikt benennen durch Erkennen der Ausgangssituation oder des Problems und Formulierung der erhofften Lösung
- Meinungen aller Beteiligten sammeln und in einer Liste festhalten; auch Meinungen von Personen, die nicht direkt von der Entscheidung betroffen sind, können hilfreich sein
- Liste ergänzen mit weiteren Bewertungskriterien, z. B. aus Fachliteratur, von Experten, Informationen aus dem Internet
- Informationen in einer Tabelle ordnen nach Pro und Kontra, also dafür und dagegen

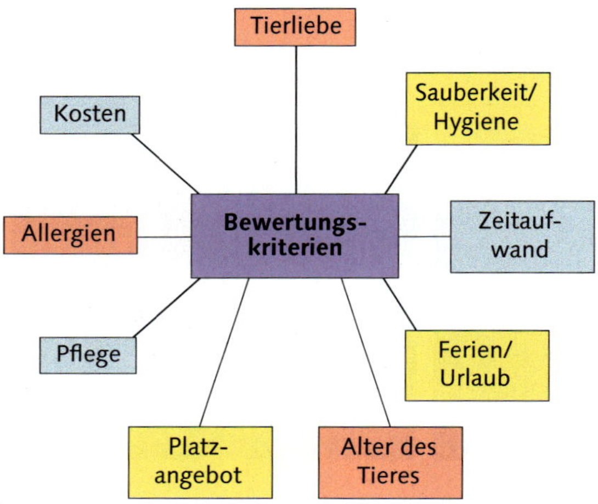


**9** Mögliche Bewertungskriterien

| Für die Katze | Punkte | Gegen die Katze | Punkte |
|---|---|---|---|
| Kuscheln | 3 | Allergie | 0 |
| Sauberkeit | 3 | Kosten | 1 |
| Platzangebot | 2 | Verantwortung | 1 |
| ... | | ... | |
| ... | | ... | |
| Summe: | | Summe: | |

**10** Beispiel für eine Entscheidungsmatrix

- jeder Beteiligte erstellt dann seine eigene Entscheidungsmatrix, indem er jedes Argument einzeln gewichtet durch Vergabe von Punkten von 0 (unwichtig) bis 3 (sehr wichtig), zum Schluss werden die Punkte für Pro und Kontra zusammengezählt
- Wertvorstellungen miteinbeziehen, also Überzeugungen, die für einen Menschen wichtig sind, z. B. Disziplin, Fürsorglichkeit, Pflichtgefühl, Pünktlichkeit, Rücksichtnahme, Sauberkeit, Spaß, Verantwortungsbewusstsein
- Folgen der Entscheidung überlegen
- weitere Handlungsoptionen, also eine Alternative oder einen Kompromiss, finden, um die Meinungen und Argumente aller Beteiligten zu berücksichtigen
- gemeinsam eine Entscheidung treffen

## Untersuchen mit Lupen und Stereomikroskop

- Lese- und Stiellupen eignen sich zum Betrachten von Details, mit Becherlupen können kleine Lebewesen beobachtet werden, Einschlaglupen passen gut in die Hosentasche
- Lupe zwischen Auge und Objekt halten, durch Veränderung des Abstands zwischen Lupe und Objekt kann das Bild scharf gestellt werden, Vergrößerung 2- bis 10-fach
- mit beiden Augen gleichzeitig in das Stereomikroskop, auch Binokular genannt, schauen, oft kann man das Objekt von oben und unten beleuchten, Vergrößerung bis 40-fach

**11** A Stiellupe; B Becherlupe; C Einschlaglupe

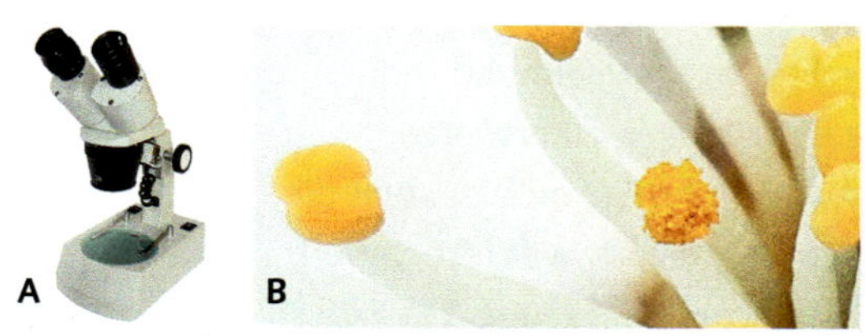


**12** A Stereomikroskop; B 40-fache Vergrößerung einer Kirschblüte

## Ein Herbarium anlegen

- Material vorbereiten: 2 Holzplatten, mehrere Tageszeitungen, einige Bücher, festes weißes DIN-A4-Papier, kleine Plastiktüten, Notizzettel, durchsichtiges Klebeband, Stift
- nur Pflanzen sammeln, die in großer Anzahl vorhanden sind, von 20 gleichen Pflanzen an einem Standort nur 1 mitnehmen (1:20-Regel), Pflanzen vor dem Pflücken bestimmen, keine gefährdeten oder geschützten Arten pflücken!
- vollständige, gut entwickelte Pflanzen mit Laubblättern und Blüten sammeln
- jede Pflanze in eine eigene Tüte geben, dazu einen Notizzettel mit Funddatum und -ort sowie dem Art- und Familiennamen
- Pflanzen direkt nach dem Sammeln einzeln zwischen einen Stapel Zeitungen legen
- Holzplatten unter und auf dem Zeitungsstapel platzieren und mit Büchern beschweren
- Pflanzen mindestens 2 Wochen pressen, Zeitungen alle 2 bis 3 Tage wechseln
- Herbarbogen mit Art- und Familiennamen beschriften, außerdem Fundort und -datum sowie Blütezeit notieren, Besonderheiten wie Giftigkeit oder Heilwirkung ergänzen
- Pflanze mit Klebestreifen auf den Herbarbogen kleben
- Herbar aus mindestens 7 Pflanzen anlegen
- Herbarbögen in einer Mappe aufbewahren
- Herbar aus frisch gepflückten Pflanzen anlegen und die beschrifteten Herbarbögen kopieren, durch Einscannen entsteht ein digitales Herbarium, das jederzeit ausgedruckt, bearbeitet und erweitert werden kann

**13** Ein Herbarbogen

## Getreidepflanzen bestimmen

- Rispe: sitzen die Körner eng aufgereiht entlang einer Achse, handelt es sich um Hafer
- Ähre: sind die Körner unregelmäßig verzweigt, müssen die Grannen betrachtet werden: besitzen die Ähren keine starren, borstenartigen Fortsätze oder sind diese sehr kurz, handelt es sich um Weizen
- Grannen: sind diese länger als die Ähre, liegt Gerste vor, sind sie mittellang, handelt es sich um Roggen
- Blattgrund: reicht der Ansatz der Laubblätter vollständig um den Halm herum, ist es Gerste; umschließt der Blattgrund den Halm nicht komplett, ist es Roggen
- Spelzen: sind die Körner fest mit den sie umgebenden trockenen Häutchen verwachsen und lösen sich nur schwer, ist es Gerste; lösen sich die Körner leicht aus den umgebenden Spelzen, sind sie nicht mit diesen verwachsen, handelt es sich um Roggen

**14** Hafer, Roggen, Gerste und Weizen

# Lösungen

## Fortpflanzung und Sexualität (S. 54/55)

### 1 Lebewesen besitzen Merkmale

**a** Menschen: z. B. Augenfarbe, Hautfarbe oder Haarfarbe
Pflanzen: z. B. Blütenform, Blattform und Blattrand

**b**

| Begriff | Bedeutung |
|---|---|
| Erbsubstanz | riesiger Informationsspeicher im Zellkern jeder Zelle, enthält die Erbinformationen eines Lebewesens |
| Erbinformation | Informationen über die Merkmale eines Lebewesens |
| Gene | einzelne Abschnitte der Erbsubstanz, in denen die Information für ein Merkmal gespeichert ist |

**c** Bei der Fortpflanzung werden die Erbsubstanzen von Vater und Mutter miteinander gemischt. Die Nachkommen besitzen daher Erbinformationen beider Eltern. Dadurch kann es zur Ausprägung von neuen Merkmalen kommen. Die Weitergabe der Erbinformationen an die Nachkommen ist zufällig. Das ist der Grund dafür, dass Geschwister nur ähnliche, aber nie vollkommen gleiche Merkmale besitzen.

**d** Schnirkelschnecken besitzen alle ein Schneckenhaus mit einem bestimmten Muster und einer bestimmten Farbe. Dieses Merkmal kann allerdings unterschiedlich sein, es ist variabel. Der Grund dafür liegt in der Erbinformation. Alle Schnirkelschnecken besitzen die gleichen Gene. Die Erbinformation auf diesen Erbsubstanzabschnitten kann jedoch unterschiedlich sein. Unterschiedliche Erbinformationen führen zu verschiedenen Merkmalsausprägungen. Durch Veränderungen in der Erbinformation und durch Umwelteinflüsse können sich Merkmale verändern.

### 2 Fortpflanzung bei Pflanzen

**a** Auf Foto A ist das Blatt eines Geldbaums zu sehen, das auf die Erde gefallen ist. Auf Foto B ist an dieser Stelle eine junge Pflanze zu sehen.

**b** Es handelt sich um eine ungeschlechtliche Fortpflanzung, denn hier findet eine Vermehrung durch Blattstecklinge statt.

**c** Weitere Beispiele sind Ausläufer bei der Erdbeere und die Vermehrung durch Knollen bei der Kartoffel.

**d** Bei der ungeschlechtlichen Fortpflanzung werden keine Keimzellen gebildet. Die Nachkommen besitzen die gleichen Erbinformationen wie die Mutter. Bei der geschlechtlichen Fortpflanzung dagegen werden Keimzellen gebildet. Während der Verschmelzung ihrer Zellkerne werden Erbinformationen von zwei Individuen neu kombiniert. Die Nachkommen besitzen also eine Mischung aus den Erbinformationen der Eltern, dies kann zur Ausprägung von neuen Merkmalen und Eigenschaften führen.

### 3 Blüten von Pflanzen

**a** Zu sehen sind fünf Kelchblätter (grün), fünf Kronblätter (weiß), viele Staubblätter (gelb) und ein Stempel bzw. Fruchtblatt (hellbraun) mit einer Samenanlage (lila).

**b** Die oft grünen Kelchblätter umschließen schützend die Blütenknospe. Die Kronblätter sind meist auffällig gefärbt, sie locken Insekten zur Bestäubung an. Die Staubblätter sind die männlichen Fortpflanzungsorgane der Pflanze, sie bilden in den Staubbeuteln den Pollen, in dem sich die männlichen Keimzellen befinden. Die Fruchtblätter sind die weiblichen Fortpflanzungsorgane der Pflanze, sie besitzen am unteren Ende einen Fruchtknoten, in dessen Samenanlagen sich die weiblichen Keimzellen entwickeln.

**c**
A – F (Löwenzahnsamen und Fallschirm)
B – D (Ahornsamen und Hubschrauber)
C – E (Zanoniasamen und Düsenjet)

**d** Aufgrund seiner Haken könnte der Samen der Teufelskralle im Fell von Tieren hängen bleiben und so an andere Orte verschleppt werden. Demnach ist der Samen der Teufelskralle eine Klettfrucht, die durch Tiere verbreitet wird.

**e** Weitere Verbreitungsarten sind Transport durch Wind oder Wasser. Auch Tiere können Samen verbreiten, indem sie die Früchte fressen und die unverdaulichen Samen später an einem anderen Ort ausscheiden. Zudem gibt es Pflanzen, die ihre Samen selbst verbreiten, z. B. das Springkraut, bei dem die Samen aus der Frucht herausgeschleudert werden.

**f** Alle Samen benötigen Wasser, um keimen zu können. Die weiteren Keimungsbedingungen sind von Pflanze zu Pflanze unterschiedlich. Warmkeimer wie Tomaten benötigen beispielsweise hohe Temperaturen, Kaltkeimer wie der Spinat dagegen keimen erst nach einem längeren Zeitraum mit niedrigen Temperaturen. Ein anderer Faktor zur Keimung ist Licht. Die Samen von Dunkelkeimern wie dem Zuckermais müssen mit Erde abgedeckt werden, um keimen zu können, die Samen von Lichtkeimern wie der Kresse dagegen dürfen nicht bedeckt werden.

### 4 Fortpflanzung beim Menschen

**a** Die primären Geschlechtsmerkmale der Frau sind die äußeren und inneren Schamlippen, die Klitoris, die Scheide, die Gebärmutter, die Eileiter und die Eierstöcke. Zu den primären Geschlechtsmerkmalen des Mannes gehören die Hoden, die Nebenhoden, die Samenleiter, die Harnsamenröhre sowie der Penis.

**b** Geschlechtsreif sein bedeutet, dass Keimzellen in den Geschlechtsorganen gebildet werden, die ein Lebewesen zur Fortpflanzung befähigen. Jungen und Mädchen werden durch die Pubertät geschlechtsreif. In dieser Zeit entwickeln sich die sekundären Geschlechtsmerkmale wie Schambehaarung, Stimmbruch bei Jungen und die weibliche Brust bei Mädchen. Jungen sind ab dem ersten Samenerguss geschlechtsreif, Mädchen ab dem ersten Eisprung, von dem sie erst nach Einsetzen der ersten Regelblutung erfahren.

**c** Die weiblichen Keimzellen werden Eizellen genannt, sie entwickeln sich in den Eierstöcken. Die männlichen Keimzellen werden als Spermien bezeichnet, sie werden in den Hoden gebildet.

**d**

| | bei Pflanzen | beim Menschen |
|---|---|---|
| männliche Keimzellen | Keimzellen in den Pollen der Staubbeutel | Spermien in den Hoden |
| weibliche Keimzellen | Eizellen in den Samenanlagen im Fruchtknoten | Eizellen in den Eierstöcken |
| Übertragung der Keimzellen durch | Bestäubung | Geschlechtsverkehr |
| Bezeichnung der Nachkommen | Keimling | Baby |

**e** Biologisch ist es möglich, dass ein zwölfjähriges Mädchen ein Kind bekommt. Die Voraussetzung dafür ist, dass das Mädchen bereits geschlechtsreif ist, also einen Eisprung hat. Wird diese Eizelle durch eine Spermienzelle befruchtet, kann es zu einer Schwangerschaft kommen. Die sonstigen körperlichen Voraussetzungen sind jedoch bei einem zwölfjährigen Mädchen noch nicht gegeben: Der Körper ist noch nicht ausgewachsen, vor allem das Becken ist noch nicht breit genug, um eine Geburt zu ermöglichen. Auch die geistige Reife, ein Kind zu bekommen und auch zu erziehen, ist in diesem Alter noch nicht erreicht.
**f** Durch die Anwendung von Kondomen oder eines Hormonpräparats wie der Pille kann eine Schwangerschaft verhütet werden.
**g** Die biologische Funktion der Sexualität ist die Fortpflanzung und damit die Erhaltung der eigenen Art. Beim Menschen ist Sexualität meist auch ein Ausdruck von Liebe und Zuneigung. Sie kann eine Beziehung festigen und Glücksgefühle hervorrufen und ist mit Vertrauen, Respekt und Verantwortung verbunden.

## 5 Aus Kindern werden Erwachsene

**a** Bei Mädchen und Jungen kommt es in der Pubertät zu einem deutlichen Wachstumsschub. Außerdem entwickeln sich die sekundären Geschlechtsmerkmale: Das Haarwachstum am gesamten Körper setzt ein, bei Jungen beginnt auch der Bartwuchs. Weitere körperliche Veränderungen bei Jungen sind das Wachstum von Penis und Hoden, der erste Samenerguss, der Stimmbruch durch das Wachstum des Kehlkopfs und die Veränderungen der Körperproportionen, wodurch die Schultern breiter werden als das Becken. Bei Mädchen dagegen wird das Becken breiter als die Schultern, die weibliche Brust entwickelt sich, der Weißfluss beginnt und die Monatsblutung setzt ein.
**b** Durch die körperlichen Veränderungen in der Pubertät werden Mädchen und Jungen geschlechtsreif, das heißt, sie sind nun in der Lage, sich fortzupflanzen. Mit dem Einsetzen der Menstruation wird die Gebärmutter nun jeden Monat auf eine mögliche Schwangerschaft vorbereitet. Durch die Ausbildung der sekundären Geschlechtsmerkmale erhalten Menschen ihr geschlechtsspezifisches Aussehen.
**c** Die Haut produziert ab der Pubertät vermehrt Talg, daher ist es wichtig, sich täglich mit mildem Waschgel zu waschen. Auch Haare müssen regelmäßig mit einem milden Shampoo gewaschen werden. Da auch die Schweißdrüsen aktiver werden, sollte Deo verwendet werden, um unangenehme Gerüche zu vermeiden. Zudem muss die Kleidung regelmäßig gewechselt und gewaschen werden.
**d** Die Pubertät wird durch verschiedene Hormone ausgelöst. Sie beeinflussen auch die Gefühle, sodass diese sich übermäßig schnell von fröhlich zu traurig verändern können. Im Gehirn entstehen außerdem neue Verbindungen, dadurch werden Gefühle intensiver erlebt als zuvor. Auch können sich die Interessen wie Hobbys stark verändern.

# Vielfalt von Wirbeltieren (S. 108/109)

## 1 Unterschiedliche Wirbeltiere

**a** Wirbeltiere haben ein knöchernes Innenskelett mit einer Wirbelsäule. Der Wirbeltierkörper gliedert sich meist in Schädel, Rumpf und vier Gliedmaßen.

**b**

A Vogel
B Amphibie (Lurch)
C Reptil (Kriechtier)
D Fisch

**c**

A Vogel: Federn als Körperbedeckung
B Amphibie: nackte, feuchte Haut
C Schlange: trockene Haut mit Hornschuppen, Fehlen von Gliedmaßen
D Fisch: Körper von knöchernen Schuppen bedeckt, Flossen dienen der Fortbewegung, atmen mit Hilfe von Kiemen (am Kiemendeckel zu erkennen)

**d** In Bild 1 ist die Wirbeltierklasse der Säugetiere nicht dargestellt.

## 2 Unterschiedliche Fortpflanzung

**a**

A – 3 Fisch
B – 2 Vogel
C – 1 Amphibie

**b** Bei der äußeren Befruchtung erfolgt das Verschmelzen der weiblichen mit der männlichen Keimzelle außerhalb des weiblichen Körpers. Im Gegensatz dazu geschieht diese Verschmelzung bei der inneren Befruchtung im Körper des Weibchens.

**c** Fische: äußere Befruchtung
Amphibien: äußere Befruchtung, Schwanzlurche haben eine innere Befruchtung
Reptilien: innere Befruchtung
Vögel: innere Befruchtung
Säugetiere: innere Befruchtung

**d** Tiere, die lebendgebärend sind, legen keine Eier. Die Jungen entwickeln sich im Körper des Weibchens. Bei der Geburt sind sie voll ausgebildet.
Beispiele unter den Wirbeltieren sind die Säugetiere, aber auch Feuersalamander, Blindschleiche, Waldeidechse und Kreuzotter sind lebendgebärend.

## 3 Unterschiedliche Körperbedeckung

**a** Die unterschiedlichen Körperbedeckungen schützen die Wirbeltiere vor Verletzungen, Austrocknung und vor zu schneller Wärmeabgabe.

**b**

A Forelle – Fisch
B Moorfrosch – Amphibie
C Kreuzotter – Reptil
D Amsel – Vogel

**c** Frösche können, wie alle Amphibien, sehr lange tauchen, weil sie durch ihre dünne, stark durchblutete Haut den im Wasser gelösten Sauerstoff aufnehmen. Diese Atmung nennt man Hautatmung. An Land atmen sie zusätzlich mit ihren Lungen. Hätten sie eine deutlich dickere Haut, könnten sie unter Wasser keinen oder nur wenig Sauerstoff aufnehmen. Folglich könnten sie nicht sehr lange unter Wasser bleiben.

## 4 Unterschiedliche Körpertemperatur

**a** Der geeignete Diagrammtyp ist ein Liniendiagramm, damit kann der Verlauf der Temperaturen während eines bestimmten Zeitraums gut veranschaulicht werden.

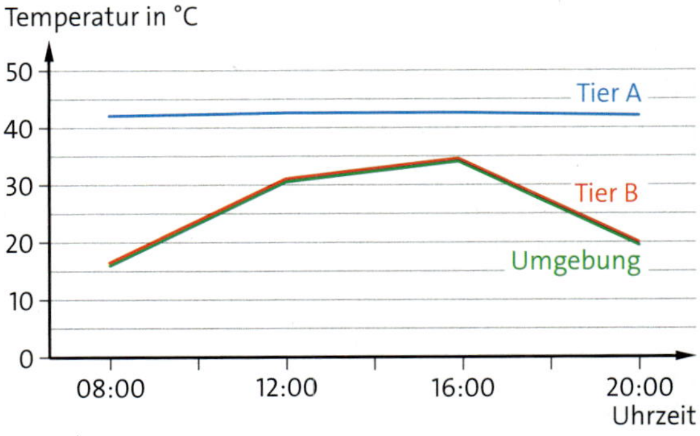


**b** Das Liniendiagramm zeigt den Verlauf der Körpertemperatur von zwei sehr unterschiedlichen Wirbeltieren in Abhängigkeit von der Umgebungstemperatur. Die Werte wurden in regelmäßigen Abständen zur jeweils gleichen Zeit im Verlauf eines Tages gemessen. Der Vergleich der beiden Kurven zeigt, dass Tier A während der gesamten Versuchsdauer in etwa die gleiche Körpertemperatur hatte, obwohl sich die Umgebungstemperatur deutlich veränderte. Der niedrigste Wert der Umgebungstemperatur betrug 16 °C, der höchste 34 °C. Bei Tier B folgte die Körpertemperatur dagegen dem Verlauf der Umgebungstemperatur.

**c** Tier A ist ein gleichwarmes Tier, ein Beispiel ist die Amsel. Tier B ist ein wechselwarmes Tier wie die Zauneidechse.

**d** Wechselwarme Tiere wie die Zauneidechse wird man am frühen Morgen selbst im Sommer nicht beobachten können. Ihre Körpertemperatur ändert sich mit der Umgebungstemperatur. Wenn es am frühen Morgen noch kühl ist, ist auch die Körpertemperatur der Eidechse niedrig. Das bedeutet, dass der Stoffwechsel verlangsamt ist und er dem Körper nur wenig Energie bereitstellen kann. Je wärmer es wird, desto aktiver werden wechselwarme Tiere. Wenn es tagsüber kühler wird, ziehen sie sich an geschützte, wärmere Stellen zurück. Dadurch verhindern sie, dass ihr Körper auskühlt.

## 5 Unterschiedliche Atmung

**a**

A Lungenatmung, findet man bei allen Vögeln
B Kiemenatmung, findet man bei allen Fischen
C Hautatmung, findet man bei allen Amphibien, sie atmen aber zusätzlich mit den Lungen

**b** Unter Wasser nehmen Amphibien über ihre dünne Haut Sauerstoff auf. An Land atmen sie hauptsächlich mit Hilfe der Lungen.

# Heimatnahe Ökosysteme (S. 154/155)

## 1 Leben in Ökosystemen

**a** Hochmoor → Ökosystem
Siebensterne, Wollgras, Moorbirke, Moorfrosch und Schwarzstorch → Biozönose
Viele Siebensterne → Population
Ein Siebenstern → Individuum

**b** Behauptung – Begründung – Beispiel: Bei den Pflasterritzen handelt es sich auch um ein Ökosystem, da hier eine Biozönose (z. B. Löwenzahn, Hirtentäschel, Stechimme) in einem Biotop vorliegt. Die meisten Ökosysteme in unserer Umgebung wurden vom Menschen beeinflusst oder verändert, z. B. Wälder und Wiesen. Trotzdem handelt es sich weiterhin um Ökosysteme.

**c** In Städten bieten Abfälle ein vielfältiges Nahrungsangebot. Außerdem ist es hier wärmer als in der umgebenden Landschaft. Gärten und Grünanlagen dienen als gute Rückzugsmöglichkeiten.

**d** »Als Aquarium wird ein mit Wasser gefülltes Behältnis zur Haltung von Fischen und anderen Wasserlebewesen wie wirbellose Tiere bezeichnet. Eine geeignete Technik sorgt beispielsweise für ausreichend Licht und Sauerstoff. Aquarien enthalten neben Wasserpflanzen meist auch einen aus Kies bestehenden Untergrund.«

## 2 Kennzeichnende Tiere und Pflanzen

**a** Da die Küchenschelle zwischen Kalkfelsen wächst, ist der Boden mit Sicherheit auch kalkhaltig. Deshalb könnten hier typische Zeigerpflanzen für kalkhaltige Böden anzutreffen sein, z. B. Salbei, Ackerglockenblume, Ackersenf, Klatschmohn oder Wiesenknopf.

**b** Wiesensauerampfer und Kamille zeigen saure Böden an. Vermutlich ist die Küchenschelle deshalb eingegangen, denn sie bevorzugt kalkhaltige Böden.

**c** In dem beschriebenen Badesee sollte man besser nicht baden. Die genannten Organismen sind Bioindikatoren für übermäßig stark verschmutzte Gewässer.

## 3 Merkmale der Insekten

**a** Die verschiedenen Entwicklungsstadien des Mehlkäfers sind: Ei – Larve (Made) – Puppe – geschlechtsreifes erwachsenes Insekt (Mehlkäfer). Diese Art der Verwandlung wird als vollkommene Metamorphose bezeichnet.

**b** Bei Libellen findet eine unvollkommene Verwandlung statt. Im Gegensatz zur vollkommenen Verwandlung gibt es bei der unvollkommenen Verwandlung kein Puppenstadium. Die Larven leben im Wasser, sie werden von Häutung zu Häutung dem erwachsenen Fluginsekt immer ähnlicher. Die letzte Häutung findet an Land statt. Es schlüpft eine Libelle mit Flügeln.

**c** Der Körper von Insekten ist in Kopf, Brust und Hinterleib gegliedert. Diese Körperteile sind wiederum in Segmente untergliedert, die gelenkartig miteinander verbunden sind. Insekten haben ein Außenskelett aus Chitin. Sie besitzen drei Paar Beine, die unten an der Brust ansetzen sowie meist zwei Paar Flügel. Typisch für Insekten sind außerdem zwei Facettenaugen, die aus zahlreichen Einzelaugen zusammengesetzt sind. Am Kopf befinden sich zwei Antennen oder Fühler mit Sinnesorganen. Die Mundwerkzeuge dienen zur Nahrungsaufnahme.

**d** Insekten sind wichtige Bestäuber von Blütenpflanzen. Dadurch garantieren sie die Fortpflanzung und damit den Fortbestand von Pflanzen, die als Produzenten die Basis aller Nahrungsbeziehungen sind. Insekten sind nicht nur Konsumenten, sondern tragen als Destruenten wesentlich zum Stoffkreislauf der Natur bei.

## 4 Kreislauf der Stoffe

**a** In Bild 3 ist eine Nahrungskette dargestellt.

**b**
Laubblätter = Produzenten
Grashüpfer = Konsument 1. Ordnung
Maus = Konsument 2. Ordnung
Schlange = Konsument 3. Ordnung
Sperber (Greifvogel) = Endkonsument

**c** Die meiste Biomasse ist in den Produzenten auf der untersten Stufe der Nahrungspyramide enthalten. Die Produzenten stehen am Beginn aller Nahrungsbeziehungen. Von den durch sie hergestellten Nährstoffen ernähren sich alle Folgekonsumenten. Da von Stufe zu Stufe immer weniger Energie vorhanden ist, können sich davon auch immer weniger Lebewesen ernähren.

**d** Die Destruenten zersetzen abgestorbenes organisches Material von Pflanzen und Tieren, z. B. abgefallenes Laub und tote Lebewesen. Übrig bleiben Mineralstoffe im Boden, Kohlenstoffdioxid wird an die Luft abgegeben. Diese Stoffe benötigen die grünen Pflanzen zum Wachsen. Damit schließt sich der Stoffkreislauf. Ohne Destruenten könnten biologische Abfälle nicht abgebaut werden, neues Pflanzenwachstum wäre nicht möglich.

**e** Die größte Auswirkung gäbe es, wenn die Produzenten fehlen würden, denn von ihnen ernähren sich alle Folgekonsumenten. Das Fehlen von Produzenten würde zum Zusammenbruch aller Nahrungsketten führen, nach und nach würden alle Folgekonsumenten aussterben.

## 5 Nahrungsbeziehungen

**a** Das Diagramm in Bild 4 zeigt den zeitlichen Verlauf einer Räuber-Beute-Beziehung. Die Mäusepopulation als Beute steht dabei in enger Abhängigkeit zur Population der Mäusebussarde als Räuber.

**b** Eine Vermehrung der Beutetiere führt zeitlich etwas versetzt zu einer Vermehrung der Räuber, da diese nun mehr Nahrung vorfinden. Eine größere Anzahl an Räubern führt jedoch wiederum zu einer sinkenden Anzahl an Beutetieren. Dadurch können wieder weniger Bussarde ernährt werden, also nimmt auch ihre Anzahl ab. Ein leichter Anstieg der Mäusepopulation hat deshalb einen leichten Anstieg der Mäusebussardpopulation zur Folge, ein starker Anstieg der Beutetierzahl führt zu einem starken Anstieg der Räuberanzahl und umgekehrt.

**c** Durch die Räuber-Beute-Beziehung reguliert sich die Anzahl der Mäuse und der Bussarde. Es kommt nicht zu einer Massenvermehrung oder zum Verschwinden von Mäusen oder Bussarden. Durch diese Selbstregulation von Räubern und Beutetieren stellt sich langfristig ein biologisches Gleichgewicht ein.

# Register

# Bildquellen

Titelbild: mauritius images/imageBROKER/Stefan Huwiler

Angermayer/Pfletschinger: S. 74/2b; A1PIXTODAY/H. Schmidbauer: S. 129/4a; A1PIXTODAY/www.allover.cc/MEV: S. 107/5a; action press/blickwinkel: S. 157/m.r., imagebroker.com: S. 57/u.r., S. 58/m.r., S. 81/m.r., S. 108/1d, S. 111/o.r., S. 115/6, Photocase/pittoresk: S. 30/3a; imageBROKER/Martin Schrampf: S. 12/3a, LEHTIKUVA OY: S. 128/2a; Agentur Focus/eye of science/Meckes/Ottawa: S. 25/4; akg-images/euroluftbild.de: S. 114/2; akg-images/LEONELLO CALVETTI/ SCIENCE PHOTO LIBRARY: S. 58/2; Bildagentur Huber/Mehlig: S. 159/u.r., R. Schmid: S. 154/1; Blickwinkel/A. Hartl: S. 64/o.r., Benny Trapp: S. 81/3, C. Huetter: S. 128/3c, Caroline Brinkmann: S. 17/3a, Frank Hecker Naturfotografie: S. 129/6b, H Pieper: S. 158/m.r., Holger Duty: S. 98/2h, J. Fieber: S. 72/1, S. Meyers: S. 33/3, W. Layer: S. 129/5b; bpk-images/RMN - Grand Palais/Thierry Le Mage: S. 165/8a; ClipDealer/Hendrik Fuchs: S. 59/u.l., Karin Eichinger: S. 18/2c, Karin Jähne: S. 31/2a; Colourbox: S. 14/m.r., S. 18/2b, S. 38/2d, S. 99/3, S. 110/Seite 110, S. 126/1, S. 157/m.r., S. 158/o.r., Colourbox/Albert Haesler: S. 115/4, Carsten Medom Madsen: S. 67/4, Erwin Wodicka: S. 94/m.r., Monkey Business Images: S. 156/m.r., SAYAN SAMANA: S. 138/2d, Wolfgang Zwanzger: S. 5/o.l., S. 155/u.r.; Conrad Electronic: S. 166/11c; Continental Reifen Deutschland GmbH: S. 107/4; Corbis/Jan Vink/NiS/Minden Pictures: S. 165/8c; Cornelsen Verlag: S. 25/6c, S. 166/11b, S. 166/12a; Cornelsen/Andreas Miehling, Augsburg: S. 42/1, S. 42/2a-2c; Cornelsen/Florian Schaefer: S. 90/m.l., S. 92/1a, S. 92/1b, S. 138/1; Cornelsen/Frank Hecker Naturfotografie: S. 136/3b; Cornelsen/Ingo Stiegemeyer: S. 19/m; Cornelsen/Judith Vehlow, Garmisch: S. 24/2b, S. 26/1, S. 27/4, S. 30/4a, S. 30/4b, S. 152/1, S. 164/6a, 6b; Cornelsen/Katrin Oberschelp: S. 54/u.r.; Cornelsen/Matthias Niedermeier, Kulmbach: S. 24/1b, S. 122/3, S. 124/o.l., S. 124/o.r., S. 130/1, S. 132/1; Cornelsen/Peter Pondorf, Freising: S. 93/5, S. 96/3, S. 123/7; Cornelsen/ Peter Wirtz: S. 29/3a-f, S. 50/1a-1d; Cornelsen/Volker Minkus: S. 154/m.r., S. 96/1, S. 96/2; ddp images/Frank Hecker: S. 127/4, S. 141/4, Ian Lishman/Juice: S. 129/7, matka/Shotshop.com: S. 41/5; Digitalstock: S. 78/1, Digitalstock/Schüler RF: S. 25/5, Digitalstock/VockRF: S. 25/6a; Dr. Michael Fietz, Berlin: S. 153/5; F1online/Adie Bush/Cultura Images RF: S. 111/m.r., Horst Sollinger/Imagebroker RF: S. 111/u.r., Imagebroker RF/Wilfried Martin: S. 18/2d, Imagebroker RM/ Stefan Huwiler: S. 4/o.l., S. 56, Imagebroker RM/Stefan Huwiler: S. 109/u.r., Naturbild RM: S. 83/1b, VisualsUnlimited: S. 40/2b, Westend61: S. 161/u.r., Westend61/Walter Allgöwer: S. 161/u.r.; FOTOFINDER.COM/Biosphoto/Michel Rauch: S. 13/4, CHROMORANGE/Karin Schwan: S. 113/m.l., Laura Berman/Design Pics: S. 136/1; Fotolia/Antje Lindert-Rottke: S. 94/3, alphosyle: S. 54/4d, A. Zeitler: S. 107/6a, airdone S. 11/u.r., aletia2011: S. 47/8b, Alexander von Düren: S. 3/o.l., S. 6, S. 55/u.r., alisseja: S. 144/1, Andrea Marzorati: S. 98/2f, Andrea Wilhelm: S. 138/2a, apcefoto: S. 160/m.r., apfelweile: S. 101/4, Aquiya: S. 54/4c, Arndt Vladimir: S. 9/4c, awarts: S. 7/o.r., begonifoto: S. 161/o.r., boedefeld1969: S. 129/5a, Calado: S. 152/2, Christian Pedant: S. 128/2b, colorshadow: S. 157/o.r., contrastwerkstatt: S. 53/6b, 6c, creative studio: S. 51/m.l., Daniel Terence Mock: S. 51/o.l., David Pereiras: S. 9/4e, dieter76: S. 85/4, Ed-Ni Photo: S. 69/3, Edyta Heckters - Germany: S. 48/m.r., elenamas_86: S. 32/1, emer: S. 54/1, Erwin Wodicka: S. 48/1, euthymia: S. 76/2a, eyezoom1000: S. 51/u.l., famveldman: S. 36/1, Frank: S. 23/4d, Franz Pfluegl: S. 48/u.l., fiegeo1: S. 60/1; Gleam: S. 166/12b; Golubev Dmitrii: S. 88/1; Henrik Larsson: S. 129/m.r.; hhelene: S. 129/5c; HLPhoto: S. 20/1; Iakov Filimonov: S. 53/6d; icarmen13: S. 159/o.r., ilijaa: S. 53/m.l., Ingo Bartussek: S. 76/3, Jean-Paul Chassenet Photographe: S. 9/4d, Joachim Neumann: S. 87/m.l., Judith Dzierzawa: S. 10/u l., K.-U. Häßler: S. 149/5b, Karin Schnirch: S. 76/2b, Kletr: S. 161/m.r., kwasny221: S. 98/1, S. 99/5c, lev dolgachov: S. 52/2, LianeM: S. 139/4, LightingKreative: S. 107/6b, Lukas Gojda: S. 99/5a, Malena und Philipp K: S. 54/4a, Markus Bormann: S. 38/1, Martina Raab: S. 22/2f, mascfoto: S. 70/1, matutebirds: S. 159/o.r., Mike Lane: S. 146/1a, Mila May: S. 158/u.r., Mircea Bezerghenu: S. 98/2a, mkalinichenko: S. 77/2, monropic: S. 24/2a, nadin333: S. 129/4b, Nikolai Sorokin: S. 166/11a, omar_Algenii: S. 9/4b, pb press: S. 157/o.r., Photographee.eu: S. 10/o.r., photohampster: S. 9/5b, pilat666: S. 24/1a, PIXATERRA: S. 31/2b, pixelleo: S. 59/o.l., R.Naumann: S. 31/2e, Rawpixel Ltd.: S. 47/8a, 8c, ray8 (Montage Cornelsen/Moritz Vennemann): S. 22/m.l., Reena: S. 134/2, Robby Boehme: S. 136/2, Rosi: S. 54/4e, Siegi: S. 54/4f, Stefan Balk: S. 54/4b, S.Werner-Ney: S. 154/m.l., samopauser: S. 123/4, sasel77: S. 46/2, Schmutzler-Schaub: S. 136/m.r., schulzfoto: S. 137/4, Soonthorn: S. 30/3c, Soru Epotok: S. 165/8b, soupstock: S. 40/3, Stefan Richter: S. 81/2c, Syda Productions: S. 38/2c, Timothy: S. 161/m.r., Tino Hemmann: S. 51/m.l., vchalup: S. 40/2c, wolfenheimer: S. 158/u.r., xalanx: S. 98/2b, YakobchukOlena: S. 40/2a, Yuriy Vahlenko: S. 23/4a; Glow Images /ImageBROKER RF: S. 157/o.r., Glow Images/Prisma RM: S. 81/2b; Humboldt-Universität Berlin: S. 25/6b; Image Source/Jonathan Gibson: S. 9/4f, ImageSource/Cultura: S. 44/1; imago stock&people: S. 113/o.l., S. 128/1, S. 154/o.r., S. 154/m.l., S. 156/o.r., blickwinkel: S. 8/1., S. 13/5, S. 13/u.l., S. 25/3b, S. 58/u.r., S. 64/u.l., S. 76/2c, S. 118/2, S. 142/1, S. 153/4c, imagebroker: S. 64/m.l, S. 81/m.r., S. 98/2d, S. 119/4, Nature Picture Library: S. 94/1, S. 158/m.r., Westend61: S. 120/1, ZUMA Press: S. 69/4, S. 114/1; INTERFOTO/ARDEA/Brian Bevan: S. 57/o.r., ARDEA/Giacomo Radi: S. 67/o.r., ARDEA/M. Watson: S. 83/1, Emanuele Biggi: S. 75/3, FLPA/Emanuele Biggi: S. 80/m.r., imagebroker/Hartmut Schmidt: S. 114/3.imagebroker/Ottfried Schreiter: S. 17/3b, imagebroker/Kurt Kracher: S. 59/o.r., Mary Evans/Natural History Museum: S. 88/m.r.; Josef Springer: S. 79/3; Juniors Bildarchiv: S. 80/u.r., S. 82/1, Layer, W.: S. 138/2e, N.Eckelt: S. 95/6, R.Hoelzl/Wildlife: S. 81/2a, S. 156/o.r., R.Maier: S. 156/u.r., D.Harms: S. 12/3c, S. 23/3a, S. 140/2, K.Bogon: S. 117/m.l., K.Bogon: S. 159/m.r., Benvie, N.: S. 19/m.r., Blackburn, F.: S. 8/2a, S. 19/m.l., Derer, F.: S. 57/m.r., Maier, R.: S. 64/m.r.; Jürgen Hedrich, Laatzen: S. 80/o.r.; Laif/hemis.fr/Reinhard Dirscherl: S. 156/m.r., laif/Thomas Ernsting: S. 35/4b; Lichtbildarchiv Keil: S. 95/6a-6c; Lookphotos/Volker Müther: S. 160/u.r.; Mauritius Images: S. 19/o.r., S. 58/1, S. 117/o.r., S. 138/2c, S. 157/m.r., S. 9/5, Alamy: S. 74/2a, 2d, S. 100/1, S. 101/m.r.,

S. 121/3, Alamy/dpa picture alliance: S. 140/3, Alamy/Ian Dagnall: S. 102/m.l., Alamy/The Natural History Museum: S. 106/3, Alamy/Zoonar GmbH: S. 22/2d, Alamy/bilwissedition Ltd. & Co. KG: S. 11/o.r., Alamy/Stephan Morris Photography: S. 82/2, ANP Photo: S. 102/m.l., Axel Killian: S. 17/3, Bernd Liedtke: S. 75/4, Bernd Römmelt: S. 86/3, CuboImages/Paroli Galperti: S. 22/2g, Dirk von Mallinckrodt: S. 22/2e, Fritz Pölking: S. 102/m.r., Garden World Images/ GWI/Glenn Harper: S. 22/2c, ib: S. 146/1b, imagebroker/FLPA/Bowman: S. 97/2, imagebroker/Horst Sollinger: imageBROKER/Stefan Huwiler: S. I, S. IV, Nature in Stock/Roeselien Raimond: S. 79/o.l., Richard Becker/Alamy: S. 138/2f, Collpicto/Alamy: S. 12/1, imagebroker/Uwe Umstätter: S. 55/5, imageBROKER Jürgen Lechner: S. 17/3c, Jo Kirchherr: S. 87/o.l., Kerstin Layer: S. 102/m.o., Martin Siepmann: S. 157/u.r., Michael Jaeschke: S. 115/5, Minden Pictures: S. 23/4c, nature picture library/Hamblin/Wild Wonders of Europe: S. 116/3, Norbert Fischer: S. 116/1, Radius Images /John Cullen: S. 32/2b, Tetra Images/momentimages: S. 9/4, Werner Layer: S. 74/1; MFM Deutschland e.V./Beatrice Vohler: S. 34/1; NASA: S. 102/103; Naturfoto Frank Hecker: S. 76/1; Okapia/Andreas Hartl: S. 64/u.r., BIOS/Mathieu Laboureur: S. 68/m.l., BIOS/Michel Gunther: S. 107/u.l., Delpho: S. 153/4b, Elisabeth Weiland: S. 100/m.r., Fawcett/PR Science-Source: S. 159/m.r., Fritz Pölking/P. Arnold, Inc.: S. 103/m.l., Fritz Pölking: S. 31/2d, Gerhard Jörn/SAVE: S. 153/4a, Holt Studios/Nigel Cattlin: S. 11/4b, imagebroker/Digfoto: S. 11/4a, J-L Klein & M-L Hubert: S. 22/2b, John Cancalosi: S. 80/u.l., John Cancalosi/ARDEA: S. 158/o.r., Jos Mensen/Foto Natura: S. 134/1, KINA/Christophe Brochard: S. 153/4d, Konrad Wothe: S. 102/u.m., NAS/A. Cosmos Blank: S. 156/m.r., NAS/David M. Phillips: S. 33/4, S. 44/3, NAS/Gary Meszaros: S. 74/2c, Neufried: S. 23/3b, OSF/J.A.L.Cooke: S. 96/4, Patrick Frischknecht: S. 22/2a, Werle: S. 157/u.r., Willi Rolfes: S. 103/o.r., Winfried Wisniewski: S. 97/3, Wolfgang Braun: S. 97/1; openstreetmap.org: S. 77/1; panthermedia: S. 25/3a; PEFC: S. 2/u.l.; Photoshot: S. 41/4; picture-Alliance/Arco Images: S. 30/3b, blickwinkel/A: S. 66/1, S. 157/u.r., S. 159/u.r., dpa: S. 22/1, S. 100/2, S. 116/2, dpa/dpa-Report: S. 45/6, Denkou Images: S. 51/2, Frank May: S. 51/3, Hippocampus Bildarchiv: S. 12/3b, Minden Pictures: S. 90/1a, S. 141/7, OKAPIA/Manfred P.Kage: S. 35/4a, picture-alliance/ photoshot: S. 128/m.l., WILDLIFE: S. 32/2c; REUTERS/Petr Josek: S. 100/u.r.; Schütte, N., Berlin: S. 23/4b; Science Photo Library/BOB GIBBONS: S. 139/3, DR JEREMY BURGESS: S. 157/m.r., Gilbert S. Grant: S. 158/m.r., Mike Devlin: S. 164/5; shutterstock: S. 106/2, aaltair: S. 99/4, aldorado: S. 106/1, Allen Paul Photography: S. 157/o.r., Alter-ego: S. 9/5a, Andrzej Wilusz: S. 28/1, Bess Hamitii: S. 158/o.r., Bildagentur Zoonar GmbH: S. 108/1c, S. 128/2c, cejen: S. 149/5a, chris2766: S. 98/2e, D. Kucharski K. Kucharska: S. 138/2b, Daniel Petrescu: S. 159/m.r., Dave Massey: S. 141/6, davemhuntphotography: S. 108/1b, easy camera: S. 52/m.r., Eric Isselee: S. 149/6a, Erni: S. 157/o.r., Florian Andronache: S. 99/5d, g-stockstudio: S. 45/4, Iakov Filimonov: S. 53/6a, India Picture: S. 7/u.r., Jausa: S. 98/2g, Kaspri: S. 19/o.l., Kathy Hutchins: S. 9/m.l., kilukilu: S. 27/3, Lightspring: S. 38/m.r., Lilybranch: S. 128/3a, Lisa F. Young: S. 51/1, LutsenkoLarissa: S. 128/3b, Madlen: S. 32/2a, Marf: S. 135/2, Marlinde: S. 160/m.r., MARCELODLT: S. 68/2, Martin Fowler: S. 31/2c, Matteo photos: S. 84/1, mimohe: S. 129/6c, MJTH: S. 38/2f, Monkey Business Images: S. 45/5, Nadezda Murmakova: S. 93/o.r., Neirfy: S. 107/5b, O Driscoll Imaging: S. 39/o.r., Ole Schoener: S. 18/2a, Photografiero: S. 140/1, Phovoir: S. 38/2e, Piotr Krzeslak: S. 98/2c, pixelheadphoto digitalskillet: S. 10/u r., Pressmaster: S. 38/2a, Rattiya Thongdumhyu: S. 160/o.r., RimDream: S. 38/2g, Ryzhkov Sergey: S. 161/o.r., Sabphoto: S. 39/3, Sasa Prudkov: S. 152/3, Sebastian Duda: S. 160/u.r., Sebastian Kaulitzki: S. 7/m.r., Sekar B: S. 67/3, Sergey Uryadnikov: S. 47/7, Syda Productions: S. 52/1, Targn Pleiades: S. 99/5b, S. 108/1a, Tetra Images: S. 52/3, Thomas Soellner: S. 53/4, Tobyphotos: S. 99/5e, Tompet: S. 8/2b, Vadym Lavra: S. 129/4c, VaLiza: S. 40/1, VGstockstudio: S. 38/2b, Viktor1: S. 21/3, Vitalii Hulai: S. 136/3a, S. 149/6b, VVN77: S. 19/u.m.; Süddeutsche Zeitung Photo/Scherl: S. 90/1b; SUPERBILD/H. Schmidbauer: S. 129/6a; WILDLIFE: S. 86/1; Your Photo Today: S. 11/u.l., S. 48/u.r., S. 49/2, Bildagentur Geduldig: S. 14/o.r., PM: S. 9/4a , S. 157/o.r.; Z. Neuls, Berlin: S. 54/2a, S. 54/2b

Illustrationen:
Cornelsen Verlag 25, 29, 166; Bernhard Peter, Pattensen: 7, 15, 16, 30, 43, 47, 61, 63, 65, 66, 68, 69, 89, 89, 92, 93, 94, 96, 101, 112, 117, 118, 119, 122, 124, 125, 132, 151, 155, 159, 160, 162, 163, 170; Heike Möller/Heike Keis, Rödental: 70, 71, 86, 97, 142, 143, 144, 145, 146, 148, 149; Christine Faltermayr, Starnberg: 112, 113, 118, 167; Esther Gollan, Aachen: 2, 8, 10, 11, 12, 13, 20, 21, 22, 23, 26, 27, 32, 33, 34, 35, 36, 37, 38, 39, 40, 41, 44, 45, 48, 49, 54, 55, 58, 59, 60, 61, 64, 66, 67, 70, 71, 74, 75, 78, 79, 80, 81, 82, 86, 87, 88, 89, 90, 91, 94, 95, 98, 99, 100, 101, 108, 109, 112, 113, 114, 115, 118, 119, 126, 127, 128, 129, 134, 135, 136, 137, 138, 139, 142, 143, 144, 145, 146, 147, 152, 153, 154, 155, 156, 157, 158, 159, 160, 161; Heike Keis/Heike Möller/Julius Ecke: 88, 108, 160; Jörg Mair, München: 44, 95, 134; Julius Ecke, München: 8, 15, 34, 35, 54, 70, 83, 90, 91, 104, 105, 108, 109, 135, 147; Karin Mall, Berlin: 12, 20, 26, 29, 31, 46, 60, 61, 62, 65, 78, 91, 93, 121, 148, 149, 160, 167; Marina Goldberg: 15, 96, 124; Robert Fontner-Forget, diGraph Medien-Service, Merzhausen: 17, 21, 36, 37, 40, 41, 141; Tom Menzel, Atelier tigercolor, Scharbeutz / Klingberg: 7, 14, 18, 19, 36, 37, 58, 59, 62, 63, 73, 79, 83, 108, 126, 127, 131, 133, 137, 150; Werner Wildermuth, Würzburg: 49

# Arbeitsaufträge richtig verstehen

Im Unterricht oder in Klassenarbeiten bearbeitest du immer wieder Aufgaben. Daher ist es wichtig, genau zu verstehen, was mit den Arbeitsanweisungen oder Arbeitsaufträgen gemeint ist. Die Bearbeitung der Aufgaben gelingt dann viel leichter.

## Nennen

**Hier sollst du etwas stichwortartig auflisten oder aufzählen. Verwende wenn möglich Fachbegriffe.**

**Lösung:** Fische, Amphibien, Reptilien, Vögel, Säugetiere

Nenne die fünf Klassen der Wirbeltiere.

## Zeichnen und Skizzieren

**Hier sollst du eine anschauliche und genaue Zeichnung oder eine übersichtliche Skizze anfertigen.**

**Lösung:**

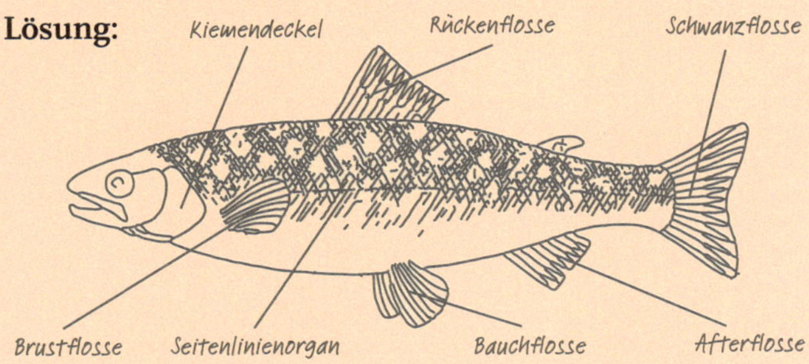


Zeichne einen Umriss der Forelle einschließlich der Flossen. Beschrifte ihn mit den folgenden Begriffen: Bauchflosse, Rückenflosse, Schwanzflosse, Brustflosse, Afterflosse, Seitenlinienorgan, Kiemendeck

Stelle die Entwicklung des Tagpfauenauges mit Hilfe eines Flussdiagramms dar.

## Darstellen

**Du sollst Sachverhalte, Zusammenhänge, Methoden und Ergebnisse klar gegliedert und anschaulich wiedergeben.**

**Hinweis:** Ein Plakat, ein Steckbrief, eine Tabelle oder ein Flussdiagramm ermöglichen es dir, die Inhalte durch verschiedene Beispiele mit Bildern oder Diagrammen anschaulich und strukturiert zu präsentieren.

Stelle Vermutungen an, weshalb eine weite Samenverbreitung für Pflanzen von Vorteil ist.

## Vermutungen anstellen

**Auf der Grundlage von Beobachtungen, Untersuchungen, Experimenten oder Aussagen sollst du eine begründete Vermutung formulieren.**

**Lösung:** Gleiche Pflanzen besitzen den gleichen Nährstoffanspruch. Wachsen viele Pflanzen einer Art nahe beieinander, konkurrieren sie um die vorhandenen Nährstoffe. Werden die Samen dagegen weit verbreitet, keimen sie nicht in unmittelbarer Nähe zur Mutterpflanze aus. Dadurch verringert sich die Konkurrenz.

Werte folgende Tabelle aus.

| Alter | Größe Jungen | Größe Mädchen |
|---|---|---|
| 12 Jahre | 154,0 cm | 155,3 cm |
| 15 Jahre | 174,4 cm | 167,1 cm |

## Auswerten

**Aus Informationsquellen, zum Beispiel Tabellen, Diagrammen oder Texten, sollst du Daten und Ergebnisse in einen Zusammenhang stellen und daraus Schlussfolgerungen ziehen.**

**Lösung:** Mädchen sind mit 12 Jahren größer als Jungs. Drei Jahre später verhält es sich genau umgekehrt.